# 中国新城新区40年：历程、评估与展望

王 凯 刘继华 王宏远 等 著

中国建筑工业出版社

审图号：GS（2020）6171号

**图书在版编目（CIP）数据**

中国新城新区40年：历程、评估与展望／王凯等著.
—北京：中国建筑工业出版社，2020.10（2022.10重印）
ISBN 978-7-112-25308-1

Ⅰ. ① 中… Ⅱ. ① 王… Ⅲ. ① 开发区－城市规划－中
国 Ⅳ. ① TU984.2

中国版本图书馆CIP数据核字（2020）第122257号

责任编辑：刘　丹　陆新之
书籍设计：锋尚设计
责任校对：芦欣甜

中国新城新区40年：历程、评估与展望
王　凯　刘继华　王宏远　等　著
＊
中国建筑工业出版社出版、发行（北京海淀三里河路9号）
各地新华书店、建筑书店经销
北京锋尚制版有限公司制版
北京富诚彩色印刷有限公司印刷
＊
开本：787毫米×1092毫米　1/16　印张：17½　插页：6　字数：315千字
2020年11月第一版　2022年10月第二次印刷
定价：**198.00元**
ISBN 978-7-112-25308-1
（36071）

───── **项目总负责** ─────

王　凯

───── **院内参加人员** ─────

**科技促进处：** 彭小雷　所　萌

**中规院（北京）规划设计公司规划二所：**

　　　刘继华　王宏远　王新峰　荀春兵　苏　月　武　敏　路思远

　　　李　荣　叶成康　苏海威　杜　锐　王　宁

**城市规划学术信息中心：**

　　　徐　辉　郭　磊　翟　健　余加丽　石亚男　李佳俊　张淑杰

**深圳分院：** 方　煜　罗　彦　赵迎雪　范钟铭　谭　都　律　严　罗仁泽

　　　刘　昭　樊德良　张　俊　黄斐玫　葛永军　张　帆

**上海分院：** 李海涛　葛春晖　罗　瀛　季辰晔　刘晓勇　李鹏飞　孙晓敏

　　　尹　俊

**西部分院：** 张圣海　肖礼军　郑　越　刘静波　吴　凯　肖　磊　熊　俊

　　　惠小明　汪先为　蒋　潇　陈泽生

───── **院外参加人员** ─────

黄　玫　张　鹏　赵星烁　石春晖　胡若函

序言

自20世纪80年代以来，以各类开发区和国家级新区为主导的新城新区逐渐成为我国地方经济建设和城市拓展的重要载体，极大地推动了国民经济的发展，带动了城市面貌的快速变化，为国家城镇化发展作出了重要贡献。据不完全统计，我国新城新区数量约3846个，其中国家级新区19个，国家级开发区552个，省级及省级以下新城新区3275个。新城新区批复面积共7.5万平方公里，规划面积14.8万平方公里，规划建设用地面积共7.3万平方公里，已建面积共2.9万平方公里，规划人口共4.3亿。综合各方面经济数据，保守估计目前新城新区贡献的GDP占全国GDP的比重在55%以上。

从历史的视角来看，各类新城新区的设立、发展历程始终与不同时期的国家宏观战略紧密相关。新城新区是落实国家战略、优化国家空间格局的重要抓手，是我国经济发展、对外开放、科技创新的重要载体，是我国城镇化和城市空间拓展的重要引擎和空间保障，担负着优化城市空间格局、探索城市建设新模式、研究体制机制改革和城市治理体系创新的重大责任。但是，我国的新城新区仍普遍存在数量过多、规模偏大、土地利用效率偏低、建设品质不高、产城分离等问题。2015年12月习近平总书记在中央城市工作会议上指出过去30年城市发展存在的问题："在规划建设指导思想上重外延轻内涵，盲目追求规模扩张，新城新区层出不穷，大拆大建长年不断。"

当前，中国的经济发展和城镇化进程都进入重要的转型时期，2014年中央城镇化会议明确提出，新型城镇化是以人为核心的城镇化，主要任务是解决已经转移到城镇就业的农业转移人口落户问题，不是人为大幅度吸引新的人口进城。2015年中央城市工作会议也强调，坚持以人为本、科学发展、改革创新、依法治市，建设和谐宜居、富有活力、各具特色的现代化城市，走出一条中国特色城市发展道路。2017年雄安新区国家战略的提出，表明新城新区再次站在了新一轮改革开放的前沿，站在了城市发展模式转型的前沿。在此背景下，总结、评估新城新区的规划建设成效，研究新城新区面临的挑战以及转型发展的机遇，探讨新城新区未来规划建设的理念与思路，意义十分重大。

我国新城新区的相关研究取得了一定成果，但研究的广度和深度仍然不足。本书利用权威数据，从国家治理的视角重点对新城新区的规划编制、开发建设、管理体制三大方面进行全面、科学的评估，客观认识新城新区当前的整体发展状态和目前存在的共性关键问题，并利用多种研究方法对关键问题的主要成因进行剖析，为有效解决制约新城新区高质量发展的关键问题，构建具有中国特色、可操作性强的新城新区治理模式提供科学的研究支撑。本书对认识和解决新城新区共性关键问题、提升我国新城新区治理能力具有重大现实意义，对国家相关管理机构、新城新区管理机构具有重要的参考价值。

中国城市规划设计研究院院长

# 前言

　　新城新区是我国改革开放以来一种重要的空间现象，对于促进经济发展、加快城镇化进程都发挥了重要的作用。新城新区是落实国家战略的先锋区域和重要抓手，特别是随着我国进入以转型提质、升级换挡为主要特征的经济新常态和更加注重以人为本的新型城镇化阶段，国家通过广泛设立国家级新区，推动了创新驱动、开放驱动、新型城镇化等国家战略的深入实施，为我国其他区域的经济和城镇转型发展提供了改革的经验和有效的示范。未来，随着我国发展模式的全面转型，新城新区在推动我国高质量发展方面的引领示范作用还将不断加强。

　　近年来我国新城新区存在的一些问题逐渐引起关注，但社会各界对新城新区还缺乏全面客观的认识。目前我国新城新区的两个方面问题被关注较多。一是数量和规模过大。我国新城新区的类型众多、管理主体多元，各类新城新区有3000多个，而且存在规划规模越来越大的趋势。从2013年开始，关于新城新区规模严重失控的报道密集发布，引起强烈社会反响。二是土地闲置浪费。有一段时间，社会舆论密集报道各地的鬼城、空城，直指新城新区的土地闲置浪费问题。虽然我国新城新区确实存在这两类问题，但是很多报道并不客观，甚至严重夸大，一些明显错误的数据被广泛引用，以讹传讹。由于新城新区高度的复杂性、社会各界（包括政府管理部门）对新城新区的真实发展情况缺乏全面客观的认识，迫切需要对我国新城新区的整体发展状态、关键共性问题及其成因、针对性的政策建议进行系统深入的调查研究，才能有效指导新城新区的发展实践，使其更好地发挥引领示范作用。

为及时总结各类新城新区规划建设中的成效、经验和问题，并为引导新城新区的可持续发展提供制度框架及对策建议，2017年2月，住房和城乡建设部原城乡规划司委托中国城市规划设计研究院开展《总体规划实施与新城新区规划建设评估技术研究》，其中的一项核心工作就是对新城新区的规划建设管理情况进行综合评估。为顺利完成本次研究任务，中国城市规划设计研究院组织了北京公司规划二所、城市规划学术信息中心、深圳分院、上海分院、西部分院、科技促进处等6个部门共46人的工作团队，并联合国家测绘地理信息局、住房和城乡建设部原城乡规划管理中心等部门，历时两年，完成了这项研究工作。

本书是在《总体规划实施与新城新区规划建设评估技术研究》项目工作成果的基础上，进行必要的扩充完善而形成的。本书的主要目的是通过客观调查评估新城新区的整体发展状态，研判新城新区的发展成效、共性关键问题及成因，为提升我国新城新区的治理能力提供深入的研究支撑和针对性的政策建议。

本书共分为四个部分。

第一部分为总述篇，介绍新城新区的概念界定和基本情况，回顾新城新区的发展演变历程，全面梳理新城新区的发展成效。

第二部分为评估篇，是对我国重点新城新区的发展状态进行综合评估研究。

希望从规划、建设、管理等角度全面客观认识我国新城新区的发展现状，得出关于我国新城新区当前存在的共性关键问题、问题成因等的有价值结论。本次评估在技术方法上更加注重科学性和针对性，这主要体现在以下几个方面。一是选取相对全面广泛的评估对象。本书主要选取了国家级新区和开发区两大类型作为评估对象，国家级新区包括除雄安新区之外的18个国家级新区，开发区主要包括经济技术开发区和高新技术开发区两类，涉及20个城市的65个开发区。二是使用权威的评估数据来源，即主要使用来自于各地新城新区主管部门的上报数据和国家测绘地理信息局提供的数据。三是采用更能体现国家新要求的评估指标，本次评估指标体系是依据国家对新城新区的新要求来设计的。四是利用多种研究方法，对我国新城新区共性关键问题的成因进行深入剖析。

第三部分为案例篇，对9个典型新城新区进行深入的案例研究，分析这些新城新区在规划、建设、管理方面取得的经验与存在的问题，进而提出针对性的发展建议。

第四部分为展望篇，是对全书主要研究结论的系统总结，在梳理国家发展背景与要求、国际经验的基础上，重点探讨我国新城新区未来发展的主要趋势，提出提升我国新城新区治理能力和发展质量的具体政策建议。

本书在研究和编写过程中得到了多个部门、机构、领导和专家的大力支持，这是此项研究工作得以顺利完成和本书得以出版的关键所在。住房和城乡建设部、各新城新区管理机构、国家测绘地理信息局都为本项研究提供了大量的第一手数据和资料。住房和城乡建设部原城乡规划司冯忠华司长、张兵副司长、门晓莹处长等对本项研究工作进行总体统筹和精心组织。原国务院参事王静霞院长对全书进行审阅并提出了宝贵意见。中国城市规划设计研究院副总规划师官大雨、孔令斌、詹雪红、靳东晓以及闫希莹、武凤文、郑国等院外专家对研究成果进行了技术指导和审查。中规院（北京）规划设计公司张全总经理、尹强总规划师对此项工作给予了长期的大力支持。在此对以上部门、机构、领导和专家表示衷心的感谢！

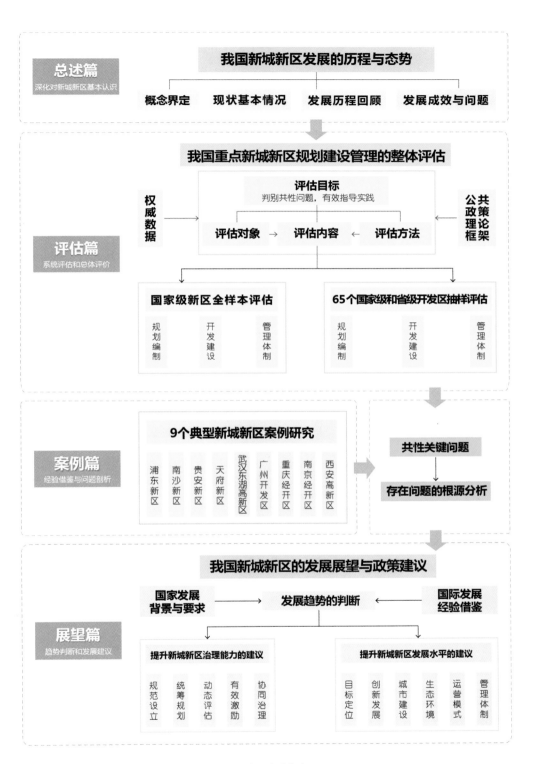

本书主要内容框架

# 目录

## 1 总述篇

## 我国新城新区发展的历程与态势

# 2 评估篇
## 我国重点新城新区规划建设管理的整体评估

# 案例篇
# 3

# 典型新城新区规划建设管理评估

# 4 展望篇
## 我国新城新区的发展展望与政策建议

# 1

## 总述篇

我国新城新区发展的
历程与态势

# 1.1 新城新区概念界定

## 1.1.1 新城新区的概念

我国新城新区的提法，是在2010年首次出现在政府文件中，《中华人民共和国国民经济和社会发展第十二个五年规划纲要》中提出："合理确定城市开发边界，规范新城新区建设，提高建成区人口密度，调整优化建设用地结构，防止特大城市面积过度扩张。"2014年《国家新型城镇化规划（2014—2020年）》中继续强调"严格规范新城新区建设"。然而相关文件始终对新城新区的概念未作出明确界定，国内很多学者从不同视角提出了新城新区的概念定义。

2012年上海交通大学城市科学研究院的刘士林等开展了"规范新城新区若干重大问题研究"课题研究，提出了广义和狭义的新城新区定义。广义的新城新区是指1979年以来，我国各省市在原农村地区设立的、具有独立行政机构及一种或多种功能（工业、商业、居住、社区公共服务和文化娱乐等）的新城市中心。狭义的新城新区是指1992年以来，我国城市在原中心城区边缘或之外新建的，在行政、经济、社会和文化上相对独立并有较大自主权的综合性城市中心。"狭义"的内涵界定不包含工业园区、大学园区、产业园区、农业生态园区、科技园区、总部经济园区等"功能单一"的"新城市化板块"，是目前具有较为成熟的城市综合服务功能的新城新区[1]。

2015～2018年国家发展和改革委员会城市和小城镇改革发展中心连续四年发

---

[1] 刘士林，刘新静，盛蓉. 中国新城新区发展研究[J]. 江南大学学报（人文社会科学版），2013，12（4）：74-81.

布了《中国新城新区发展报告》。报告中提出，广义的中国新城新区，是为了政治、经济、社会、生态、文化等多方面的需要，经由主动规划与投资建设而成的相对独立的城市空间单元。讨论比较多的中国新城新区包括经济特区、经济技术开发区、高新技术开发区、保税区、边境经济合作区、出口加工区、旅游度假区、物流园区、工业园区、自贸区、大学科技园，以及产业新城、高铁新城、智慧新城、生态低碳新城、科教新城、行政新城、临港新城、空港新城等[①]。

顾朝林（2017年）从城市治理视角提出，中国的新城新区是国家改革开放的产物，是满足经济发展需要、按照增长原则规划而成的一类城市空间单元，与西方城市的"新区"和"新城"有相近的含义，但具有非常独特的中国特色印记[②]。

在学者们的定义中，一般都会将国家级新区、各类开发区、各类功能性新城纳入新城新区的范畴。至于近年来出现的自由贸易试验区、自主创新示范区、生态城、未来科学城等新概念是否应纳入新城新区范畴，目前尚无一致的看法。

为明确全书的研究对象，本书尝试对新城新区的概念进行界定。新城新区这个概念的根本特征是相对于原中心城区（老城区）的"新"，应具有以下三个方面的内涵。

（1）"新空间"：从空间位置来看，我国的新城新区一般处在老城区的边缘或外围，是城市集中建设区的有机组成部分，开发建设方式以"增量新建"为主，形成新的城市空间。

（2）"新功能"：从功能定位来看，我国的新城新区一般为实现带动区域经济增长、发展特色新功能、提升城市品质功能等目标而设立。

（3）"新主体"：从管理体制来看，我国的新城新区是由县级以上人民政府或有关部门批复设立，拥有相对独立的管理运营主体，承担新城新区范围内经济、社会管理职能。

综上所述，本书界定新城新区的概念为：我国改革开放以来，县级以上人民政府或有关部门为实现特定目标而批复设立，拥有相对独立管理权限的空间地域单元，是城市集中建设区的有机组成部分，主要包括国务院批复的国家级新区、国务院及省级人民政府批复的各类开发区、县级以上人民政府批准设立的各类功能性新城。

---

① 冯奎. 中国新城新区发展报告［M］. 北京：中国发展出版社，2015.

② 顾朝林. 基于地方分权的城市治理模式研究——以新城新区为例［J］. 城市发展研究，2017（02）：70-78.

自由贸易区及自主创新示范区是近年来国家为促进开放发展和创新发展而设立的一种新型政策区。与以往设立实体型新城新区的方式不同，自由贸易区及自主创新示范区一般是依托既有功能区或开发区划定，是政策的叠加区，这体现了国家未来设立政策区的一种新趋势。为避免重复统计，本书不将其纳入新城新区的范畴。旅游度假区、农业科技园等以第一、三产为主，建设用地规模较小的功能区则一般不在城市集中建设区范围内，不属于"新城市空间"的范畴，故也不将其纳入新城新区的范畴。

## 1.1.2 新城新区的类型

我国新城新区共包括三种类型：一是国务院主导并批复设立的国家级新区，二是国务院或省级人民政府批复设立的开发区（包括经济技术开发区、高新技术开发区、海关特殊监管区等），三是地方人民政府主导的功能性新城（包括产业园区、工业集中区、科教新城、政务新区、奥体新城、高铁新城、临港新城、空港新城、智慧新城、生态低碳新城、未来科学城等）。

### 1．国家级新区

国家级新区是由国务院批准设立，承担国家重大发展和改革开放战略任务的综合功能区[①]。国家级新区的发展目标、功能定位等由国务院统一设定，相关特殊优惠政策和权限由国务院直接批复，重点承担落实国家重大改革发展任务和创新体制机制的试验示范作用，加快集聚特色优势产业，推动产城融合和新型城镇化建设，提高资源利用效率，改善生态环境质量。

1992年设立的上海浦东新区以及2006年设立的天津滨海新区是两个时代重要国家战略的空间载体，与1980年代的经济特区功能较为接近，主要承担经济发展的职能和使命。2010年后集中设立的多处国家级新区集中体现了国家强调区域平衡发展的战略意图，国家级新区在继承和强化经济发展使命的同时，其功能内涵逐步延展，职能与定位也越来越多元化。2017年批复设立的河北雄安

---

[①] 《关于促进国家级新区健康发展的指导意见》（发改地区〔2015〕778号）。

新区则进一步强调了国家级新区在贯彻落实新发展理念、实现管理体制机制的改革与创新方面的地位及作用。

国家级新区被赋予了更多的经济管理权限以及更高的行政管理权限，在更大的范围内打破了传统行政区划壁垒，使得在特定区域能够实现资源、人口的快速集中和经济密度的极大提升，这是所谓新区"先行先试"的战略意义。

国家级新区名单　　　　　　　　　　　　　　　　表1-1

| 新区名称 | 批复时间 | 功能定位 |
|---|---|---|
| 浦东新区 | 1990年6月 | 科学发展的先行区、"四个中心"（国际经济中心、国际金融中心、国际贸易中心、国际航运中心）的核心区、综合改革的试验区、开放和谐的生态区 |
| 滨海新区 | 2006年5月 | 依托京津冀、服务环渤海、辐射"三北"、面向东北亚，努力建设成为我国北方对外开放的门户、高水平的现代制造业和研发转化基地、北方国际航运中心和国际物流中心，逐步成为经济繁荣、社会和谐、环境优美的宜居生态型新城区 |
| 两江新区 | 2010年5月 | 统筹城乡综合配套改革试验的先行区、内陆重要的先进制造业和现代服务业基地、长江上游地区的金融中心和创新中心、内陆地区对外开放的重要门户、科学发展的示范窗口 |
| 舟山群岛新区 | 2011年6月 | 中国大宗商品储运中转加工交易中心、东部地区重要的海上开放门户、中国海洋海岛科学保护开发示范区、中国重要的现代海洋产业基地、中国陆海统筹发展先行区 |
| 兰州新区 | 2012年8月 | 西北地区重要的经济增长极、国家重要的产业基地、向西开放的重要战略平台和承接产业转移示范区 |
| 南沙新区 | 2012年9月 | 粤港澳优质生活圈和新型城市化典范、以生产性服务业为主导的现代产业新高地、具有世界先进水平的综合服务枢纽、社会管理服务创新试验区，打造粤港澳全面合作示范区 |
| 西咸新区 | 2014年1月 | 我国向西开放的重要枢纽、西部大开发的新引擎和中国特色新型城镇化的范例 |
| 贵安新区 | 2014年1月 | 经济繁荣、社会文明、环境优美的西部地区重要的经济增长极、内陆开放型经济新高地和生态文明示范区 |
| 西海岸新区 | 2014年6月 | 海洋科技自主创新领航区、深远海开发战略保障基地、军民融合创新示范区、海洋经济国际合作先导区、陆海统筹发展试验区 |

| 新区名称 | 批复时间 | 功能定位 |
|---|---|---|
| 金普新区 | 2014年6月 | 我国面向东北亚区域开放合作的战略高地、引领东北地区全面振兴的重要增长极、老工业基地转变发展方式的先导区、体制机制创新与自主创新的示范区、新型城镇化和城乡统筹的先行区 |
| 天府新区 | 2014年10月 | 内陆开放经济高地、宜业宜商宜居城市、现代高端产业集聚区、统筹城乡一体化发展示范区 |
| 湘江新区 | 2015年4月 | 高端制造研发转化基地和创新创意产业集聚区、产城融合城乡一体的新型城镇化示范区、全国"两型"社会建设引领区、长江经济带内陆开放高地 |
| 江北新区 | 2015年6月 | 自主创新先导区、新型城镇化示范区、长三角地区现代产业集聚区、长江经济带对外开放合作重要平台 |
| 福州新区 | 2015年8月 | 两岸交流合作重要承载区、扩大对外开放重要门户、东南沿海重要现代产业基地、改革创新示范区和生态文明先行区 |
| 滇中新区 | 2015年9月 | 我国面向南亚东南亚辐射中心的重要支点、云南桥头堡建设重要经济增长极、西部地区新型城镇化综合试验区和改革创新先行区 |
| 哈尔滨新区 | 2015年12月 | 中俄全面合作重要承载区、东北地区新的经济增长极、老工业基地转型发展示范区和特色国际文化旅游聚集区 |
| 长春新区 | 2016年2月 | 创新经济发展示范区、新一轮东北振兴的重要引擎、图们江区域合作开发的重要平台、体制机制改革先行区 |
| 赣江新区 | 2016年6月 | 中部地区崛起和推动长江经济带发展的重要支点 |
| 雄安新区 | 2017年4月 | 绿色生态宜居新城区、创新驱动发展引领区、协调发展示范区、开放发展先行区，努力打造贯彻落实新发展理念的创新发展示范区 |

资料来源：根据各新区批复文件汇总。

### 2．开发区

开发区是指由国务院和省（自治区、直辖市）人民政府批准，在城市规划区内设立的经济技术开发区、高新技术产业开发区、各类海关特殊监管区、边境/跨境经济合作区等实行国家特定优惠政策的特定区域。

**按等级划分**，我国开发区可分为国家级与省级两种类型，省（自治区、直辖市）

以下各级人民政府无任何级别开发区的审批权限①。①国家级开发区是指由国务院批准、国家各个部委监管的各类开发区，以商务部主导的经济技术开发区，科技部主导的高新技术开发区，海关总署主导的保税区、综保区、保税港区、保税物流园区以及出口加工区等各类海关特殊监管区为主；其他类型的开发区数量相对较少，属于具有阶段性、特殊性的开发区。②省级开发区是指由省（自治区、直辖市）人民政府批准的开发区，省级开发区类型更为多元，往往结合国家政策导向、产业发展需求设立，包括经济技术开发区、工业园区、高新技术产业园区、专业化的产业功能区等。

按性质、批复及主管机构划分，我国开发区可分为经济技术开发区、边境经济合作区、高新技术产业开发区、海关特殊监管区、特殊政策及产业发展区、省级各类产业发展区六种类型：①经济技术开发区（后文简称为"经开区"）是实行特殊的经济发展优惠政策和措施的特定区域，指导方针为"三为主、一致力"，即"以工业项目为主，吸收外资为主，出口为主，致力于发展高新技术企业"。②边境经济合作区是中国沿边开放城市发展边境贸易和加工出口的区域，以吸引内地企业投资为主，举办对独联体国家出口的加工企业和相应的第三产业②。③高新技术产业开发区（后文简称为"高新区"）是指中国改革开放后在一些知识密集、技术密集的大中城市和沿海地区建立的以发展高新技术产业为主的开发区，主要任务是促进高新技术与其他生产要素的优化组合，创办高新技术企业，运用高新技术改造传统产业，加速引进技术的消化、吸收和创新，推进高新技术成果的商品化、产业化、国际化。④海关特殊监管区是经国务院批准，赋予承接国际产业转移、连接国内国际两个市场的特殊功能和政策，实施封闭监管的特定经济功能区域。海关特殊监管区有保税区、出口加工区、保税物流园区、跨境工业园区（包括珠海跨境工业园区、霍尔果斯边境合作区）、保税港区、综合保税区六种模式。⑤特殊政策及产业发展区是国家为了特定目的设立的、具有一定独特性并享受相应优惠政策的产业发展区，包括海峡两岸科技工业园、互市贸易区、金融贸易区、台商投资区等。⑥省级各类产业发展区是指省（自治区、直辖市）人民政府为了实现特色优势产业集聚而设立的产业集聚区、工业集中区、工业园区、工业区、工业园等。

---

① 《国务院关于严格审批和认真清理各类开发区的通知》（国发〔1993〕33号）。

② 《国务院关于进一步对外开放黑河等四个边境城市的通知》（国函〔1992〕21号）。

早期的开发区以经济增长、创新升级、对外开放等为核心任务，指向相对单一、明确，随着开发区的发展越来越成熟，功能日趋复合化，发展目标从经济增长为主向经济增长与社会管理并重转变的趋势愈发明显。

开发区类型、等级、数量、批复机构、主管部门等信息汇总表　表1-2

| 类型 | 性质 | 等级 | 数量（个） | 批复部门 | 主管部门 |
|---|---|---|---|---|---|
| 经济技术开发区 | 产业发展区 | 国家级 | 219 | 国务院 | 商务部 |
| | | 省级 | 986 | 省（自治区、直辖市）人民政府 | |
| 边境经济合作区 | 边疆地区综合功能区 | 国家级 | 19 | 国务院 | |
| | | 省级 | 3 | | |
| 高新技术产业开发区 | 产业发展区 | 国家级 | 156 | 国务院 | 科技部 |
| | | 省级 | 157 | 省（自治区、直辖市）人民政府 | |
| 保税区<br>综合保税区<br>保税港区<br>保税物流园区<br>跨境工业园区<br>出口加工区 | 海关特殊监管区 | 国家级 | 135 | 国务院 | 海关总署 |
| 海峡两岸科技工业园、互市贸易区、金融贸易区、台商投资区、喀什经济开发区（含新疆生产建设兵团片区）、霍尔果斯经济开发区（含新疆生产建设兵团片区）等其他类型开发区 | 特殊政策区 | 国家级 | 23 | 国务院 | 国家发改委、生态环境部、公安部、商务部、海关总署等部门 |
| 产业集聚区、工业集中区、工业园区、工业区、工业园等 | 产业发展区 | 省级 | 845 | 省（自治区、直辖市）人民政府 | 国家发改委、生态环境部、公安部、商务部等部门 |

资料来源：根据开发区相关批复、管理文件汇总。

### 3．功能性新城

功能性新城是指除了国家级新区及开发区以外，县级以上地方人民政府以经济增长、对外开放、拓展城市空间等为目的，依托产业园区、政府机构、大学园区或者机场、港口、高铁站点等区域交通设施以及其他特色资源，在城市集中建设区范围内设立的功能区。功能性新城由地方政府主导推动，暂无国家统一标准和政策。

根据其设立目的，功能性新城可划分为产业园区型、设施带动型、新理念引领型三种类型。

**产业园区型新城是出现最早、数量最多的功能性新城**，其设立目的、功能定位、优惠政策、管理体制比较接近国家级、省级开发区。20世纪80年代末、90年代初期，自从国家在沿海城市批复设立经济技术开发区后，东部沿海地区各级政府开始大量批复设立开发区，高峰时期几乎每个县级城市均有一个或多个开发区。1993年根据《国务院关于严格审批和认真清理各类开发区的通知》（国发〔1993〕33号）"省、自治区、直辖市以下各级人民政府不得审批各类开发区"的要求，此后省级以下的"开发区"停止设立，但工业区、产业园区、产业功能区、工业集中区等各类名目的产业园区型新城却大量设立，本质上与早期的开发区并无差异。2000年以后，随着西部大开发、中部崛起等国家战略的提出，中、西部地区开始大量出现类似于1990年代东部沿海地区出现的产业功能区，而东部地区发展较好的产业园区型新城则逐步升级为国家级、省级开发区。2008年金融危机后，国家发布一系列放宽金融政策、扩大内需、加快基础设施建设等应对措施，中西部地区的产业园区型新城的设立，促进了产业向中西部地区的转移，带动了中西部地区产业功能区的发展。

**设施带动型新城是伴随着城镇化加速发展，逐步出现的完善城市服务功能、拓展城市空间的功能性新城。**2000年以后，随着我国城镇化的加速发展和经济实力的快速提升，重大公共服务设施和交通设施建设项目日益增多。与此同时，许多城市老城区的服务能力和空间承载能力都已面临瓶颈，建设服务能力和空间承载能力更强、品质更高的新城区的需求日益迫切。因此，许多城市便依托这些重大公共服务和交通设施项目的建设契机，跳出老城建设新城区，形成了大学城、科教新城、政务新区、郊区新城、空港新区、临港新城、高铁新城、奥体新区、会展新区等类型繁多的功能性新城。

新理念引领型新城是地方政府结合国家新的发展理念而设立的，以探索新型城镇化模式和路径为主的功能性新城。随着我国东部沿海城市发展水平逐步提高，新城新区的开发理念开始体现多元化的趋势，国家也逐渐形成了创新、协调、绿色、开放、共享的发展理念。北京、上海、深圳等大城市开始兴建生态城、科学城、知识城、智慧城等新理念引领型功能性新城，随后部分二、三线大城市也开始效仿。整体上新理念型新城集中在高级别城市，设立门槛及建设成本较高，数量也相对较少。

# 1.2 我国新城新区现状基本情况

## 1.2.1 数据来源

由于我国新城新区分属不同部门管理，我国也没有建立关于新城新区的正式数据统计制度，因此目前没有任何一个机构可以准确统计出我国新城新区的数量、面积、人口、经济产出等数据。但是，一些主管部门在某些年份对特定类型的新城新区进行了部分指标的数据统计[1]，具有一定的参考作用。本书通过梳理不同年份、不同来源的官方统计数据，对我国新城新区的各项数据进行了初步汇总统计，试图概略地揭示我国新城新区发展的全貌。需要注意的是，由于数据来源的局限性，本书中的所有数据并不是对应某个特定时间节点的全国新城新区准确统计数据，而是对我国新城新区当前发展情况的相对可靠的一种估算。

本书关于新城新区的相关统计数据，主要来源于2015年住房和城乡建设部对全国各类新城新区的普查数据，根据《中国开发区审核公告目录》（2018版）对其中的开发区数据进行了修正，根据各国家级新区的规划和国家测绘地理信息局提供的空间数据对其中的国家级新区数据进行了修正。此外，还参考了各类统计年鉴的经济和人口统计数据。

---

[1] 《中国开发区年鉴》《中国火炬统计年鉴》分别对于国家级经济技术开发区、国家级高新技术开发区进行了经济发展、科技创新、进出口总额等经济指标的统计，对于批复面积、实际管辖面积等方面并无统计。

## 1.2.2 数据汇总

当前我国新城新区数量约3846个，其中国家级新区19个、国家级开发区552个、省级开发区1991个、省级以下（包含地级、县级）新城新区1284个。

全国省级及以上各类新城新区批复面积共7.5万平方公里，规划面积共14.8万平方公里，规划建设用地面积共7.3万平方公里，已建面积共2.9万平方公里，规划人口共4.3亿，现状人口共1.55亿。

全国新城新区的平均规划面积为37平方公里，平均规划建设用地为19平方公里，平均规划人口为11万，平均已建设面积为7.6平方公里，平均现状人口为4万，平均建成率为55%，平均规划人口实现度为36%。

全国新城新区数据汇总      表1-3

| 级别<br>（单位） | 数量<br>（个） | 批复面积<br>（平方公里） | 规划面积<br>（平方公里） | 规划建设<br>用地面积<br>（平方公里） | 已建面积<br>（平方公里） | 规划人口<br>（万人） | 现状人口<br>（万人） |
|---|---|---|---|---|---|---|---|
| 国家级新区 | 19 | 22166 | 25721 | 6675 | 3409 | 5589 | 2669 |
| 国家级开发区 | 552 | 5522 | 29674 | 16169 | 7692 | 9570 | 3794 |
| 省级开发区 | 1991 | 12652 | 57806 | 31221 | 12346 | 16340 | 5661 |
| 省级以下新城新区 | 1284 | 34542 | 34542 | 18525 | 5506 | 11421 | 3325 |
| 合计 | 3846 | 74882 | 147743 | 72590 | 28953 | 42920 | 15449 |

数据来源：国家级新区数据为根据各国家级新区规划整理汇总，国家级开发区、省级及以下新城新区数据分别根据《中国开发区审核公告目录》（2018年版）和2015年住房和城乡建设部调查数据整理汇总。

## 1.2.3 设立情况

我国新城新区的数量整体上呈逐年上升态势，但各年度新设立新城新区的数量变化较大，2016年以来新城新区的数量保持相对稳定。

1984~2018年，年均批复设立的新城新区数量达到97个。全国新城新区的批复数量在1990年以前较少，年均批复3个，主要集中在东部地区，并以国家级开发区为主；1992~2000年逐步增加，年均批复33个，中西部地区数量逐渐增加，省级新城新区也开始逐步设立；2000年后进入了新城新区快速增加时期，年均批复166个各类新城新区，其中2006年、2010~2014年为批复高峰时期，一年内新设立的新城新区数量达到300个以上，国家级新城新区从新批复设立转为从省级升级为国家级，但省级及以下等级的各类新城新区批复设立的数量迅速增加；2016年以来随着国家对各类新城新区的管控力度不断加强，批复设立的新城新区数量迅速减少。

图1-1　1984～2018年新城新区数量的历年变化

## 1.2.4　类型特征

我国新城新区以国家级和省级开发、国家级新区为主体，在数量、规模等方面都远超省级以下新城新区。

国家级和省级新城新区的数量、规划面积及现状建设用地均占全国新城新区的60%以上。国家级新区数量少，但单个新区的规模较大，平均批复面积达到1133平方公里，平均规划人口达到297万，是全国新城新区平均水平的30～40倍。国家级开发区平均批复面积为10平方公里，而平均规划面积为54平方公里，平均规划建设用地为29平方公里，平均已建设面积为14平方公里，平均规划人口为17万，平均现状人口为7万，平均建成率为48%，规划人口实现度为40%。省级开发区平均批复面积为6平方公里，而平均规划面积为29平方公里，平均规划建设用地为16平方公里，平均已建设面积为6平方公里，平均规划人口为8万，平均现状人口为3万，平均建成率为40%，规划人口实现度为35%。

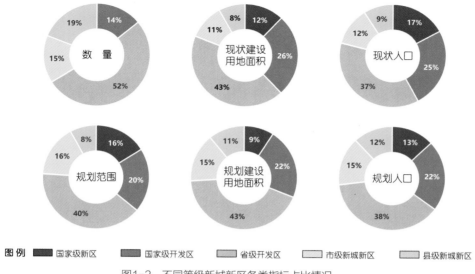

图例 ■ 国家级新区 ■ 国家级开发区 □ 省级开发区 □ 市级新城新区 □ 县级新城新区

图1-2　不同等级新城新区各类指标占比情况

## 1.2.5　空间分布

当前我国新城新区的空间分布格局与主要城市群的空间分布耦合度较高。长三角、珠三角、京津冀、成渝、中原、长江中游、哈长七个城市群集聚了1680个新城新区，占全国新城新区总数的44%。

我国新城新区的空间格局变化特征为从东部地区逐步向中、西部地区扩散。截至2018年，东部地区有1474个，中部地区1270个，西部地区1101个。四川省拥有298个新城新区居于第一位，江苏省265个次之，山东省219个排名第三。

东部地区国家级和省级新城新区的数量比例比中西部地区略高。从31个省级行政区[①]的分布情况来看，东部地区大部分省级行政区的国家级和省级新城新区数量占比达到80%以上，中西部地区的省级以下新城新区数量占比较高，西部地区的西藏、四川、宁夏、陕西等省级行政区的国家级和省级新城新区数量占比不到50%。

---

① 暂不含港、澳、台地区。

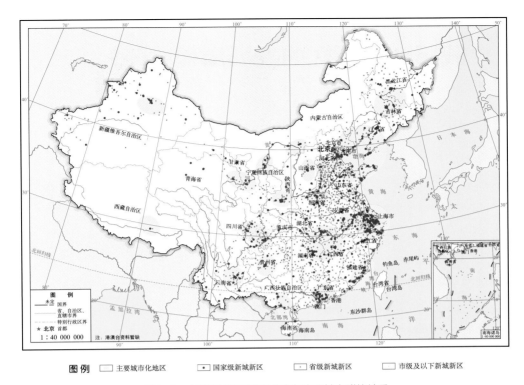

图例 □ 主要城市化地区　■ 国家级新城新区　▫ 省级新城新区　□ 市级及以下新城新区

图1-3　中国新城新区空间分布与主要城市群的关系

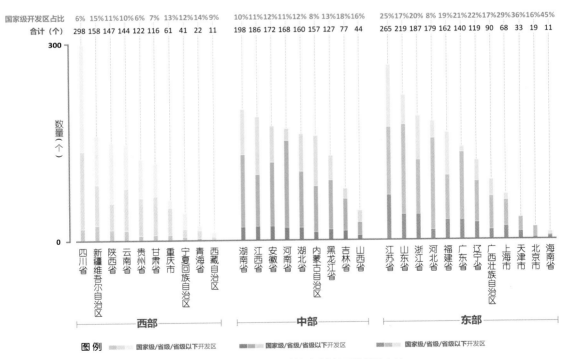

图1-4　各省级行政区不同等级新城新区数量及占比

# 1.3 我国新城新区的发展历程

当前国内学者对我国新城新区发展阶段划分的研究多以开发区为研究对象，划分阶段的依据以设立阶段、空间分布、规模及数量等为主。张晓平等根据国家经济技术开发区的批复数量及空间分布特征，将我国新城新区发展阶段划分为沿海布点（1984～1991年）、东南铺开（1992～1997年）、全国推进（1998年至今）三个阶段（张晓平，2002）[1]。冯奎等根据新城新区发展的数量、动力机制不同，将其发展阶段划分为计划经济时期（1949～1978年）的工业新城发展阶段、改革开放时期（1979～1991年）的外向型经济空间锻造阶段、中国城市大发展时期（1992～2000年）的都市区空间扩张阶段、全球化时期（2001～2008年）的世界工厂建设阶段、转型发展时期（2009年以来）的内需拉动和快速城镇化阶段这五个阶段[2]。

本书通过国际环境、我国经济及城镇化发展阶段、国家战略导向、管理政策等不同维度的分析，结合新城新区数量、规模、分布区域等特征的变化，发现我国新城新区的发展状态与国家战略导向紧密相关。在我国新城新区的发展过程中，国家战略导向与相应的政策起到了举足轻重的作用，涉及行政管理、外商投资、土地建设、财税金融、产业发展、企业支持、环境保护、拓园扩区、人才吸引等各方面。因此，本书以公共政策的视角，将新城新区发展的阶段性变化特征与我国的城镇化和经济发展的历史脉络和阶段性结合起来，系统审视新城新区在不同时期的设立目标和发展动力变化，将新城新区的发展划分为三个阶段。

---

① 张晓平. 我国经济技术开发区的发展特征及动力机制［J］. 地理研究，2002（5）：656-666.
② 冯奎. 中国新城新区发展报告［M］. 北京：中国发展出版社，2015.

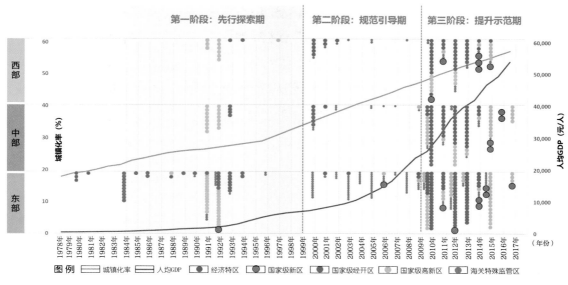

图1-5　中国国家级新区和国家级开发区发展历程

本书通过系统梳理历史上我国出台的关于新城新区的所有政策文件，发现我国关于新城新区的国家政策文件繁多，且由于部分政策的出台具有一定的滞后性，政策的出台部门也各不相同，这些政策的连续性和逻辑性看似并不明显。但如果将新城新区的发展阶段与各时期的政策文件联系起来，则可明显看出在每个新城新区的发展阶段，国家的相关政策都有一个非常清晰明确的核心导向，这个核心导向与解决新城新区当时出现的关键共性问题、更好地引导该阶段新城新区的发展紧密相关。

新城新区的国家政策根据战略导向不同，可划分为优惠、规范、引导和整改四类政策。优惠类政策对新城新区提供了经济、财税、金融、产业、土地供给、服务、人才吸引、管理等方面的优惠政策，对新城新区的发展具有极大的促进作用。规范类政策对不同类型的新城新区提出相对系统、规范的管理办法和审批程序等方面的政策。引导类政策对新城新区提出科技创新、生态宜居、产城融合等方面的提升和转型要求，引导新城新区更加高质量地发展。整改类政策往往是针对新城新区存在的某类问题而制定，提出整改方面的措施和要求。

总而言之，我国新城新区发展历程与国内外经济形势、国家战略导向及相关的管理政策具有极大的相关性。作为我国重要的政策空间载体，新城新区面临不同的国际形势，在推进经济增长、对外开放、创新发展、区域协调发展等国家战略的实施过

| | 先行探索期 (1978~1999年) | 规范引导期 (2000~2009年) | 提升示范期 (2010年至今) |
|---|---|---|---|
| 优惠类 | ★ 1984.11《关于经济特区和沿海十四个港口城市减征、免征企业所得税和工商统一税的暂行规定》(国发[1984]161号)(已失效)<br>★ 1991.3《国务院关于批准国家高新技术产业开发区和有关政策规定的通知》(国发[1991]12号)<br>★ 1991.6《中华人民共和国外商投资企业和外国企业所得税法实施细则》(已失效) | ★ 2005.6《中西部等地区国家级经济技术开发区基础设施项目贷款财政贴息资金管理办法》(财建[2005]223号)<br>★ 2006.2《国务院关于印发实施〈国家中长期科学和技术发展规划纲要(2006—2020年)〉若干配套政策的通知》(国发[2006]6号)<br>★ 2006.7《国家级经济技术开发区经济社会发展"十一五"规划纲要》(商资发[2006]257号) | ★ 2010.4《商务部关于下放外商投资审批权限有关问题的通知》(商资发[2010]209号)<br>★ 2010.3《财政部关于印发〈中西部等地区国家级经济技术开发区基础设施项目贷款财政贴息资金管理办法〉的通知》(财建[2010]48号)<br>★ 2012.3《国家级经济技术开发区国家级边境经济合作区基础设施项目贷款中央财政贴息资金管理办法》(财建[2012]92号) |
| 规范类 | ★ 1996.11《国家高新技术产业开发区管理暂行办法》(国科发火字[1996]061号) | ★ 2000.8《国家火炬计划软件产业基地认定条件和办法》(国科发火字[2000]337号)<br>★ 2000.1《国家税务总局关于印发〈出口加工区税收管理暂行办法〉的通知》(国税发[2000]155号)<br>★ 2000.4《国务院关于〈中华人民共和国海关对出口加工区监管的暂行办法〉的批复》(国函[2000]38号)<br>★ 2005.8《商务部办公厅关于印发〈国家级经济技术开发区扩建审批原则和审批程序〉的通知》(商资字[2005]96号)<br>★ 2007.3《中国开发区审核公告目录》(2006年版) | ★ 2015.4《关于促进国家级新区健康发展的指导意见》(发改地区[2015]778号)<br>★ 2015.12《环境保护部商务部科技部关于印发〈国家生态工业示范园区管理办法〉的通知》(环发[2015]167号)<br>★ 2018.2《中国开发区审核公告目录》(2018年版)(国家发展改革委、科技部、国土资源部、住房和城乡建设部、商务部、海关总署发布了2018年第4号公告) |
| 引导类 | | ★ 2002.12《关于加强开发区区域环境影响评价有关问题的通知》(环发[2002]174号)<br>★ 2004.3《国务院关于进一步推进西部大开发的若干意见》(国发[2004]6号)<br>★ 2005.3《国务院办公厅转发商务部等部门关于促进国家级经济技术开发区进一步提高发展水平若干意见的通知》(国办发[2005]15号)<br>★ 2005.7《国务院关于加快发展循环经济的若干意见》(国发[2005]22号)<br>★ 2009.7《科技部关于印发发挥国家高新技术产业开发区作用促进经济平稳较快发展若干意见的通知》(国科发高[2009]379号)<br>★ 2009.3《商务部关于2009年国家级经济技术开发区工作的指导意见》(商资发[2009]138号) | ★ 2010.4《国务院关于进一步做好利用外资工作的若干意见》(国发[2010]9号)<br>★ 2010.8《国务院关于中西部地区承接产业转移的指导意见》(国发[2010]28号)<br>★ 2011.12《环境保护部商务部科技部关于加强国家生态工业示范园区建设的指导意见》(环发[2011]143号)<br>★ 2014.1《国务院办公厅关于促进国家级经济技术开发区转型升级创新发展的若干意见》(国办发[2014]54号)<br>★ 2016.3《国务院办公厅关于完善国家级经济技术开发区考核制度促进创新驱动发展的指导意见》(国办发[2016]14号)<br>★ 2017.1《国务院办公厅关于促进开发区改革和创新发展的若干意见》(国办发[2017]7号) |
| 整改类 | ★ 1993.4《国务院关于严格审批和认真清理各类开发区的通知》(国发[1993]33号) | ★ 2002《国家计委办公厅关于对各类开发区进行调查的通知》(计动外资[2002]1609号)(已失效)<br>★ 2003.7《国务院办公厅关于清理整顿各类开发区加强建设用地管理的通知》(国办发[2003]70号)<br>★ 2003.7《国务院办公厅关于暂停审批各类开发区的紧急通知》(国办发明电(2003)30号)<br>★ 2005《国家发展改革委办公厅关于做好各类开发区设立审核工作有关问题的通知》(发改办外资[2005]133号)(已失效) | ★ 2012《关于开展各类开发区清理整改前期工作的通知》(发改外资[2012]4035号)<br>★ 2018.4《关于推进高铁站周边区域合理开发建设的指导意见》(发改基础[2018]514号)<br>★ 2019.5《国务院关于推进国家级经济技术开发区创新提升打造改革开放新高地的意见》 |

注：★★★分别代表政策影响力由高到低的程度。

图1-6 我国新城新区管理政策类型划分

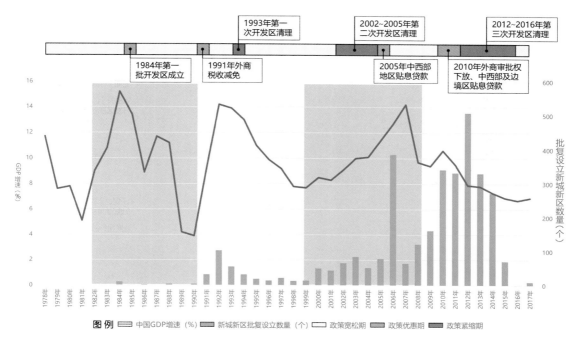

图1-7　我国新城新区发展历程及政策阶段对比

程中发挥了重要的积极作用。国家对新城新区的调控政策也有效激励、引导和规范了新城新区的发展，出台了大量优惠、引导、规范、整改类政策措施，在一定程度上对新城新区的发展起到了管理作用，尤其是大量优惠类政策有效激发了新城新区的发展活力，进而带动了全国范围内的经济快速增长、对外开放程度的快速提升。

## 1.3.1　第一阶段：先行探索期（1978~1999年）

### 1．宏观背景

1978年改革开放以来，我国开展从计划经济转变为市场经济的探索，国家相继提出了沿海开发开放、梯度开发等区域发展战略。我国的新城新区建设与发展也开启了先行先试、逐步探索的阶段，试图通过在东部沿海地区设立开发区，实现促进经济增长、对外开放的国家战略。1979~1980年批复设立的深圳、珠海、汕头、厦门4个经济特区，以减免关税等优惠措施为手段，通过创造良好的投资环境，鼓励外商投资，引进先进技术和科学管理方法，以达到促进经济技术发展的目的。作为我国新城新区的前身，经济特区起到了试验探索的成效。

## 2．发展情况

1981年，经国务院批准在沿海开放城市建立经济技术开发区，于1984年设立了首批10个国家级经济技术开发区，主要位于东部沿海地区，是享有沿海经济技术开发区优惠政策的特殊经济区域，提出了"三为主、一致力"的主要方针，即"以工业项目为主，吸收外资为主，出口为主，致力于发展高新技术企业"。截至1999年末，国家级经济技术开发区共32个。

1988年，在科技部"火炬计划"主导下，中关村科技园以发展高新技术、推动技术创新为目的，成为全国第一个高新技术产业开发区。高新技术开发区由国家科技部主管，其主要目标是通过形成局部的优势环境来引入、培育创新型企业，发展民族高新技术产业，并带动传统产业升级，以实现高新技术成果商品化、产业化和国际化，推动科技与经济的一体化发展。国务院于1991年、1992年两次共批复52个国家级高新区。

1990年，全国第一个国家级保税区（上海外高桥保税区）设立。该保税区集自由贸易、出口加工、物流仓储及保税商品展示交易等多种经济功能于一体，以促进沿海地区开放。截至1999年末，全国共批复了14个保税区，均分布在东部沿海地区。

1992年邓小平同志南方谈话后，浦东新区设立，迅速在全国范围内掀起新城新区建设热潮，1990～1995年，全国设立的国家级开发区从15个迅速拓展到103个，以东部沿海地区为主，中西部地区各省会城市也设立了各类省、市、县级开发区。截至1999年末，全国32个国家级经济技术开发区国内生产总值达到1261亿元，同比增长13.59%；工业总产值3610亿元，同比增长13.59%；税收收入235亿元，同比增长23.77%[①]。均高于全国增幅水平。

## 3．管理政策

自1978年改革开放以来，国家为了鼓励推动新城新区的发展，逐步出台了多项鼓励各类开发区、新区发展的优惠政策，包括外商投资准入、财税、金融、土地等方面。

1984年11月国务院发布《关于经济特区和沿海十四个港口城市减征、免征企

---

① 数据来源于《中国经济特区开发区年鉴2000—2001年》。

业所得税和工商统一税的暂行规定》（国发〔1984〕161号），其中对沿海14个沿海港口城市的经济开发区予以减免企业所得税、地方所得税等优惠政策，极大促进了经济开发区的引进外资、对外交流。随后1991年6月国务院发布《中华人民共和国外商投资企业和外国企业所得税法实施细则》，对外资企业提供了税收优惠政策，这也是开发区发展近20年里享有的优惠政策，在很大程度上带动了全国新城新区的发展。

1990年中共中央、国务院批复了上海市委、市政府，原则同意上海报送的《关于开发浦东、开放浦东的请求请示》，指出开发和开放浦东是深化改革、进一步实行对外开放的重大部署，必将对上海和全国的政治稳定与经济发展产生极其重要的影响；同意在浦东实行经济技术开发和某些经济特区的政策，并提出了同意上海市政府在浦东采取的十项优惠政策和措施（浦东新区十项优惠政策，中委〔1990〕100号）。该文件成为浦东新区发展有力的政策支持，也成为后续国家级新区优惠政策的重要参考文件，文件中"区内生产性的'三资'企业，其所得税按15%的税率计征；经营期在十年以上的，自获利年度起，两年内免征，三年减半征收"依然延续至今，进一步促进了国家级新区的发展。

1991年，国务院发布《国务院关于批准国家高新技术产业开发区和有关政策规定的通知》（国发〔1991〕12号），包含了《国家高新技术产业开发区高新技术企业认定条件和办法》《国家高新技术产业开发区若干政策的暂行规定》《国家高新技术产业开发区税收政策的规定》等政策，对国家级高新技术产业开发区同样予以税收减免优惠政策，在一定程度上促进了外资、内资高新企业的发展，但由于缺少对技术创新方面的认定、优惠和奖励机制，也成为高新区"不高新"的成因之一。

1993年国务院发布《关于严格审批和认真清理各类开发区的通知》（国发〔1993〕33号），对开发区开展第一轮整改。该通知明确国家级开发区的审批权限在国务院，省（自治区、直辖市）级人民政府拥有少量批准设立升级开发区的权限，而省（自治区、直辖市）以下各级人民政府无任何级别开发区的审批权限。

### 4．小结

改革开放初期，为应对国内资金短缺、技术落后、人才不足、管理体制与国际市场环境脱节等问题，各级人民政府和有关部门通过划定实施特殊优惠政策的空间地域单元以促进创新和发展，由此开启了开发区近20年的快速发展时代。这一时期我国的新城新区以开发区为主要类型，形成了以开发区为主的新城新区初步架构。东部沿海地区首先展开探索，中西部地区逐渐开始起步。开发区对国家和地方经济增长的贡献更为突出，成为所在城市的经济增长极，极大地推动了我国的对外开放并提升了经济发展水平。

先行探索期的国家战略以经济发展、对外开放等为核心目标，对于新城新区的管理政策也以优惠类政策为主，且各类政策优惠力度较大，并对之后近40年的各类新城新区形成持续性影响。虽然国家于1993年开展了第一轮开发区的清理和整改，规范了开发区的审批权限，但由于后续政策的监管力度不足，地方政府设立其他类型的新城新区，导致该政策的执行并未对新城新区起到良好的管控作用。


# 1.3.2 第二阶段：规范引导期（2000～2009年）

## 1. 宏观背景

1998年亚洲爆发金融危机，我国也受到国内外市场紧缩的冲击，1999年我国开发区在利用外资多年持续经济增长以后，首次出现负增长，国家宏观政策随后作出了相应调整。国家提出西部大开发、中部崛起、振兴东北老工业基地等一系列的区域发展战略，鼓励东、中、西部均衡化发展。随后2001年我国正式加入世界贸易组织（WTO），正式进入了全球化发展阶段，全国经济发展环境更为开放，各级政府积极参与到国际竞争中，新城新区便成为各级政府扩大对外开放、实现经济发展的重要战略载体。

## 2. 基本情况

2000年国务院新批准合肥、郑州、西安、成都、昆明、长沙、贵阳、南昌、石河子、呼和浩特、西宁等11个中西部地区开发区升级为国家级经济技术开发区，国家级经济技术开发区增加至43个，以期实现西部大开发、区域均衡化发展的战略。2000～2009年的十年间国家级开发区的设立减少，共批复设立19个国家级经济技术开发区、3个国家级高新技术开发区，以中西部地区为主。

2000年4月27日，国务院批准设立了首批15个出口加工区，实行"优化存量、控制增量、规范管理、提高水平"，逐渐把加工贸易增量引入封闭的加工区域内，实现对加工贸易的集中规范管理，促进其健康发展。截至2009年，海关总署先后共批复设立了91个国家级出口加工区、保税区、保税港区、保税物流园区等各类海关特殊监管区，形成以深化开放为核心目标的开放型产业功能区热潮。

2006年，国务院批复滨海新区成立，成为全国第二个国家级新区、国务院批准的第一个国家综合改革创新区，其功能定位为"依托京津冀、服务环渤海、辐射'三北'、面向东北亚，努力建设成为我国北方对外开放的门户、高水平的现代制造业和研发转化基地、北方国际航运中心和国际物流中心，逐步成为经济繁荣、社会和谐、环境优美的宜居生态型新城区"。

经过先行探索期的发展实践，地方政府深刻认识到新城新区的巨大作用，设立新城新区的意愿十分强烈，中央政府则相对较为谨慎。2000~2009年的十年间，新城新区设立的数量、类型多样性和区域范围都有十分明显的提升，省级以上开发区数量从202个猛增到866个，东部地区新设284个，中部地区新设263个，西部地区新设117个，区域分布上较为均衡。然而在此期间，国家战略对于开发区的批复设立相对谨慎，新批复设立的国家级经开区、高新区数量相对较少，更加倾向于中西部地区和海关特殊监管区等类型，支撑扩大对外开放、区域均衡发展等战略。

### 3. 管理政策

经过先行示范区优惠政策的激励，新城新区的发展取得了良好效果，但也暴露出新城新区过快设立、管理失控等诸多负面影响。因此，2000~2009年国家关于新城新区的政策不再仅仅是加大激励，而是将重点放在规范和细化各类新城新区的管理，优惠类政策比例降低，规范类和整改类政策比例大幅增加。在加强规范管理的同时，这一阶段国家也开始重点关注发展质量提升和各领域、各区域的均衡发展，因此出台了较多的引导类政策，如促进中西部发展、扩大对外开放、鼓励科技创新、循环经济等。

2000年后，国家相继出台了各类开发区的管理办法，加强对开发区的规范管理，如《国家火炬计划软件产业基地认定条件和办法》（国科发火字〔2000〕337号）、《国家税务总局关于印发〈出口加工区税收管理暂行办法〉的通知》（国税发〔2000〕155号）、《国务院关于〈中华人民共和国海关对出口加工区监管的暂行办法〉的批复》（国函〔2000〕38号）等。

2000年后国务院、财政部分别发布了《国务院关于进一步推进西部大开发的若干意见》（国发〔2004〕6号）、《中西部等地区国家级经济技术开发区基础设施项目贷款财政贴息资金管理办法》（财建〔2005〕223号），对中西部开发区加大了基础设施贴息贷款的支撑，在一定程度上促进了中西部地区新城新区的数量迅速增加。

2002~2006年，国家开展了第二轮开发区的整改工作，陆续出台了《国家计委办公厅关于对各类开发区进行调查的通知》（计办外资〔2002〕1609号）（已失效）、《关于加强开发区区域环境影响评价有关问题的通知》（环发〔2002〕174号）、《国务院办公厅关于清理整顿各类开发区加强建设用地管理的通知》（国办发〔2003〕70号）、《国务院办公厅关于暂停审批各类开发区的紧急通知》（国办发明电〔2003〕30号）、《国家发展改革委办公厅关于做好各类开发区设立审核工作有关问题的通知》（发改办外资〔2005〕133号）（已失效）等多项政策。经过此轮规范和治理，全国开发区在数量上从6866个减少到1568个，规划面积也从3.86万平方公里减少到9949平方公里。国家发展改革委、原国土资源部、原建设部发布了《中国开发区审核公告目录》（2006年版）（已失效），公告了符合条件的1568个开发区，其中国家级开发区共222个，包含49家经济技术开发、53个高新技术产业开发区、15个保税区、58家出口加工区、14个边境经济合作区以及33个其他类型开发区，另有1346个省级开发区。

2004年，吴仪副总理在"全国国家级经济技术开发区工作会议"中提出，国家级经济技术开发区要"以提高外资质量为主，以发展现代制造业为主，以优化出口结构为主，致力于发展高新技术产业，致力于发展高附加值服务业，促进国家级经济技术开发区向多功能综合性产业区转变"，这"三为主、二致力、一促进"成为后来开发区发展的战略指导方针。

2005~2009年，国家发布了《国务院办公厅转发〈商务部等部门关于促进国家级经济技术开发区进一步提高发展水平若干意见〉的通知》（国办发〔2005〕15号）、《国务院关于加快发展循环经济的若干意见》（国发〔2005〕22号）、《国务院关于印发实施〈国家中长期科学和技术发展规划纲要（2006—2020年）〉若干配套政策的通知》（国发〔2006〕6号）、《国家级经济技术开发区经济社会发展"十一五"规划纲要》(商资发〔2006〕257号)、《科技部关于印发〈发挥国家高新技术产业开发区作用促进经济平稳较快发展若干意见〉的通知》(国科发高〔2009〕379号)、《商务部关于2009年国家级经济技术开发区工作的指导意见》(商资发〔2009〕138号)等一系列引导政策,鼓励开发区进一步扩大对外开放,促进国内发展、承接高附加值产业转移,集聚高新技术产业和高素质人才,推动区域经济协调发展,成为体制改革、科技创新和发展循环经济的"排头兵"。

### 4.小结

这一时期国家战略的重点除了继续加快经济发展外,更加强调引导区域均衡发展、扩大对外开放,尤其是2001年加入WTO以来,我国经济进入了全面高速增长的阶段。这一时期我国各类新城新区作为城市的扩展空间、经济政策的空间载体,对我国的全球化、区域均衡化、工业化及城镇化进程起到了重要作用,已然成为我国宏观战略的重要空间载体。

值得注意的是,这一阶段国家战略与地方政府诉求之间的矛盾也逐步显现,各地政府对开发区的设立诉求强烈,国家政策则强调对开发区的规范化管理、引导创新绿色发展,同时对批复设立主体、开发区发展基础等方面的要求进一步提高。因此,地方政府开始大量批复设立产业园区、产业功能区、工业区等"类开发区"型新城新区,由于批复设立手续简单、要求偏低、监管不到位,导致了新城新区设立混乱、名目众多、管理失控、污染环境等诸多负面影响。

## 1.3.3 第三阶段:提升示范期(2010年至今)

### 1.发展背景

2008年全球金融危机爆发后,我国经济增速回落,出口出现负增长,东部沿海地区的大量开发区受到严重的影响,国家认识到过于依赖出口和资源初加工的传统发展路径必须加快转型升级。国家于2008年11月提出进一步扩大内需、促进经济平稳较快增长的十项措施。国家宏观政策采取了较为宽松的金融政策,极大地刺激了地方大规模设立各类新城新区。2014年以来我国进入了增长速度换挡期、结构调整面临阵痛期、前期刺激政策消化期,在适应和把握经济"新常态"

背景下，我国经济也面临着增速减缓、结构调整、动力转换的挑战，追求高质量发展、内涵式增长、多元化动力的诉求愈发强烈。作为我国重要的政策空间载体，国家对新城新区的发展要求进一步提高，更加关注综合发展水平的提升、体制机制创新、示范引领作用等方面。

### 2. 基本情况

2010年以来，国务院开始密集批复设立国家级新区，东、中、西部分布均衡化。截至2018年6月总数达到19个，其中东部9个、中部4个、西部6个。除了1992年设立的上海浦东新区和2006年设立的天津滨海新区，其余17个国家级新区均为2010年后设立。这一时期为应对我国经济增长速度下降、增长动力机制变化等情况，国家以"全方位扩大对外开放的重要窗口、创新体制机制的重要平台、辐射带动区域发展的重要增长极、产城融合发展的重要示范区"为发展目标[①]设立国家级新区，试图通过新区的多方位先试先行转变传统的发展模式。这些新区承担着国家重大发展和改革开放战略任务，旨在对促进经济发展、扩大对外开放、推动改革创新发展发挥重要作用。

2010年以来，国家对大量省级开发区进行升级，国家级开发区数量迅速增加。2010～2017年国家级经济技术开发区新增182个，截至2018年6月总数达到219个，其中东部111个、中部66个、西部42个。2010～2017年国家级高新技术开发区新增100个，截至2018年6月总数达到154个，其中东部77个、中部48个、西部29个。

### 3. 管理政策

这一阶段国家对新城新区的发展质量有了更高要求，将一部分发展较好的省级开发区升级为国家级，并陆续批复了17个国家级新区，希望通过这些具有最高级别优惠政策和优秀平台的国家级新城新区，探索转型升级、科技创新、体制机制创新的经验，并充分发挥示范带动效应，辐射带动更大区域，提升全国的发展质量。

2010～2012年，国家发布了《商务部关于下放外商投资审批权限有关问题的

---

① 2015年国务院《关于促进国家级新区健康发展的指导意见》（发改地区〔2015〕778号）。

通知》（商资发〔2010〕209号）、《财政部关于印发〈中西部等地区国家级经济技术开发区基础设施项目贷款财政贴息资金管理办法〉的通知》（财建〔2010〕48号）、《国务院关于进一步做好利用外资工作的若干意见》（国发〔2010〕9号）、《国务院关于中西部地区承接产业转移的指导意见》（国发〔2010〕28号）、《国家级经济技术开发区国家级边境经济合作区基础设施项目贷款中央财政贴息资金管理办法》（财建〔2012〕94号）等进一步扩大开放、区域平衡发展等引导和优惠政策，进一步促进了中西部地区的新城新区建设。

2012年国务院发布《关于开展各类开发区清理整改前期工作的通知》（发改外资〔2012〕4035号），展开了第三轮整改，并于2018年国家发展改革委、科技部、原国土资源部、住房和城乡建设部、商务部、海关总署发布了2018年第4号公告，发布《中国开发区审核公告目录》（2018年版），明确国家级、省级开发区共2543个开发区，其中国家级开发区552家，省级开发区1991个。2014年1月，依据国家发展改革委《规范新城新区若干重大问题研究》课题组的最终成果，由国家发展改革委会签国土资源部、住房和城乡建设部形成的《新区设立审核办法》，在送中央编办、国家发展改革委、科技部、工业和信息化部、监察部、民政部、财政部、国土资源部、环境保护部、住房和城乡建设部、水利部、农业部、商务部、海关总署、林业局、法制办等16个部门征求意见后报送国务院并经国务院领导审定，成为国家审批新区的重要文件。

整改后国家加强对新城新区科技创新、制造升级、体制改革等方面的引导和规范，从批复设立各类开发区转变为在既有开发区基础上叠加各类政策区、示范区，从而扩大新区、开发区的示范效应，包括《国务院办公厅关于促进国家级经济技术开发区转型升级创新发展的若干意见》（国办发〔2014〕54号）、《关于促进国家级新区健康发展的指导意见》（发改地区〔2015〕778号）、《国家生态工业示范园区管理办法》（环发〔2015〕167号）、《国务院办公厅关于完善国家级经济技术开发区考核制度促进创新驱动发展的指导意见》（国办发〔2016〕14号）、《国务院办公厅关于促进开发区改革和创新发展的若干意见》（国办发〔2017〕7号）、《关于推进高铁站周边区域合理开发建设的指导意见》（发改基础〔2018〕514号）等引导和规范类的文件，更加明确限定了各类新城新区内鼓励和禁止的行为。

2015年4月国家四部委联合发布的《关于促进国家级新区健康发展的指导

意见》中提出，国家级新区应保持经济增长速度在比较长的时期内快于所在省（区、市）的总体水平，着力提升经济发展质量和规模，将新区打造成为全方位扩大对外开放的重要窗口、创新体制机制的重要平台、辐射带动区域发展的重要增长极、产城融合发展的重要示范区，进一步提升新区在全国改革开放和现代化建设大局中的战略地位。

2017年1月我国发布《国务院办公厅关于促进开发区改革和创新发展的若干意见》，对开发区提出总体要求，提出开发区建设是我国改革开放的成功实践，对促进体制改革、改善投资环境、引导产业集聚、发展开放型经济发挥了不可替代的作用，开发区已成为推动我国工业化、城镇化快速发展和对外开放的重要平台。当前全球经济和产业格局正在发生深刻变化，我国经济发展进入新常态，面对新形势，必须进一步发挥开发区作为改革开放"排头兵"的作用，形成新的集聚效应和增长动力，引领经济结构优化调整和发展方式转变。

## 4．小结

总体上，这一时期国家适度控制了新设立的新城新区的数量和规模，更加注重通过设立国家级新区及省级开发区升级，有效发挥国家级新城新区在落实国家战略和创新示范方面的作用。国家战略的目标导向更趋多元化，更加注重创新体制机制、自主创新、扩大深化开放、区域统筹发展、产城融合发展，这一时期设立了大量国家级新区、自由贸易试验区以及自主创新示范区等功能更为综合、以示范引领为导向的综合型示范区，空间分布也趋于更加均衡，与"一带一路"国家倡议、长江经济带国家战略等紧密结合。

这一时期地方政府的发展意愿依旧强烈，地方设立的新城新区更加多元化，包括空港新城、高铁新城、生态城、智慧新城等多种类型的功能性新城。部分地区出现了以各类名义违规设立新区、随意圈占土地、扩大开发区面积、擅自出台优惠政策、低水平重复建设的现象。国家实施的监管力度也在逐步加强，多个部委联合开展大规模的清理整改工作，并逐步出台更具针对性、操作性更强的管理政策，对新城新区的批复设立、规划建设、管理监管等提出了系统的规范性文件。

# 1.4 我国新城新区的发展成效

改革开放以来，以各类开发区和国家级新区为主导的新城新区逐渐成为我国地方经济建设和城市拓展的重要载体，极大地推动了国民经济的发展，带动了城市面貌的快速变化，为国家对外开放、经济发展和城镇化发展作出了重要贡献。可以说，新城新区是我国改革开放发展的一项成效显著的重大举措。

## 1.4.1 新城新区是落实国家战略、实现国家发展目标的重要抓手

从历史的视角来看，各类新城新区的设立发展历程始终与不同时期的国家宏观战略紧密相关，较好地落实了国家发展战略，推动了国家发展目标的实现。

改革开放之初，新城新区的设立和成功发展开启了我国30多年来持续高速发展的新篇章。新城新区诞生于我国改革开放和社会主义现代化建设的关键时期，亟待恢复发展经济。在这一形势下，东部沿海地区设立的经济特区、经济技术开发区成为我国吸引外商投资、扩大出口、促进经济增长的先行区。1980年代后，我国陆续设立的国家级高新区、综合保税区、出口加工区等，有效提升了我国高新技术产业发展水平和参与经济全球化的程度，推动了生产效率的提升和市场经济体系的建立与完善。

新城新区是落实西部大开发、东北振兴、中部崛起等区域发展战略的重要政策工具。随着我国提出西部大开发、振兴东北等区域发展战略，中西部地区各类国

家级开发区的数量和比重显著提升，为国家优化空间格局、实现区域发展战略提供了空间支撑。例如，2010年国家设立重庆两江新区，是为了探索内陆地区开放新模式，对于推动西部大开发、促进区域协调发展具有重要意义。

党的十八大以来，基于我国经济发展进入新常态的重大判断，国家形成以新发展理念为指导、以供给侧结构性改革为主线的政策框架，新城新区成为重要的探索示范区。国家通过设立国家级新区、自主创新示范区、自由贸易试验区落实国家战略，并为我国其他区域经济、城镇转型发展提供了经验和示范。此外国家还通过加速省级开发区的升级，为各区域的转型升级提供更高的发展平台。

## 1.4.2 新城新区是我国经济发展、对外开放、科技创新的重要引擎

在过去三十多年中，作为特殊政策功能区，新城新区一直是投资的热点地区和建设的重点地区，其经济总量呈现快速增长、对外开放程度不断深化、科技创新能力显著提升，在我国改革开放以来的经济发展中发挥了不可替代的作用。

**新城新区由于具备集成政策推力、自我创新动力、吸引外来助力的优势，成为企业集聚的高地、经济增长的发动机。**以开发区为例，"十二五"期间，2015年，219个国家级经开区的地区生产总值达到7.8万亿元，占全国总量的11%[1]。通过对2015年上报的3167个新城新区数据不完全统计，这些新城新区2016年国内生产总值总量达到约36万亿元，占我国国内生产总值的一半[2]。以国家级新区为例，新区成立（尤其是成立后前几年）带来持续的固定资产投资[3]。例如，1990～1997年，上海浦东新区固定资产投资增速约50%，最高年增速达到83%；2006～2013年，天津滨海新区固定资产投资以超过25%的年均速度增长。重大项目在新区也呈现快速集聚趋势。2006～2013年，天津市政府推出的200项重大工业项目，近七成落户滨海新区，由于持续性的大量投资和重大项目建设，新区经济总量也出

---

① 中华人民共和国商务部，中国国家级经济技术开发区和边境经济合作区. 2015年国家级经济技术开发区主要经济指标情况［EB/OL］.（2016-05-13）. http://ezone.mofcom.gov.cn/article/n/201605/20160501317542.shtml.

② 数据来源于《中国统计年鉴2016》。

③ 谢广靖，石郁萌. 国家级新区发展的再认识［J］. 城市规划，2016，40（5）：9-20.

现持续增长。

　　**新城新区是我国对外开放的最主要空间载体。**通过设立和发展以对外开放为主要任务的新城新区，如经济特区、国家级边境经济合作区、国家级保税区、国家级出口加工区、国家级自由贸易试验区等，开放形式丰富多样，开放程度不断提升。2015年，219个国家级经开区实际使用外资和外商投资企业在投金额就高达3668亿元，实现进出口总额47575亿元，约占全国外贸总量的20%[①]。

　　**新城新区是我国科技创新的高地。**新城新区是我国科技创新的策源地和科技成果的重要产业化基地，极大提升了我国科技创新实力。尤其是国家级高新区在鼓励科技创新方面享受国家的特殊优惠政策，吸引了大量的科技企业和科研机构向高新区聚集，并创造出大量的科技成果和显著的经济效益。国家级高新区聚集了全国40%以上的企业研发投入、企业研发人员和高新技术企业。2015年，国家高新区内高技术产业的主营业务收入占全国总量的24.5%；2015年，国家高新区企业研发经费投入强度、研发人员密度、万人授权发明专利、拥有有效发明专利分别为全国水平的2.7倍、14.6倍、9.2倍和8.7倍[②]。


## 1.4.3　新城新区是推动城镇化发展、优化城市空间格局的重要载体

　　作为我国经济发展的主要空间载体，新城新区创造了大量的新增城镇就业机会，是推动我国城镇化高速发展的重要引擎，也是优化城市空间格局的重要载体。

　　**新城新区有效发挥了政策集成作用、提升城市竞争力，成为产业集聚、推动城镇化发展的重要空间。**改革开放以来我国通过建设深圳经济特区和上海浦东新区，有力地推动了珠三角、长三角地区的发展，后续建设的开发区也对城市经济腾飞和城市化进程加速起到了重要的作用。自1995年城镇化水平达到30%左右后，我国便进入城镇化加速发展时期，每年有2000多万的农业人口涌入城镇，而且主要集中在就业机会充足的大中型城市，呈现出大规模、高速度、集中化的城镇化特征。凭借充足的发展空间、建设速度、土地成本、体制机制、优惠政策等优势，通过整体布局、

---

[①]　数据来源于《中国开发区年鉴2016》。

[②]　数据来源于《2016年中国火炬统计年鉴》。

统筹规划和提高建设水平，新城新区对于产业集聚、人才集聚和创新集聚发挥着重要吸引力。2015年，146个国家高新区的从业人员达到1719万人[①]。

　　新城新区促进了城市空间的扩展，在解决老城拥挤和优化城市空间结构等方面也发挥了重要作用。从国际经验看，建设新城新区探索缓解"城市病"问题、应对城市发展的空间矛盾，是世界各国20世纪以来的普遍选择和基本手段。从我国经验看，我国城市的老城区普遍存在空间小、基础设施落后等问题，对人口的消化能力有限，而新城新区在解决老城拥挤、提供高质量就业及居住空间等方面具有突出优势和关键作用。依托高端创新资源集聚、富有发展活力的新城新区建设城市新中心的模式，已经在全国范围内形成了一定的示范效应，一批城市正借鉴该模式推动城市新中心的培育建设，新城新区已经成为城市空间拓展、区域经济增长的重要动力和空间载体。成都市和深圳市的高新区由于发展成本、优惠政策的优势，吸引着高新技术企业总部、科研机构和相关生产性服务业不断聚集，促进城市的企业总部、商务服务和科技创新功能逐渐形成和壮大，成为更有活力的城市新中心，引导城市结构从单中心、"摊大饼"向更加均衡有活力的多中心格局演化。

## 1.4.4　新城新区是我国体制机制改革和城市治理创新的重要平台

　　新城新区一直以来都是我国体制机制改革创新的先锋区和试验田，这既是由于国家赋予了新城新区更大的改革创新权限和更高的探索试验要求，也是由于新城新区本身在管理体制上相对简洁、高效、灵活，更易于改革创新的开展。

　　新城新区是我国体制机制改革和城市治理体系创新的先行示范区。新城新区本身在管理体制上具有相对简洁、高效、灵活的特点，加之政策倾斜，更易探索改革创新的新模式。例如上海浦东新区从一开始就摒弃了由政府投资开发、统包统揽的旧模式，而是根据浦东新区总体规划中确定的陆家嘴金融贸易区、金桥出口加工区、外高桥保税区及张江高科技园区等区域为载体，组建了公司进行商业性

---

①　数据来源于《2016年中国火炬统计年鉴》。

开发、并由政府进行宏观调控的新模式。经济技术开发区最重要的贡献在于确立了土地开发、基础设施建设、产业发展"三位一体"的资金循环模式，开启了以制度创新引领工业经济发展的道路。

新城新区在精简优化行政审批流程、建立多规融合平台、创新城市用地管理制度等方面进行了探索，提供了城市治理的丰富经验。国家级新区更是将"改革创新、先行先试"作为基本原则，被赋予更大的自主发展权、自主改革权、自主创新权。例如，天津滨海新区设立后，天津市陆续制定了一系列地方优惠措施，进行金融、涉外、土地、科技、企业、行政、城市管理、城乡统筹、资源节约和环境保护、社会管理等十大领域的改革，如调整部分行政区划，撤销天津市塘沽区、汉沽区、大港区，成立天津市滨海新区。为支持青岛西海岸新区的发展，山东省委、省政府发改委及青岛市委市政府共同出台了《关于支持青岛西海岸新区加快发展的意见》，制定了数十条创新发展政策[①]。2016年，西咸新区管委会印发了《关于建立闲置土地联合调查约谈处理机制的意见》，建立起摸底排查、联合约谈、分类处置、督办制度等相结合的新机制，以加大对闲置土地的处置力度，积极盘活存量土地[②]。2016年国家首次针对各国家级新区明确了体制机制创新重点（共54项），其中上海浦东新区与天津滨海新区体制机制创新的分量最重。

---

① 谢广靖，石郁萌. 国家级新区发展的再认识［J］. 城市规划，2016，40（5）：9-20.

② 西咸新区. 西咸新区建立闲置土地联合调查约谈处理机制［EB/OL］.（2016-08-22）. http://www.xixianxinqu. gov.cn/xxgt/gzdt/2016/0822/8685.html.

# 2

## 评估篇

我国重点新城新区规划
建设管理的整体评估

# 2.1 评估目标与技术路线

当前学术界对我国新城新区发展过程中出现的规模和数量过大、用地效率偏低等问题形成了一定的共识，对新城新区的其他问题也有一定研究，例如宏观管理体系尚未理顺、职住分离、发展层次偏低等。由于我国新城新区具有量大面广、类型多样、统计制度不健全等特点，对当前我国新城新区的共性关键问题及其成因和解决方案的研究还缺乏有代表性的成果，现有研究的政策建议也大多停留在建立信息平台、加强监管、出台管理办法等比较宽泛的政策手段，对于国家制定新城新区具体政策的实际指导作用还较为不足。未来迫切需要开展更广泛、更有深度、更有针对性、更精细化的实证和政策研究，才能形成对我国新城新区的治理能力提升更具指导意义的研究成果。

因此，在住房和城乡建设部和国家测绘地理信息局的全力支持下，本次研究得以对全国范围的重点新城新区开展了全面、深入的调查，收集了数量庞大且相对权威的第一手资料，包括主要规划、社会经济统计数据、分类用地数据、管理情况等，使得本次研究能够建立比较全面的评估指标体系，对我国18个国家级新区和65个重点国家级和省级开发区的规划、建设、管理等情况进行系统化的评估分析。此外，得益于中国城市规划设计研究院长期以来在新城新区规划方面的大量实践积累，能够借助较为全面的资料和较为深入的案例研究揭示新城新区当前存在问题的主要成因，这有助于有效解决制约新城新区高质量发展的关键问题，为构建具有中国特色、可操作性强的新城新区治理模式提供科学的研究支撑。

## 2.1.1 评估目标

（1）客观全面掌握我国重点新城新区的整体发展状态。受限于相关的统计制度不健全、资料匮乏，目前我国缺乏对新城新区发展状态的全面认识，这在很大程度上制约了我国新城新区方面研究的深度和准确性。本次评估的第一个目标是利用多种方式收集了83个重点新城新区在各方面的权威数据，在此基础上设计全面的评估指标体系，从多个维度对重点新城新区的发展状态进行客观全面评估，得到对重点新城新区整体发展状态的全面清晰认识。

（2）深入判断新城新区的共性关键问题及其主要成因。当前我国新城新区发展取得了巨大的成就，但数量过多、规模过大等问题已经被揭示出来，其他方面的关键问题（例如目标单一、用地粗放、产城分离、管理低效等）也是制约新城新区发展质量提升的重要原因，急需深入系统的研究和彻底的解决。准确认识判断当前新城新区的共性关键问题及其主要成因，对于相关政策的制定具有重要的价值，是提升我国新城新区发展质量的关键基础性工作。

（3）为我国新城新区的治理能力提升提供研究支撑。在这些研究的基础上提出针对性的建议，为有效解决制约新城新区高质量发展的关键问题，构建具有中国特色、可操作性强的新城新区治理模式提供科学的研究支撑。

## 2.1.2 评估原则

（1）坚持问题导向。通过大样本、多指标、权威数据的全面深入研究，分析判断我国新城新区发展的关键共性问题。在此基础上，通过对典型新城新区的深入案例研究，进一步加深对关键共性问题及其成因的认识。

（2）坚持定量与定性分析相结合。使用国家测绘局和新城新区管理机构提供的权威数据，设定可量化的评估指标，通过对比分析，掌握新城新区的整体情况和特征。对于难以量化的评估内容采用定性评估方法，发现共性关键问题、分析问题成因、提出政策建议。

（3）坚持政策导向。本次评估的最终目的是为了找到解决当前我国新城新区共性关键问题的精准施政方向。因此应立足于分析评估结果，研究提出有利于解决问题的针对性政策建议。

## 2.1.3 技术路线

### 1. 以国家级新区和重点国省级开发区为评估对象

我国新城新区量大面广，很难进行全样本的综合评估。国家级新区以及国家级和省级开发区是我国新城新区的绝对主体，在数量、用地、人口、经济产出等方面都远超省级以下新城新区。因此，本次研究将国家级新区以及国家级和省级开发区作为本次评估的主要研究对象，全样本评估国务院已批准的18个国家级新区（雄安新区除外），并从全国2543个国省级开发区中选择了65个有代表性的重点开发区进行评估。

开发区评估对象选取的原则为：兼顾我国东、中、西、东北不同区域，涵盖高新区和经开区、国家级开发区和省级开发区等类型。考虑到相关资料和数据的可获取性，本次评估的重点国家级和省级开发区主要从18个国家级新区所在城市（上海、天津、重庆、舟山、兰州、广州、西安、贵阳、青岛、大连、成都、长沙、南京、福州、昆明、哈尔滨、长春、南昌）中选取，并增加武汉、深圳、郑州这3个重要城市，共评估21个城市的重点开发区。在每个城市选取2～4个开发

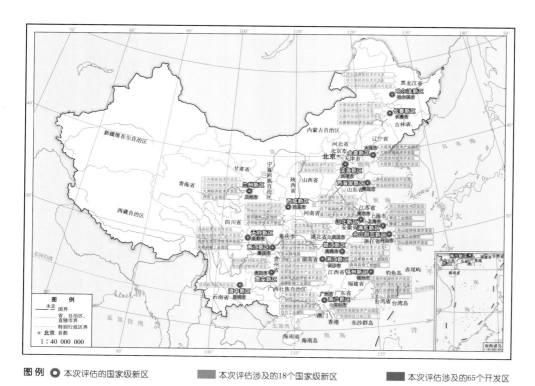

图例 ◉ 本次评估的国家级新区　　▨ 本次评估涉及的18个国家级新区　　■ 本次评估涉及的65个开发区

图2-1　本次评估的18个国家级新区和65个重点国家级、省级开发区分布情况

区进行评估，尽可能选择国家级经开区和高新区各1个，省级经开区和高新区各1个，开发区尽可能位于城市相对外围区域。

## 2．评估内容聚焦在新城新区的规划、建设、管理方面，并充分体现国家新发展理念和对新城新区的最新要求

新城新区是一项具有空间属性的公共政策，也是国家治理的重点领域。本次评估从国家治理和公共政策的视角，重点对新城新区的规划编制、开发建设、管理体制三大方面进行评估，研究发现当前我国新城新区在这些领域存在的关键共性问题，并利用多种研究方法对关键问题的主要成因进行剖析，为提升我国新城新区治理能力提供研究基础。

十九大报告中提出了生态文明、以人民为中心和创新、协调、绿色、开放、共享等新的发展理念。2015年4月四部委联合发布《关于促进国家级新区健康发展的指导意见》，对国家级新区提出的要求可概括为"高效发展新兴产业、辐射带动区域、产城融合发展、体制创新示范"四大方面。2017年1月我国首次发布关于开发区的纲领性总体指导文件《国务院办公厅关于促进开发区改革和创新发展的若干意见》，明确了对开发区的发展要求："规划引领，以规范促发展；创新驱动，优化产业结构；绿色发展，统筹城市功能；集约用地，完善相关制度。"

基于这些国家新理念和新要求，确定新城新区在规划、建设、管理三大领域的具体评估内容。规划编制方面，重点评估新城新区的选址适宜性、规划内容合理性、规划协同性；开发建设方面，重点评估建设合规性、用地集约度、产城融合度、设施保障水平、环境宜居水平、开发运营机制等方面；管理体制方面，重点评估行政管理体制的类型及其利弊，规划编制审批督察体制是否合法合规，有无管理体制机制方面的创新等。

## 3．构建定量为主、定性为辅、较为全面的评估指标体系

本次评估采取定量为主、定性为辅的评估方法，并尽可能设置较为全面的评估指标，以得到相对客观、可比性强的评估结果。具体评估指标体系和指标测算方法的确定，主要考虑以下几个方面。

① 综合考虑可度量、可对比、资源可获取等因素，选取尽可能多的定量化

评估指标，并尽量直接使用官方机构提供的权威统计数据。

② 对于部分难以通过统计数据进行直接定量化评估的指标，采用图纸分析、GIS空间分析等方法进行数据化处理。

③ 对于规划编制、管理体制机制等方面难以定量化的评估内容，采取专家讨论、现场调研座谈、与相关法律法规和技术规范进行对比等方法进行定性评估。

④ 针对性地体现国家新理念和对新城新区的最新要求，特别是要纳入与人民幸福生活相关、可感知的指标。

⑤ 考虑到国家级新区与开发区在功能定位、国家要求、规划和管理体系等方面的不同，以及资料可获取性方面的因素，对国家级新区和开发区的评估内容和指标体系进行差异化的设计，以更好地针对两者的特征进行重点评估。

### 4. 综合运用官方权威数据和大数据技术，提高评估结果的可靠性

本次评估工作在住房和城乡建设部、国家测绘地理信息局和各新城新区管理机构的大力支持下，收集了重点新城新区的官方统计数据和相关资料，将其作为本次评估工作最重要的数据和资料来源，这有助于保障本次评估结果的可靠性。住房和城乡建设部提供的数据包括全国新城新区的上报数据、新城新区所在城市的总体规划成果。新城新区管理机构提供的数据包括人口、经济、就业、公共服务等方面的统计数据，新城新区的总体规划和控制性详细规划，规划管理体制机制情况等。国家测绘地理信息局为本次评估工作定制化生产了大量的针对性数据，包括各新城新区的城乡建设用地的总量和比例、道路网密度、现状建设用地情况（基于遥感技术识别总体规模、分类用地）、部分公共与基础设施情况（公交站点、教育医疗和道路网）等。

此外，本次评估还利用中国城市规划设计研究院长期积累的POI（point of information，信息点）、手机信令等大数据，进行重点领域和关键结论的校验，这有助于进一步加深对关键问题的认识，提高评估结论的可靠性。

### 5. 充分考虑不同类型新城新区的差异性，使评估结论更加切合实际

我国新城新区的类型极为多样，除了设立目标和主管部门的差异外，在设立时间、用地规模、经济区位、地理环境、产业基础等方面都有很大的差异，因此在梳理评估结论时要充分考虑不同类型新城新区的差异性，不宜用同样的评判标

准去评价不同类型新城新区在各方面的表现。

对于国家级新区和开发区这两类最重要但又有很大差异的新城新区，分别设立了两套部分重合、又具有一定差异的评估指标体系。对于数量较少、重要性更高的国家级新区，更侧重于对其选址合理性、规划内容合理性、环境宜居水平、经济发展整体效率的全面评估，以深度考察国家级新区是否能够有效落实国家战略的要求。对于量大面广的开发区，可能存在的共性关键问题是产业发展效率低下和用地粗放浪费，这也是国家文件中要求开发区重点提升的关键领域，因此更侧重于对开发区的地均工业产值、地均税收和建成率等指标进行评估，以精准判断开发区在工业发展效率和用地集约性方面的表现。

对于其他不同类型的新城新区，不太可能都为其分别构建差异化的评估指标体系。因为这不仅会大大提高资料收集的难度，也会使得整个评估工作变得复杂不可控，评估结论也会难以对比和清晰理解。因此，本次评估主要是在评估结论的梳理方面充分考虑不同类型新城新区的差异性，使评估结论更加切合不同类型新城新区的实际特征。

### 6．对9个典型新城新区进行案例研究，以此验证和深化评估结论

进行一定数量的实际案例研究，对于验证整体层面的评估结论、加深对关键共性问题及其成因的理解、提出针对性的解决方案都十分重要。

中国城市规划设计研究院在新城新区领域有大量的规划实践积累，本次评估工作采取院内多部门合作的方式，选择了9个有代表性的典型新城新区开展深入的案例研究，重点研究每个典型新城新区在规划、建设、管理方面的经验、问题及成因，并针对这些关键问题分别提出解决的思路和建议。9个典型新城新区分别是上海浦东新区、广州南沙新区、贵阳贵安新区、成都天府新区、武汉东湖高新区、广州开发区、重庆经开区、南京经开区、西安高新区。

# 2.2 国家级新区评估

## 2.2.1 国家级新区基本情况

### 1. 国家级新区的设立

自1992年国务院批复设立上海浦东新区，到2017年中共中央、国务院决定设立雄安新区，全国已先后设立19个国家级新区。1990年代、2000年代，国家分别设立了上海浦东新区、天津滨海新区。此后，国家级新区数量快速增加，2010～2017年的8年中，国家共设立了17个国家级新区，其中2014年、2015年设立数量最多，各设立了5个国家级新区。

从空间分布情况来看，最早设立的浦东新区、滨海新区体现出国家推动沿海地区开发开放的战略意图。此后，国家级新区的设立向全国扩散，东、中、西和东北地区都有分布，国家级新区设立的战略意图从推进区域协调发展向更多元的目标转变。

### 2. 国家级新区的战略定位

国家级新区是国家为实现重大国家战略目标而设立的功能区。从国家级新区所承担的国家战略目标视角进行分析，我国国家级新区的设立大致可分为三个时期。

1992～2007年，国家级新区探索时期。这一时期，全国改革开放加快推进，沿海地区发展开放型经济为国家发展重要目标。浦东新区和滨海新区作为改革开放的先锋和对接世界经济的前沿，承担着带动沿海地区率先发展、进而带动全国改革开放的重要作用。

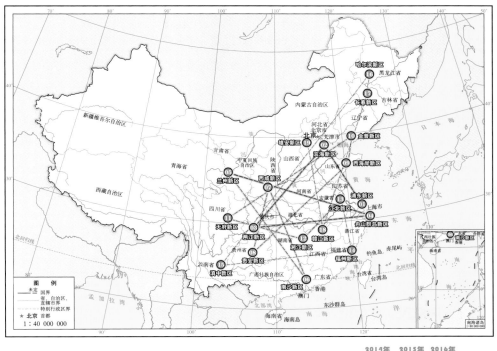

图2-2 中国国家级新区设立时间和空间分布

2008～2013年，国家级新区有序推进期。这一时期，国家级新区设立的战略目标逐步成熟，且日益多元化。国家级新区的战略目标，首先是促进区域协调发展，因此新区重点布局在东部地区和西部地区；其次是布局于长三角、珠三角和成渝等国家级城市群，发挥区域增长极作用，成为后金融危机时代的经济增长引擎。同时，不同的国家级新区基于其区位和地域特征，分别承担了特定领域的国家战略目标。例如，2010年设立的两江新区，国家赋予的功能定位是探索内陆城乡统筹和科学发展，是继续推进西部大开发的"新引擎"和内陆地区对外开放的重要门户；2010年设立的舟山群岛新区，承担国家做深做强海洋经济的战略目标；2012年设立的兰州新区，目标是打造西北地区重要的经济增长极；2012年设立的南沙新区，目标是打造粤港澳全面合作示范区，也是首个以对外合作为主题的国家级新区。

2014年至今，国家级新区全面布局期。这一时期，国家共设立了11个国家级新区，全国东、中、西和东北四大板块皆有布局。2015年，国家发展改革委出台了《关于促进国家级新区健康发展的指导意见》，正式明确了国家级新区的发展目标，即将新区打造成为全方位扩大对外开放的重要窗口、创新体制机制的重要平台、辐射带动区域发展的重要增长极、产城融合发展的重要示范区，进一步提升新区在全国改革开放和现代化建设大局中的战略地位。这一时期设立的国家级新区，国家批复文件对其功能定位的表述中，在区域地位、经济增长等目标之外，进一步强调了经济转型发展和创新、对外开放和国际合作、新型城镇化和产城融合、生态文明建设、体制机制创新等内容。

国家级新区批复文件对新区的要求                表2-1

| 序号 | 新区名称 | 功能定位 |
|---|---|---|
| 1 | 浦东新区 | 科学发展的先行区、"四个中心"（国际经济中心、国际金融中心、国际贸易中心、国际航运中心）的核心区、综合改革的试验区、开放和谐的生态区 |
| 2 | 滨海新区 | 依托京津冀、服务环渤海、辐射"三北"、面向东北亚，努力建设成为我国北方对外开放的门户、高水平的现代制造业和研发转化基地、北方国际航运中心和国际物流中心，逐步成为经济繁荣、社会和谐、环境优美的宜居生态型新城区 |
| 3 | 两江新区 | 统筹城乡综合配套改革试验的先行区、内陆重要的先进制造业和现代服务业基地、长江上游地区的金融中心和创新中心、内陆地区对外开放的重要门户、科学发展的示范窗口 |
| 4 | 舟山群岛新区 | 中国大宗商品储运中转加工交易中心、东部地区重要的海上开放门户、中国海洋海岛科学保护开发示范区、中国重要的现代海洋产业基地、中国陆海统筹发展先行区 |
| 5 | 兰州新区 | 西北地区重要的经济增长极、国家重要的产业基地、向西开放的重要战略平台和承接产业转移示范区 |
| 6 | 南沙新区 | 粤港澳优质生活圈和新型城市化典范、以生产性服务业为主导的现代产业新高地、具有世界先进水平的综合服务枢纽、社会管理服务创新试验区、打造粤港澳全面合作示范区 |
| 7 | 西咸新区 | 我国向西开放的重要枢纽、西部大开发的新引擎和中国特色新型城镇化的范例 |
| 8 | 贵安新区 | 经济繁荣、社会文明、环境优美的西部地区重要的经济增长极、内陆开放型经济新高地和生态文明示范区 |

续表

| 序号 | 新区名称 | 功能定位 |
|---|---|---|
| 9 | 西海岸新区 | 海洋科技自主创新领航区、深远海开发战略保障基地、军民融合创新示范区、海洋经济国际合作先导区、陆海统筹发展试验区 |
| 10 | 金普新区 | 我国面向东北亚区域开放合作的战略高地、引领东北地区全面振兴的重要增长极、老工业基地转变发展方式的先导区、体制机制创新与自主创新的示范区、新型城镇化和城乡统筹的先行区 |
| 11 | 天府新区 | 内陆开放经济高地、宜业宜商宜居城市、现代高端产业集聚区、统筹城乡一体化发展示范区 |
| 12 | 湘江新区 | 高端制造研发转化基地和创新创意产业集聚区、产城融合城乡一体的新型城镇化示范区、全国"两型"社会建设引领区、长江经济带内陆开放高地 |
| 13 | 江北新区 | 自主创新先导区、新型城镇化示范区、长三角地区现代产业集聚区、长江经济带对外开放合作重要平台 |
| 14 | 福州新区 | 两岸交流合作重要承载区、扩大对外开放重要门户、东南沿海重要现代产业基地、改革创新示范区和生态文明先行区 |
| 15 | 滇中新区 | 我国面向南亚及东南亚辐射中心的重要支点、云南桥头堡建设重要经济增长极、西部地区新型城镇化综合试验区和改革创新先行区 |
| 16 | 哈尔滨新区 | 中俄全面合作重要承载区、东北地区新的经济增长极、老工业基地转型发展示范区和特色国际文化旅游聚集区 |
| 17 | 长春新区 | 创新经济发展示范区、新一轮东北振兴的重要引擎、图们江区域合作开发的重要平台、体制机制改革先行区 |
| 18 | 赣江新区 | 中部地区崛起和推动长江经济带发展的重要支点 |
| 19 | 雄安新区 | 绿色生态宜居新城区、创新驱动发展引领区、协调发展示范区、开放发展先行区,努力打造贯彻落实新发展理念的创新发展示范区 |

注：国家级新区按照批复时间的先后顺序排列。
资料来源：根据各国家级新区批复文件汇总。

### 3．国家级新区的相关数据

我国18个国家级新区（不含雄安新区）的批复面积共20396平方公里，规划面积共23951平方公里，规划城镇建设用地面积6145平方公里，规划人口5339万，2015年现状人口2564万。

由于设立的时间不同、经济发展的阶段不同，国家级新区的经济规模差别较大。浦东新区、滨海新区设立时间最长，已经历了较长时间的发展，GDP初

| 序号 | 新区名称 | 地域面积（平方公里） | 城镇建设用地（平方公里） | | | 常住人口（万人） | |
|---|---|---|---|---|---|---|---|
| | | | 2010年 | 2015年 | 规划期末 | 2015年 | 规划期末 |
| 1 | 浦东新区 | 1210 | 507 | 544 | 810 | 547 | 541 |
| 2 | 滨海新区 | 2270 | 586 | 783 | 720 | 297 | 600 |
| 3 | 两江新区 | 1200 | 171 | 305 | 550 | 243 | 500 |
| 4 | 舟山群岛新区 | 陆地144 海域20800 | 51 | 56 | 131.3 | 115 | 153 |
| 5 | 兰州新区 | 806 | 2 | 74 | 170 | 21 | 100 |
| 6 | 南沙新区 | 803 | 31 | 40 | 300 | 78 | 300 |
| 7 | 西咸新区 | 882 | 47 | 71 | 272 | 96 | 236 |
| 8 | 贵安新区 | 1795 | 16 | 37 | 260 | 18 | 230 |
| 9 | 西海岸新区 | 陆地2096 海域5000 | 164 | 196 | 468 | 149 | 410 |
| 10 | 金普新区 | 2299 | 171 | 194 | 435 | 158 | 350 |
| 11 | 天府新区 | 1578 | 152 | 231 | 580 | 218 | 480 |
| 12 | 湘江新区 | 490 | 115 | 189 | 378 | 134 | 180 |
| 13 | 江北新区 | 788 | 128 | 167 | 350 | 167 | 350 |
| 14 | 福州新区 | 800 | 62 | 99 | 269 | 157 | 220 |
| 15 | 滇中新区 | 482 | 74 | 116 | 335 | 72 | 505 |
| 16 | 哈尔滨新区 | 493 | 80 | 101 | 280 | 70 | 220 |
| 17 | 长春新区 | 499 | 25 | 54 | 276 | 60 | 190 |
| 18 | 赣江新区 | 465 | 57 | 80 | — | 60 | — |

数据来源：国家级新区的设立批复文件、总体规划和地方上报人口数据、国家测绘地理信息局用地数据。

具规模，达到5000亿元以上，占所在城市GDP比重30%以上，产业发展、设施配套等均有一定基础和保障。金普新区、西海岸新区、两江新区、天府新区、江北新区、湘江新区、福州新区、南沙新区、舟山群岛新区等新区GDP规模在1000亿～5000亿元之间，新区建设已经奠定一定基础，形成了基本框架，且大多有各类国家级经开区、高新区的基础，发展势头较好、增速较快。长春新区、哈尔滨新区、赣江新区、滇中新区、西咸新区、兰州新区、贵安新区等新区GDP规模在1000亿元以下，占所在城市GDP比重20%以下，多在东北及西部地区，地区发展动力不足，增速缓慢，均处于发展初期阶段。

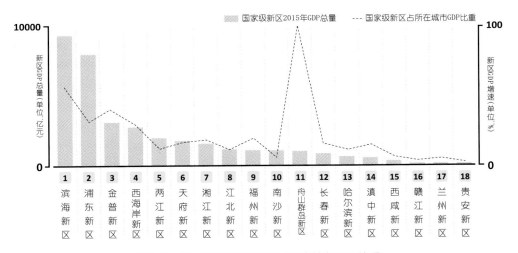

图2-3 2015年国家级新区及占所在城市GDP比重

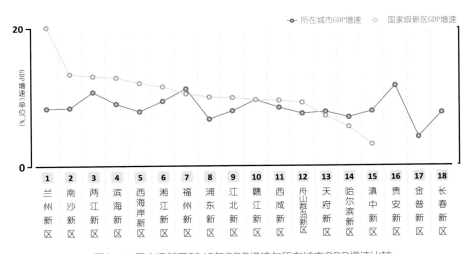

图2-4 国家级新区2015年GDP增速与所在城市GDP增速比较

从近年来的经济增长速度看，国家级新区的经济增长速度总体上呈现降速态势，且新区经济增速与所在城市差距缩小，新区经济增长"一枝独秀"的局面不复存在。与浦东新区、滨海新区设立之初20%以上的高速增长相比，福州新区、赣江新区、天府新区、哈尔滨新区、滇中新区2015年的GDP增速均低于所在城市增速。新设立的新区，尤其是东北地区、西部地区的新设立新区，经济增速较慢，占所在城市GDP的比重偏低。

## 2.2.2 评估对象与评估内容

### 1．评估对象

本次评估的对象是国务院已批准的除雄安新区以外的18个国家级新区。

### 2．评估内容

本次评估的内容包括国家级新区的规划编制情况、开发建设情况和管理体制机制三个方面。

#### （1）规划编制情况评估

选址适宜性　多角度评估国家级新区的选址适宜性，重点评估新区与国家城镇化发展格局的关系，新区所在区域的发展条件，新区与主城区的空间关系以及新区自身场地的开发建设条件等方面。

规划协同性　评估新区总体规划与所在城市总体规划编制时间、规划期限、建设用地布局等的协同性，重点评估新区总体规划建设用地纳入所在城市总体规划的情况。

规划内容合理性　评估新区规划编制在落实国家发展新理念、国家新型城镇化理念和中央城市工作会议精神等方面是否存在不足；评估规划的技术内容和技术标准是否存在不足，包括新区的资源环境承载能力，所在城市的人口、经济、财政支撑能力，区域人口和产业集聚潜力等方面。

#### （2）开发建设情况评估

建设合规性　重点评估现状建设用地超过城市总体规划的情况。

用地集约度　重点通过人均建设用地、地均GDP等指标评估建设用地利用效率。

产城融合度　重点通过职住比、综合服务用地占比等指标评估就业和居住人口的关系以及综合服务用地是否足够。

设施保障水平　重点通过小学500米范围居住用地覆盖率、每千人医疗卫生机构床位数、建成区6米以上道路网密度等指标，评估公共服务设施、道路基础设施的保障水平。

环境宜居水平　重点通过人均公园绿地面积、水域面积损失情况评估绿色发展、生态环境保护情况。

开发运营机制　通过机制类型分析、比较，评估开发运营机制的情况，特别是通过基础设施投资和地方财政收入的匹配度评估其开发运营的合理性和可持续性。

### （3）管理体制机制评估

行政管理体制　重点评估新区的行政管理特征，城市、区（县）政府和各功能区管委会的关系，以及体制创新的成绩和存在的问题。

规划管理体制　重点评估总体规划、控制性详细规划、各专项规划的编制主体、审查和批准主体情况，以及与新区所涉及的城市、区（县）行政层级的关系。

管理体制机制创新　重点评估行政和规划管理方面的体制机制创新，总结可复制推广的创新经验。

国家级新区评估内容和指标一览表　　表2-3

| 评估内容 | | 评估指标 | | 评估方法 | 数据来源 |
| --- | --- | --- | --- | --- | --- |
| | | 序号 | 指标名称 | | |
| 规划编制 | 选址适宜性 | | 无指标，多角度分析新区选址的适宜性 | 定性 | 新区总体规划（当地政府提供） |
| | 规划协同性 | 1 | 新区总规建设用地纳入所在城市总体规划的比例 | 定量 | 新区总体规划（当地政府提供）、所在城市总体规划（住房和城乡建设部批复） |
| | | 2 | 新区控制性详细规划建设用地纳入新区总体规划的比例 | 定量 | 新区总体规划（当地政府提供）、新区已批复控制性详细规划拼合图（当地政府提供） |
| | 规划内容合理性 | | 无指标，评估规划内容是否符合国家要求和相关技术规范 | 定性 | 新区总体规划（当地政府提供） |
| 开发建设 | 建设合规性 | 3 | 现状建设用地超出城市总体规划的比例 | 定量 | 新区现状城市建设用地（国家测绘地理信息局）、所在城市总体规划（住房和城乡建设部批复） |
| | 用地集约度 | 4 | 人均建设用地 | 定量 | 人口统计数据（当地政府提供）、新区现状城乡建设用地（国家测绘地理信息局） |
| | | | | 定量 | 人口与就业统计数据（当地政府提供） |
| | | 5 | 地均GDP | 定量 | GDP数据（当地政府提供）、新区现状城乡建设用地（国家测绘地理信息局） |
| | 产城融合度 | 6 | 职住比 | 定量 | 人口与就业统计数据（当地政府提供） |
| | | 7 | 综合服务用地占比 | 定量 | 各类建设用地比例（国家测绘地理信息局） |

| 评估内容 | 评估指标 | | 评估方法 | 数据来源 |
|---|---|---|---|---|
| | 序号 | 指标名称 | | |
| 开发建设 | 8 | 小学500米范围居住用地覆盖率 | 定量 | 小学分布数据（国家测绘地理信息局）、现状居住用地（国家测绘地理信息局） |
| | 9 | 每千人医疗卫生机构床位数 | 定量 | 床位数（当地政府提供）、人口统计数据（当地政府提供） |
| | 10 | 建成区6米以上道路网密度 | 定量 | 道路网密度（国家测绘地理信息局） |
| | 11 | 人均公园绿地面积 | 定量 | 公园绿地（国家测绘地理信息局）、人口统计数据（当地政府提供） |
| | 12 | 水域面积损失情况 | 定量 | 多年度水域分布图（国家测绘地理信息局） |
| | 开发运营机制 | 评估基础设施投入与地方财政收入的匹配度 | 定性 | 当地政府提供 |
| 规划管理体制机制 | 行政管理体制 | 评估行政管理的模式及不同模式的利弊情况 | 定性 | 当地政府提供 |
| | 规划管理体制 | 评估规划编制审批的合法合规性 | 定性 | 当地政府提供 |
| | 管理体制机制创新 | 总结经验并予以推广 | 定性 | 当地政府提供 |

设施保障水平、环境宜居水平为开发建设部分的评估内容。

## 2.2.3 规划编制评估

### 1．选址适宜性

**（1）国家级新区的选址符合区域协调发展要求，与全国城镇化发展总体格局相匹配**

从国家区域发展的四大板块来看，东部地区、中部地区、西部地区和东北地区分别设立了7个、2个、6个和3个国家级新区，四大板块均有涉及。除中部地区国家级新区总体数量偏少（中部地区的江西、河南、湖北、安徽四省没有设立国家级新区）之外，我国人口密集地区的国家级新区空间分布相对均衡，总体上符合东、中、西和东北地区协调发展的要求。对比全国主体功能区规划确定的城市化战略格局，国家级新区的选址与全国城镇化发展总体格局是匹配的，18个国家级新区皆落位于主要城市化地区，是全国"两横三纵"城市化战略格局的重要支点。

**（2）国家级新区所在的城市总体行政层级较高、发展资源动员能力较强，但地区差异也明显存在**

18个国家级新区依托的城市包括3个直辖市、8个副省级城市、6个地级省会城市、1个一般地级市（其中，西咸新区、贵安新区、天府新区、赣江新区除依托副省级城市或地级省会城市之外，还涉及邻近的地级城市）。总体上，国家级新区所在的城市行政层级较高，发展资源动员能力较强，是国家级新区快速发展的重要保障。但是，国家级新区所在的城市经济体量和城市规模差距较大，部分城市对国家级新区的支撑力相对不足。如南昌、昆明、贵阳、兰州4个城市2015年GDP规模处于2000亿～4000亿元区间；贵阳、南昌、福州、兰州4个城市2015年城区人口规模处于200万～300万人区间，这些城市要支撑国家级新区较大的经济目标和城市人口规模目标存在较大的难度。

图2-5　中国国家级新区设立与主要城市群分布关系
（资料来源：项目组根据《全国主体功能区规划》确定的城镇化战略格局示意图改绘）

**（3）国家级新区总体上具备较强的交通支撑能力和产业发展基础**

通过梳理了国家级新区地域范围的重大交通基础设施、重要开发区等要素发现，总体上国家级新区的选址充分考虑了交通条件和产业基础，涵盖了所在城市的主要机场、港口、火车站和国家级经开区、高新区。但是仍有部分城市的国家级新区与国家级经开区、高新区分离，如西咸新区、赣江新区。

国家级新区及范围内国家级开发区列表　　　　　表2-4

| 序号 | 新区名称 | 依托国家级开发区 | 依托重大交通设施 | 依托城市 |
|---|---|---|---|---|
| 1 | 浦东新区 | 上海金桥出口加工区、上海市张江高科技园区、上海外高桥保税区 | 上海浦东国际机场、外高桥港和洋山港 | 上海（直辖市） |
| 2 | 滨海新区 | 天津经开区、天津滨海高新区、天津保税区 | 滨海国际机场、京津城际延伸线于家堡站、天津港 | 天津（直辖市） |
| 3 | 两江新区 | 两路寸滩保税港区 | 重庆江北国际机场、重庆北站、寸滩港、果园港 | 重庆（直辖市） |
| 4 | 舟山群岛新区 | 舟山港综合保税区 | 舟山普陀山机场、舟山港 | 舟山（地级市） |
| 5 | 兰州新区 | 兰州新区综合保税区 | 兰州中川国际机场 | 兰州（地级省会城市） |
| 6 | 南沙新区 | 广州南沙经开区、广州南沙保税港区 | 南沙港（珠三角两岸城市群的枢纽性节点） | 广州（副省级城市） |
| 7 | 西咸新区 | 西咸空港综合保税区 | 西安咸阳国际机场 | 西安（副省级城市）、咸阳（地级市） |
| 8 | 贵安新区 | 贵安综合保税区 | 沪昆高铁平坝南站 | 贵阳（地级省会城市）、安顺（地级市） |
| 9 | 西海岸新区 | 青岛经开区、青岛前湾保税港区 | 前湾港、董家口港 | 青岛（副省级城市） |
| 10 | 金普新区 | 大连经开区、大连保税区 | 大窑湾港 | 大连（副省级城市） |
| 11 | 天府新区 | 成都经开区、成都高新区南区、成都高新综合保税区 | 成都双流国际机场 | 成都（副省级城市）、眉山（地级市） |
| 12 | 湘江新区 | 宁乡经开区、望城经开区、长沙高新区 | — | 长沙（地级省会城市） |
| 13 | 江北新区 | 南京高新区 | — | 南京（副省级城市） |

续表

| 序号 | 新区名称 | 依托国家级开发区 | 依托重大交通设施 | 依托城市 |
|---|---|---|---|---|
| 14 | 福州新区 | 福州经开区、福州高新区（部分）、福州保税区 | 福州长乐国际机场、福州火车站、福州南站、福州港 | 福州（地级省会城市） |
| 15 | 滇中新区 | 昆明综合保税区 | 昆明长水国际机场 | 昆明（地级省会城市） |
| 16 | 哈尔滨新区 | 哈尔滨经开区、利民经开区、哈尔滨高新区 | — | 哈尔滨（副省级城市） |
| 17 | 长春新区 | 长春汽车经开区、长春高新区 | 长春龙嘉国际机场 | 长春（副省级城市） |
| 18 | 赣江新区 | 南昌经开区、南昌综合保税区 | 南昌昌北国际机场 | 南昌（地级省会城市）、九江（地级市） |

注：国家级新区按照批复时间的先后顺序排列。

**（4）国家级新区总体上场地条件优越，资源环境承载能力较强，部分国家级新区的选址存在着潜在的不利因素**

不利因素主要表现在水资源承载力较弱、生态和文化敏感要素多和空间形态过于狭长这三个方面。

① 水资源承载力较弱，需以区域调水工程为支撑，如兰州新区、南沙新区。兰州新区自身水资源承载力较弱，建设国家级新区需要建设区域性调水工程"引大入秦"、注重用水结构的高效利用，来保障自身发展规模。南沙新区位于河口地区，过境水资源量极其丰富，但受河道水污染、咸潮入侵以及供水工程措施的局限性，区内的整体水资源可利用率偏低，为21.66%。受惠于珠江三角洲水资源配置工程（也称"西水东调"工程），才得以支撑南沙新区规划300万人口规模。

② 场地内涉及较多生态敏感和历史文化保护因素，建设用地布局难度大，如贵安新区、西咸新区。贵安新区大部分范围位于贵阳市饮用水源保护区或水源地的汇水区域，区域生态环境敏感，需通过严格保护水源区域、扩大绿色生态空间比重、严格控制点源和面源污染等方式来确保建设环境本底的生态安全。西咸新区范围内分布有大量历史文化遗址，新区用地布局受历史文化遗产影响较大。

③ 新区空间地域形态狭长，不利于统筹协调发展，如福州新区、赣江新区。福州新区涉及福州沿江沿海4个县（市）区26个乡镇（街道），呈南北狭长形布局，

图2-6 贵安新区水环境敏感区域分布图

（资料来源：基于贵安新区总体规划分析图纸自绘）

图2-7 西咸新区历史文化保护区与城市建设用地的关系

（资料来源：基于西咸新区总体规划用地布局图自绘）

图2-8 福州新区规划范围示意图
（资料来源：基于福州新区总体规划图纸自绘）

图2-9 赣江新区规划范围示意图
（资料来源：基于赣江新区区域范围图自绘）

涉及区（县）多，且行政辖区范围与新区范围的关系复杂。赣江新区涉及南昌、九江两市的4个区（市、县）区域，南北长约70公里，其涉及区（县）与新区之间的建设协调难度较大。受总体规划范围规模的限制，上述两个新区在选址和划定范围时，仅将所涉及区（县）的核心建设用地划入新区内，对行政区域进行了人为的切分，不利于新区空间发展的整体统筹。

## 2．规划协同性

### （1）新区总体规划编制情况

从国家级新区总体规划的编制情况看，大部分新区及时开展了总体规划的编制和审批工作，仅部分新区相关工作有所滞后。18个国家级新区中，浦东新区、两江新区的总体规划内容纳入了所在城市的总体规划并已由国务院正式批准；有8个新区总体规划编制完成并已获得省级政府或所在城市政府批准，包括舟山群岛新区、兰州新区、南沙新区、西咸新区、贵安新区、天府新区、江北新区和长春新区；有5个近年新设立的国家级新区，也已基本完成或启动了总体规划的编制，包括湘江新区、福州新区、滇中新区、哈尔滨新区和赣江新区；此外，还有3个设立时间较久的新区，总体规划的编制、审批较为滞后，分别是2006年设立的滨海新区、2014年设立的西海岸新区和金普新区。

从国家级新区总体规划的编制内容来看，目前缺乏统一的标准规范，新区总体规划在规划名称、规划期限、规划范围等方面存在较大差异。在规划名称方面，存在总体规划、城市总体规划、总体发展规划等多种名称，相应的规划编制内容和深度各有侧重，部分偏重于发展规划，部分则偏重于城市规划。在规划期限方面，各新区设定的规划期限长短不一，且与所在城市总体规划期限不统一（新区规划期限多为2025年或2030年，所在城市已编制的城市总体规划期限以2020年为主，在编的城市总体规划期限以2035年为主），造成了新区总体规划与所在城市总体规划在一定程度上的不协调。在规划范围方面，大部分新区以国家批准的新区地域范围为规划范围，但少数新区的规划范围超过了国家批准范围（如长春新区国家批复范围为499平方公里，新区总体规划的范围为710平方公里；江北新区国家批复范围为788平方公里，规划范围为2451平方公里）。

国家级新区所在城市总体规划及新区规划基本情况　　　表2-5

| 新区名称 | 批复设立时间 | 所在城市现行总体规划 | 所在城市现行总体规划批复时间 | 新区总体规划 | 新区总体规划编制状态 |
|---|---|---|---|---|---|
| 浦东新区 | 1992年 | 《上海市城市总体规划（1999—2020年)》 | 2001年在修编 | 新区总体规划（2011—2020年） | 未批复 |
| 滨海新区 | 1994年 | 《天津市城市总体规划（2005—2020年）》 | 2006年 | 新区城市总体规划（2009—2020年） | 未批复 |
| 两江新区 | 2010年 | 《重庆市城乡总体规划（2007—2020年）》 | 2011年 | 新区总体规划（2010—2020年） | 已批，2011年 |
| 舟山群岛新区 | 2011年 | 《舟山市城市总体规划（2000—2020年）》 | 2001年 | 新区（城市）总体规划（2012—2030年） | 已批，2014年 |
| 兰州新区 | 2012年 | 《兰州市城市总体规划（2011—2020年）》 | 2015年 | 总体规划（2011—2030年） | 已批，2012年 |
| 南沙新区 | 2012年 | 《广州市城市总体规划（2011—2020年）》 | 2016年 | 新区城市总体规划（2012—2025年） | 已批，2014年 |

| 新区名称 | 批复设立时间 | 所在城市现行总体规划 | 所在城市现行总体规划批复时间 | 新区总体规划 | 新区总体规划编制状态 |
|---|---|---|---|---|---|
| 西咸新区 | 2014年 | 《西安市城市总体规划（2008—2020年）》 | 2008年批复2015年修编 | 城市总体规划（2008—2020年） | 已批，2014年 |
| 贵安新区 | 2012年 | 《贵阳市城市总体规划（2011—2020年）》 | 2013年 | 新区城市总体规划（2013—2030年） | 已批，2014年 |
| 西海岸新区 | 2014年 | 《青岛市城市总体规划（2011—2020年）》 | 2016年 | 新区总体规划（2013—2030年） | 在编 |
| 金普新区 | 2014年 | 《大连市城市总体规划（2001—2020年）（2017年修订）》 | 2017年 | 新区城市总体规划（2016—2030年） | 在编 |
| 天府新区 | 2014年 | 《成都市城市总体规划（2011—2020年）》 | 2015年 | 新区总体规划（2010—2030年） | 已批，2015年 |
| 湘江新区 | 2015年 | 《长沙市城市总体规划（2003—2020年）（2014年修订）》 | 2014年 | 新区发展规划（2016—2025年） | 在编 |
| 江北新区 | 2015年 | 《南京市城市总体规划（2011—2020年）》 | 2016年 | 新区总体规划（2014—2030年） | 已批，2016年 |
| 福州新区 | 2015年 | 《福州市城市总体规划（2011—2020年）》 | 2015年 | 新区总体规划（2015—2030年） | 在编 |
| 滇中新区 | 2015年 | 《昆明市城市总体规划（2011—2020年）》 | 2016年 | 新区总体规划（2015—2030年） | 在编 |
| 哈尔滨新区 | 2015年 | 《哈尔滨市城市总体规划（2011—2020年）》 | 2011年 | 新区城市总体规划（2016—2030年） | 在编 |
| 长春新区 | 2016年 | 《长春市城市总体规划（2011—2020年）》 | 2011年 | 新区总体发展规划（2016—2030年） | 已批，2016年 |
| 赣江新区 | 2016年 | 《南昌市城市总体规划（2001—2020年）》 | 2012年 | 新区总体发展规划（2016—2030年） | 在编 |

### （2）新区总体规划与所在城市总体规划的协同性

国家级新区总体规划与所在城市总体规划协同性的评估对象为总体规划已批准的国家级新区，包括舟山群岛新区、天府新区、南沙新区、两江新区、江北新区、贵安新区、兰州新区、长春新区和西咸新区9个新区。主要评估新区总体规划与所在城市总体规划的整体协同性，以及建设用地布局的协同性两个方面。

新区总体规划与所在城市总体规划的整体协同性有较大差异，与两个规划的批复时间有很大关系。目前已获批复的9个新区总体规划，有3个新区所在城市总体规划批复在前，新区设立和新区总体规划编制在后，新区总体规划与城市总体规划的协同性不佳。如西咸新区所在城市西安的城市总体规划批复时间为2008年，新区设立于2014年，新区总体规划批复时间为2014年。长春新区所在城市长春总体规划批复时间为2011年，新区设立于2016年，新区总体规划批复时间为2016年。这种情况下，迫切需要编制新一轮城市总体规划，保障新区总体规划与所在城市总体规划的协调性。其他6个新区的总体规划，因为新区设立在前、所在城市总体规划批复在后，新区总体规划或者完全纳入所在城市总体规划，或者与城市总体规划进行了较好的对接，两者的协同性较好。

新区与所在城市总体规划批复时间一览表　　　　　表2-6

| 新区名称 | 所在城市总体规划批复年份 | 新区总体规划批复年份 | 两个规划的整体协同性 |
|---|---|---|---|
| 两江新区 | 2011年 | 2011年 | 较好 |
| 舟山群岛新区 | 2001年 | 2014年 | 较好 |
| 兰州新区 | 2015年 | 2012年 | 较好 |
| 南沙新区 | 2016年 | 2014年 | 较好 |
| 西咸新区 | 2008年 | 2014年 | 一般 |
| 贵安新区 | 2013年 | 2014年 | 一般 |
| 天府新区 | 2015年 | 2015年 | 较好 |
| 江北新区 | 2016年 | 2016年 | 较好 |
| 长春新区 | 2011年 | 2016年 | 一般 |

在规划建设用地方面，新区与所在城市总体规划的协同性存在较大差异。本次评估采用地方政府上报的新区总体规划用地规划图与所在城市总体规划用地规划图比对，计算新区总体规划建设用地纳入所在城市总体规划的比例。评估的9个国家级新区中，舟山群岛新区、天府新区、南沙新区和贵安新区4个新区的总体

规划完全符合所在城市总体规划建设用地布局要求，两江新区、江北新区、兰州新区、长春新区和西咸新区5个新区总体规划的部分建设用地未能纳入所在城市总体规划布局范围。

新区总体规划建设用地纳入城市总体规划的比例　　表2-7

| 国家级新区 | 所在城市总体规划批复年份 | 新区总体规划批复年份 | 新区总体规划建设用地纳入所在城市总体规划的比例 |
|---|---|---|---|
| 舟山群岛新区 | 2001年 | 2014年 | 100.0% |
| 天府新区 | 2015年 | 2015年 | 100.0% |
| 南沙新区 | 2016年 | 2014年 | 100.0% |
| 贵安新区 | 2013年 | 2014年 | 100.0% |
| 两江新区 | 2011年 | 2011年 | 98.7% |
| 江北新区 | 2016年 | 2016年 | 94.9% |
| 兰州新区 | 2015年 | 2012年 | 73.0% |
| 长春新区 | 2011年 | 2016年 | 65.2% |
| 西咸新区 | 2008年 | 2014年 | 10.0% |

需要说明的是，部分新区所在城市在新区设立后开展了新一轮的城市总体规划编制，新区总体规划建设用地已纳入所在城市的总体规划。例如，贵安新区所在地区涉及贵阳市和安顺市，《贵阳市城市总体规划修编（2011—2020年）》（2017年修订）和《安顺市城市总体规划修编（2016—2030年）》将《贵安新区直管区近期建设规划（2016—2020年）》布局的建设用地完全纳入，起到了很好的协同效果。按照新区总体规划建设用地未能完全纳入所在城市总体规划的程度，分为以下两种情况。

① 新区总体规划建设用地纳入所在城市总体规划的比例较高（90%以上），如两江新区、江北新区。两江新区成立于2010年，设立新区的批复文件确定了1200平方公里范围和550平方公里的建设用地，两江新区总体规划对550平方公里用地进行了布局，超出了重庆城市总体规划在新区范围内确定的建设用地总量。为有效推动新区发展，重庆市分别于2011年、2014年开展总体规划修改和深化工作，尽可能将两江新区城市建设用地纳入法定城市规划进行管理，但由于地形条件受

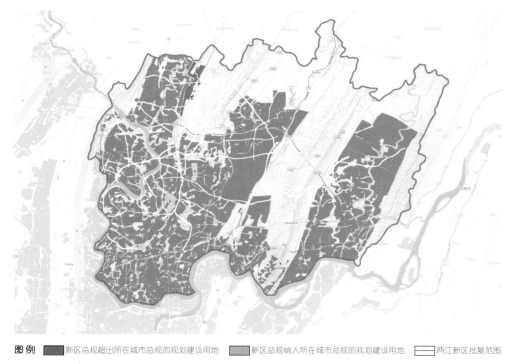

图2-10　两江新区总体规划和重庆总体规划建设用地斑块叠合图

（资料来源：基于两江新区总体规划和重庆总体规划规划图纸自绘。）

限，新区总体规划部分用地并未纳入重庆城市总体规划建设用地范围。

② 新区总体规划建设用地较大幅度突破所在城市总体规划建设用地规划，如兰州新区、长春新区和西咸新区。这些新区所在城市的总体规划编制和批准在前，新区设立和总体规划编制在后，是导致新区总体规划的建设用地与所在城市现行总体规划不协同的主要原因。以西咸新区为例，西咸新区总体规划中确定城镇建设用地规模为272平方公里，与《西安市总体规划（2008—2020年）》和《咸阳市总体规划（2005—2020年）》重合部分约10%，近90%的城镇建设用地指标突破数年前批准的所在城市的总体规划。据悉，西安市已启动新一轮总体规划编制工作，西咸新区于2017年1月22日划归西安市管理，西咸新区规划建设用地将纳入新一轮西安市总体规划，提高两个规划的协同性。

（3）新区总体规划与新区控制性详细规划的协同性

国家级新区总体规划与控制性详细规划协同性的评估对象为总体规划已批复的国家级新区，包括舟山群岛新区、天府新区、南沙新区、两江新区、江北新

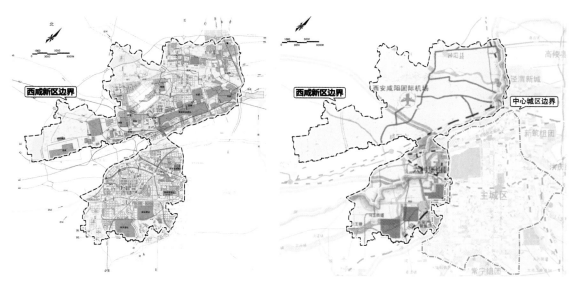

图2-11 西咸新区规划用地和西安总体规划规划用地比较

区、贵安新区、兰州新区、长春新区和西咸新区9个新区。研究评估新区控制性详细规划建设用地布局与新区总体规划的吻合程度，采用地方政府上报的新区总体规划用地规划图与控制性详细规划拼合图进行比对，得出新区控制性详细规划建设用地超出新区总体规划的比例。

国家级新区控制性详细规划建设用地超出国家级新区总体规划的比例　　表2-8

| 国家级新区 | 新区控制性详细规划建设用地超出新区总体规划的比例 |
|---|---|
| 两江新区 | 0.7% |
| 舟山群岛新区 | 1.0% |
| 西咸新区 | 4.0% |
| 天府新区 | 6.5% |
| 兰州新区 | 7.0% |
| 江北新区 | 7.9% |
| 长春新区 | 14.3% |
| 贵安新区 | 36.3% |
| 南沙新区 | 地方未上报控制性详细规划拼合图 |

新区总体规划在一定程度上承担了对所在城市总体规划的补充和完善作用，有利于控制性详细规划编制及建设的管控。以舟山群岛新区为例，舟山市上版总体规划为2001年编制，规划年限为2001～2020年，其中心城区范围为舟山岛南侧的集中建设区域，对岛内其他地区未作规划控制。但实际开发建设过程中，舟山岛北部的滨海岸线和土地是发展临港工业最为适宜的空间，因此，在较强的实际发展诉求的驱动下，北部地区大多以所在地镇的总体规划和控制性详细规划来进行规划控制。在快速工业化发展阶段，这些地区的规划编制更多面向实际的发展诉求，对生态空间的保护和控制相对较少，因此大多规划建设规模较大。2011年6月国务院正式批准设立浙江舟山群岛新区，同期开始编制《浙江舟山群岛新区（城市）总体规划（2012—2030年）》，规划梳理了原有的各发展片区，并进行了空间资源的梳理、整体结构的控制，基本将已建区全部纳入规划城市建设用地范围。在本版总体规划之后，新编制的控制性详细规划与新版总体规划保持了一致，起到了较好的规划管控作用。

　　总体上，新区控制性详细规划基本延续了新区总体规划的布局和规模，但也存在部分新区控制性详细规划突破新区总体规划的现象。按照新区控制性详细规划建设用地超出新区总体规划的比例程度分为以下两种情况。

　　① 大部分新区控制性详细规划建设用地超出新区总体规划的比例较低（低于10%），包括两江新区、舟山群岛新区、西咸新区、天府新区、兰州新区、江北新区。存在少量控制性详细规划用地超出新区总体规划的不协调情况，主要原因是控制性详细规划编制时是基于具体地块研究情况下对局部地块进行的优化调整，也存在规划管理事权划分不清的原因。以西咸新区为例，在新区总体规划的框架下，全覆盖编制了五大新城的分区规划，控制性详细规划覆盖率超过70%，但新区分区规划和控制性详细规划小幅突破新区总体规划建设用地边界。其主要原因在于新区规划管理存在一定程度脱节，西咸新区范围内事权划分不明确，总体规划同周边市（县）总体规划无法全面协调。

　　② 少部分新区控制性详细规划建设用地超出新区总体规划的比例较高（超过10%），包括贵安新区、长春新区。由于缺乏控制性详细规划对新区总体规划建设用地布局进行优化调整幅度的相关标准，导致存在控制性详细规划对总体规划调整幅度偏大的情况。以贵安新区为例，其控制性详细规划于2014～2016年间编制，目前正在审查通过阶段，主要涉及新区的直管区范围，评估显示，贵

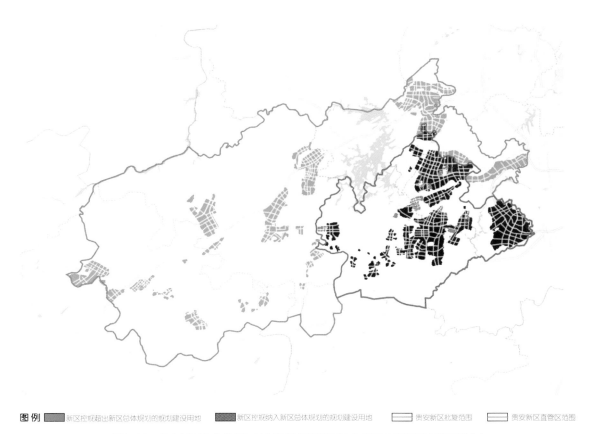

图例 ▓ 新区控规超出新区总体规划的规划建设用地　▓ 新区控规纳入新区总体规划的规划建设用地　▭ 贵安新区批复范围　▭ 贵安新区直管区范围

图2-12　贵安新区总体规划与控制性详细规划对比分析图（仅衡量直管区部分）

安新区直管区范围内控制性详细规划建设用地与新区总体规划的契合度较低，超过新区总体规划比例为36.3%。其主要原因在于，贵安新区的环境本底多为山地环境，总体规划与控制性详细规划尺度下确定的建设布局差异较大。

### 3. 规划内容合理性

规划内容合理性评估，主要评估已批准的9个国家级新区总体规划的发展定位、人口和建设用地规模以及空间布局等规划内容的完整性和技术合理性。总体而言，新区的发展定位基本落实国家的相关要求，体现了对接国家战略、产业创新升级、新型城镇化、宜居城市和体制机制创新等要求；新区的建设用地规模年均增量规划与新区所在城市建设区的建设用地规模相比，总体上较为合适；新区的建设用地布局较为合理，遵循自身的环境本底特征，体现特色集约发展的理念。但仍有部分新区总体规划内容在建设用地规模和空间布局方面存在潜在的不利因素。

国家级新区及所在城市的现状和规划建设用地情况 表2-9

| 新区名称 | 规划基期年现状建设用地（单位：平方公里） | 规划建设用地（2030年）（单位：平方公里） | 规划用地年均增量（单位：平方公里） | 所在城市建成区面积（2014年）（单位：平方公里） | 用地增量/所在城市建成区 |
|---|---|---|---|---|---|
| 两江新区 | 229 | 550（2020年） | 64.21 | 1231.44 | 26% |
| 舟山群岛新区 | 61（2014年） | 131.3 | 4.63 | 61.42 | 113% |
| 兰州新区 | 62 | 170 | 7.21 | 269.1 | 40% |
| 南沙新区 | 113（2011年） | 300 | 9.85 | 1035.01 | 18% |
| 西咸新区 | 112 | 272（2020年） | 32.05 | 440 | 36% |
| 贵安新区 | 34（直管区） | 260 | 15.07 | 299 | 76% |
| 天府新区 | 235 | 580 | 23 | 604.08 | 64% |
| 江北新区 | 197（2015年） | 384 | 12.47 | 734.34 | 1.7% |
| 长春新区 | 102 | 276 | 11.60 | 469.72 | 37% |

数据来源：现状及规划建设用地为地方上报数据，所在城市建成区数据摘自《中国城市建设统计年鉴（2015年）》。

**（1）在发展规模方面，少数新区规划存在过度追求规模扩张的倾向**

部分新区与所在城市的建成区规模相比，规划建设用地规模增量偏大，如舟山群岛新区规划建设用地增量是现状城市建成区面积的113%，贵安新区规划建设用地增量是现状贵阳城区建设用地的76%。部分新区规划建设用地年增量偏大，如滨海新区2015年城镇建设用地规模为532平方公里，根据现行的《滨海新区城市总体规划（2009—2020年）》，新区城市建设用地规模控制在720平方公里，新区规划年均用地增量达到37.6平方公里。浦东新区1997～2013年快速发展时期建设用地年均增量不过20平方公里。相比之下，滨海新区的规划建设用地年增量有所偏高。

**（2）在空间布局方面，少数新区规划存在用地布局不合理的问题**

以兰州新区为例，根据中国环境科学研究院模拟预测及气象部门近期实测的2014年全年的气象资料显示，新区主导风向为西北风。《兰州新区总体规划

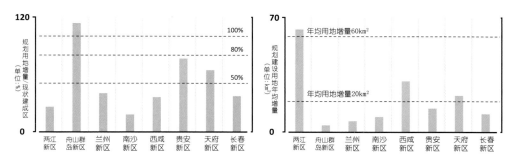

图2-13 部分国家级新区规划建设用地增量与现状建成区比较（左）和年用地增量（右）

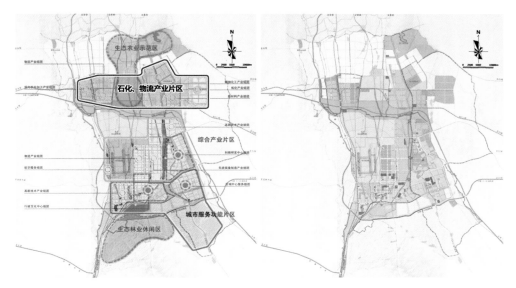

图2-14 兰州新区功能结构（左）与用地规划图（右）

（2011—2030年）》将石化产业园区布局在城市的上风向，可能导致化工废气对城市产生较大污染。

**（3）部分新区内部各片区建设用地布局分散，新区发展整体性不强**

以西咸新区为例，规划建设用地布局较为分散，容易产生基础设施和公共服务配套投入大、交通不便、城市功能割裂等问题。导致这些问题的原因，除了新区范围内的历史文化遗址较多外，还在于新区被划分为相对独立的五大新城，在空间发展布局方面缺乏统筹协同。

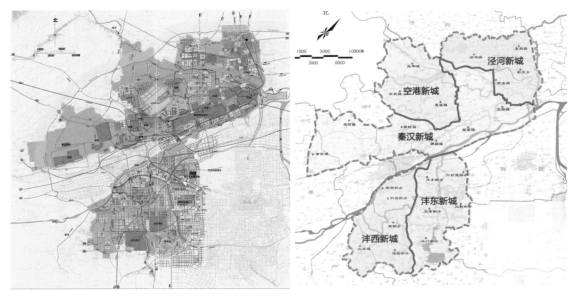

图2-15 西咸新区总体规划用地布局（左）和五大新城结构图（右）
（资料来源：《西咸新区总体规划》相关图纸）

## 2.2.4 开发建设评估

国家级新区作为承担国家重大发展和改革开放战略任务的综合功能区，应坚持"产城融合、宜居宜业、节约集约、集聚发展"等基本原则。本节内容从建设合规性、用地集约度、产城融合度、设施保障水平、环境宜居水平、开发运营机制6个方面展开评估。需要说明的是，国家级新区的开发建设相关指标与新区发展阶段紧密相关，处于建设起步期的新区较多存在现状用地转型腾退、基础设施超前建设、产业先行、人口吸引滞后等阶段性原因，从而导致建设合规性存在偏差、人均建设用地过高、空间绩效较低、产城融合度不够、设施保障不足、环境建设欠缺等问题。

### 1．建设合规性

建设合规性以新区现状建设用地是否超出所在城市总体规划的规划建设用地边界为标准来评估，采用2015年建设用地现状图与所在城市总体规划图进行比对，衡量建设合规性程度。

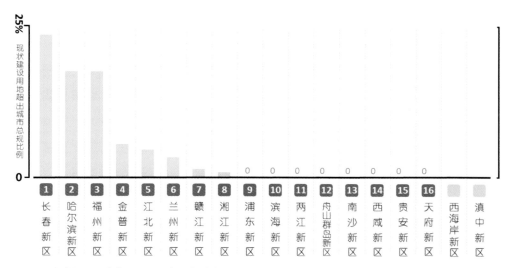

注：西海岸新区、滇中新区由于未收集到涉及区县总体规划，因此无法计算具体数值，通过图纸比对可
发现两新区存在现状建设用地超出所在城市总体规划的情况。
图2-16　国家级新区现状建设用地超出所在城市总体规划的比例

2015年新区建设用地现状图与所在城市总体规划图的对比显示，国家级新区的现状建设用地基本符合所在城市总体规划，城市总体规划建设用地边界总体上控制较好，仅部分新区建设用地突破总体规划边界。其中，8个新区（浦东新区、滨海新区、两江新区、舟山群岛新区、南沙新区、西咸新区、贵安新区、天府新区）现状建设用地完全符合所在城市的总体规划，10个新区（长春新区、哈尔滨新区、福州新区、金普新区、江北新区、兰州新区、赣江新区、湘江新区、西海岸新区、滇中新区）现状建设用地存在不同程度突破所在城市总体规划范围的情况。

按照新区现状建设用地突破所在城市总体规划的程度不同，主要分为以下两种情况。

**现状建设用地超出所在城市总体规划范围的比例低于10%的新区，包括兰州新区、金普新区、湘江新区、江北新区、赣江新区。**

兰州新区2015年现状建设用地规模61.92平方公里，突破《兰州市城市总体规划（2011—2020年）》规划边界的现状用地规模约1.8平方公里，占比3.0%。西海岸新区所在青岛市《青岛市城市总体规划（2011—2020年）》于2016年由国务院批复，受老市区绿地及公共服务设施移至新区总量平衡及市域建设用地总量控制、黄岛石化区规划重大调整等因素影响，新区部分先期已出让用地或建成项目被规划为了城市绿地或公共设施用地，短期内难以拆除的现状建设或已出让用地规划成了城市公园绿地。

金普新区辖区面积2299平方公里，全部位于《大连市城市总体规划（2001—2020年）》确定的规划区范围内，但只有少部分用地位于《大连市城市总体规划（2001—2020年）》的中心城区范围，另外较大的面积位于中心城区范围外。目前，中心城区内部分依据《大连市城市总体规划（2001—2020年）》开展各项城市建设活动，而中心地区外部分则依据近郊区规划开展建设活动。客观上，中心城区内、外存在两种规划体系，存在用地指标及布局难以统筹的问题，对金普新区形成总体协调的发展格局有较大的影响。

**现状建设用地超出所在城市总体规划范围的比例高于10%的新区，包括福州新区、哈尔滨新区、长春新区。**其中，福州新区2015年现状建设用地超出《福州市城市总体规划（2011—2020年）》规定建设用地的16.5%；哈尔滨新区2016年现状建设用地超出《哈尔滨市城市总体规划（2011—2020年）（修改版）》规定建设

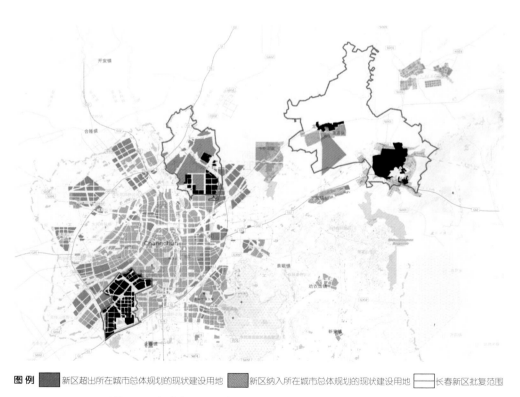

图例 ▨ 新区超出所在城市总体规划的现状建设用地　▨ 新区纳入所在城市总体规划的现状建设用地　▭ 长春新区批复范围

图2-17 长春新区2015年现状建设用地与长春市总体规划比较

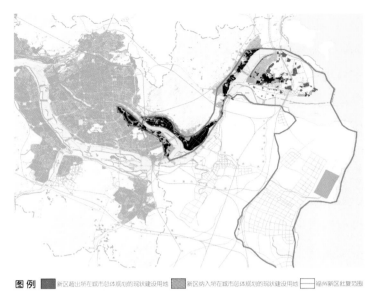

图 例 ■新区超出所在城市总体规划的现状建设用地 ▨新区纳入所在城市总体规划的现状建设用地 □福州新区批复范围

图2-18 福州新区2015年现状建设用地与福州市总体规划比较

图 例 ■新区超出所在城市总体规划的现状建设用地 ▨新区纳入所在城市总体规划的现状建设用地 □哈尔滨新区批复范围

图2-19 哈尔滨新区2016年现状建设用地与哈尔滨市总体规划比较

用地的16.5%；长春新区2015年现状建设用地超出《长春市城市总体规划（2011—2020年）》规定内容的21.7%。这样的规划建设行为存在两方面风险：一方面造成了部分先期已批或已建项目违反了新区所在城市的总体规划强制性要求，面临被住房与城乡建设部重点卫星遥感图斑核查、追责；另一方面容易形成新区规划建设用地规模与实际需求量相矛盾的问题。

### 2．用地集约度

#### （1）人均建设用地指标评估

人均建设用地指标的评估结果显示，国家级新区的人均建设用地普遍过大。仅两江新区、浦东新区、福州新区、江北新区4个新区发展用地较为集约，人均城乡建设用地低于200平方米。人均城乡建设用地超过200平方米的新区有14个，占比78%，其中贵安新区、兰州新区、滨海新区甚至超过400平方米。

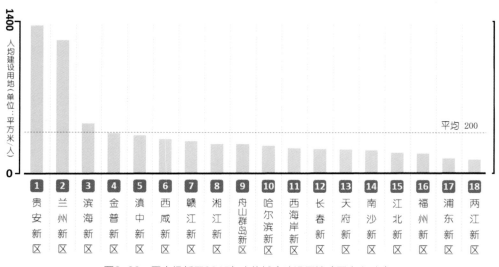

图2-20 国家级新区2015年人均城乡建设用地（平方米/人）

通过对18个国家新区的历史建设、现状发展情况的调查和访谈，人均建设用地超标的背后主要分为以下两种原因。

第一，基础设施过度超前建设，城市建设框架相对过大，分散低效。以兰州新区为例，从2010~2015年，兰州新区常住人口增长不到1.5万，而城乡建设用地增长43.89平方公里。截至2015年，兰州新区城乡建设用地约为96.58平方公里，常住人口约20.9万，人均城乡建设用地约462平方米，建设用地集约利用水平较低。新区170平方公里（2030年规划城市建设用地面积）的主干路网建设现已基本完成，新区内部同步设立了8个产业园区同步开展招商引资工作，基础设施和产业园区空间远远超出现实需要。究其原因，是城市政府的发展建设理念滞后，意图通过大规模的基础设施和产业园区建设实现新区又好又快发展，而未充分论证新区的资源环境条件、区域经济条件以及新区对人口、产业的吸引能力。

第二，居住、产业用地超前开发，建设用地供给远大于实际需求。以金普新区为例，住宅过度建设，房屋项目多、空置率高。2015年房屋待售面积为892万平方米（其中金州新区800万平方米、普湾新区92万平方米），待建住宅库存约2000万平方米，但是全年售出房产仅180万平方米，不到库存量的十分之一。待售房地产库存需消化5年，待建房地产库存需消化10年。既有房屋空置率普湾新区为30%，金州新区为25%。以湘江新区为例，近5年湘江新区启动大规模城市建设，而人口导入相对缓慢。湘江新区近5年城镇建设用地从2010年的101.7平方公里增长至2015年147.9平方公里，增幅45.4%，而城镇人口从2010年的100万增长至2015年的116.8万，增幅仅16.8%，城镇建设用地的增幅远高于城镇人口的增幅。分析其原因，从2015年现状用地构成来看，湘江新区居住用地占比相对较高，工业、商业用地占比相对较低，就业岗位供给不足，难以吸引就业人口，且长沙全市的公共服务资源主要集中在湘江以东区域，湘江新区的居住人口吸引力也不足。

### （2）地均GDP指标评估

评估用地集约度的第二个指标是地均GDP，本书采用地方上报的新区2015年GDP数值和2015年用地现状图进行测算。

国家级新区的地均产出整体水平偏低，且由于所处发展阶段不同，新区之间土地产出绩效差异较大。统计表明，地均GDP超过7亿元/平方公里平均水平的新区有5个，占比28%。设立较早的国家级新区地均GDP产值都达到比较高的水平，如浦东新区、滨海新区。设立较晚的国家级新区仍处于起步期，地均GDP相对较低，如滇中新区、哈尔滨新区和赣江新区。

对空间绩效明显偏低的典型国家级新区进行深入调研、访谈发现，导致用地低效利用主要存在以下几方面原因。

首先，由于产业结构不合理，园区的用地产出效率偏低。以江北新区为例，新区内重化企业占地多，受当前宏观经济影响，钢铁和化工企业产值与利润增速放缓，加之大型重化企业占地面积过大，部分用地未建设，导致地均产值总体偏低。以舟山群岛新区为例，新区内的一些大岛延续全能开发、自成体系的固有模式，不同层次、不同属性，甚至相互排斥的产业职能齐头并进、主次不明，难以集中优势资源重点突破战略功能。另外，大多数小岛雷同发展船舶制造、油储物流等项目，这些项目往往局限在比较低端的产业环节和层次。因此，2010年舟山群岛新区地均工业产值仅为14.3亿元/平方公里，地均GDP产出不及浦东新区的三分之一。

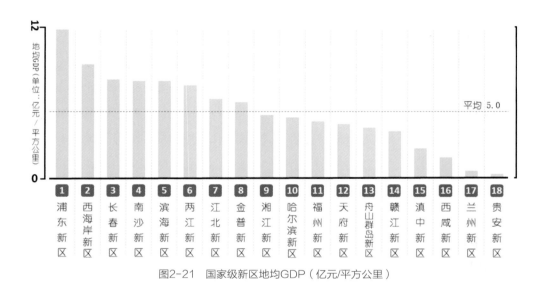

图2-21 国家级新区地均GDP（亿元/平方公里）

其次，建设用地过于分散，难以形成集聚效应和城市经济。以贵安新区为例，贵安新区直管区采用"多点开花"的建设模式，同时推进中心区、马场科技新城、花溪大学城、高峰镇四大功能区的建设，城市建设用地松散。同时，贵安新区直管区工业招商难度较大，导致地价偏低，过低的地价进一步导致企业用地过大、投放过快、发展粗放，存在"占而不用"和建设强度不高的问题，最终导致产出效益偏低。金普新区存在同样的问题，但目前金普新区拥有七大产业门类、14个产业园区，各园区规模度、集聚度和关联度均不够，未能形成产业集群发展局面。

再次，新区的产业能级不高，**经济效应较差**。以哈尔滨新区为例，工业比重过高，现代服务业发展稍显滞后，在工业支柱产业增速下降的情况下，用地整体产出效率低下。以福州新区为例，现状产业结构主要是以冶金、食品、纺织、塑胶等传统制造业为主导，整体产业结构较为低端，高附加值产业发展不足，导致整体土地产出效益较低。

### 3．产城融合度

产城融合评估以职住比为主要指标来衡量，由于新区统计尚不完善、数据基础较差，因此，在职住比指标评估的基础上通过公共服务设施能力以及实地调研补充对产城融合状况的评估。

#### （1）职住比

本次评估职住比，采用就业用地与居住用地的比值作为指标。参考发展相对成熟的建成区产城融合状况，根据《城市用地分类与规划建设用地标准》GB 50137—2011，就业用地（B类用地、M类用地、W类用地）与居住用地（R类用地）比值应在1～3为宜。

职住比指标评估显示，国家级新区产城融合程度普遍不高，潮汐交通、长距离通勤问题较大。国家级新区2015年的职住比指标显示，滨海新区、兰州新区、长春新区职住比偏高，居住相对配套不足；江北新区、福州新区、西咸新区、赣江新区、金普新区、滇中新区、天府新区、浦东新区、南沙新区职住比适中，就业用地与居住用地比例较为合理；贵安新区、两江新区、哈尔滨新区、舟山群岛新区、湘江新区、西海岸新区职住比偏低，就业带动不足。

① 职住比偏高的国家级新区，就业人口居住仍然依赖主城，造成长距离、潮汐式通勤问题。以滨海新区为例，2010年，滨海新区职住比为3.26，到2015年，新区职住比提升至3.74，职住分离情况普遍，新区与中心城区之间的潮汐交通现象明显。约40万从业人口的居住仍然依赖主城，每天要完成较长距离通勤，造成大规模钟摆式交通。究其原因，一方面，由于新区常住人口增长滞后于经济增长，大量的从业人口职住分离，成为通勤人口；另一方面，新区现状建设用地结构分配不合理，其中工业用地比重过高，公共服务发展滞后，居住用地发展不足，城

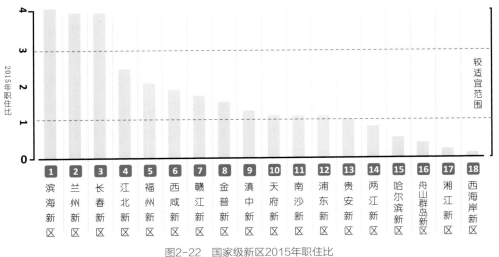

图2-22　国家级新区2015年职住比

市公共配套和生活环境品质有待提升。

②职住比偏低的国家级新区，就业岗位供给少，而房地产开发量较大，经济活力相对不足。以湘江新区为例，长沙市的公共服务资源、就业岗位集中在湘江以东区域，而湘江新区以房地产开发为主，本地就业拉动能力不足，跨片区出行引发跨江交通严重拥堵。

职住比指标评估还显示，国家级新区就业与居住用地平衡情况正逐步改善，但同时也存在就业与居住人口不匹配造成的产城不融合问题。以江北新区为例，由于历史原因，产业以重型制造为主，四个百亿企业均为重工业，包括南钢、南化、扬巴、上汽。2010年，重工业产值占到78%，重工业对就业吸纳能力有限导致职住不平衡，如重工业集聚地——"高新—大厂片区"岗位人口比仅为18%。2010年，新区就业人口规模与新区常住人口规模比值为0.36，2015年这一比值虽上升至0.51，但仍然偏低，这表明新区产城空间不够匹配，产城融合度不足，存在大量往返主城区就业人口。通过轨道交通10号线的客流分析，跨江轨道交通客流高峰时间集中在8:00～9:00以及18:00～19:00，高峰跨江客流占高峰轨道交通客流的78%，其中江北高峰跨江客流占高峰总客流的76%，江南跨江客流占高峰总客流的81%。

**（2）综合服务用地占比**

综合服务用地占比指标，通过A类用地（公共管理与公共服务设施用地）和

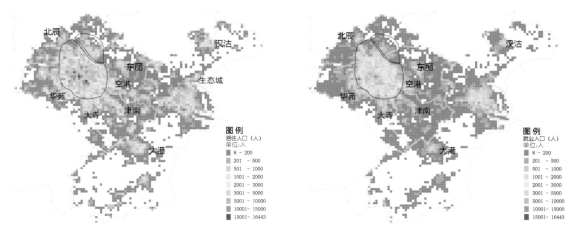

图2-23　天津中心城区居住人口分布图（左）和就业人口分布图（右）
（资料来源：《天津2049》和手机信令数据）

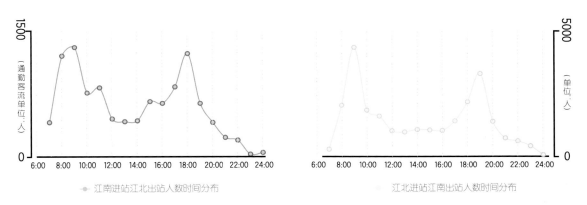

图2-24　南京老城—江北新区钟摆式通勤特征
（资料来源：江北新区总体规划基础材料）

B类用地（商业服务业设施用地）总和占新区城市建设用地比值进行评估。本次评估，采用《城市用地分类与规划建设用地标准》GB 50137—2011要求的标准10%～20%作为合理标准。

从A、B类用地占城市建设用地结构来看，大部分国家级新区的公共服务设施能力符合标准，少部分国家级新区A、B类用地占比偏低。共有11个国家级新区的公共服务设施能力指标超过10%，包括贵安新区、赣江新区、江北新区、舟山群岛新区、哈尔滨新区、西咸新区、天府新区、滇中新区、浦东新区、金普新区、南沙新区。而湘江新区、两江新区、兰州新区、长春新区、滨海新区、西海岸新区

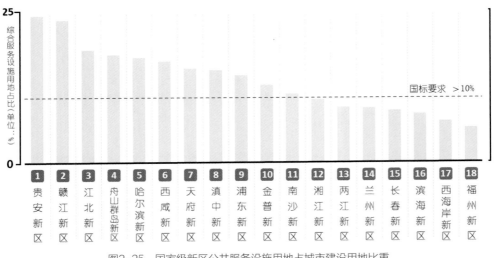

图2-25 国家级新区公共服务设施用地占城市建设用地比重

和福州新区的指标低于10%。

通过调研、走访和数据分析，公共服务设施能力未能达标的国家级新区，主要存在工业开发或房地产过量开发的倾向。以福州新区为例，工业用地比重为40.8%，而公共管理与公共服务设施用地仅占6.07%，城市公共服务发展严重滞后于城市产业建设，城市功能发展滞后，产城融合发展不足。此外，由于新区范围内的原有各县（市）区长期处于各自为政的状态，公共服务设施发展缺乏统筹，大量市级或片区级的公共服务设施建设滞后。以湘江新区为例，近年来在梅溪湖区域、高星区域投放了大量高强度开发的居住用地，一度造成高星区域成为全市去库存压力最大的地区，而单一的房地产开发并没有配套完善的公共服务设施，造成城市人气不足。

### 4. 设施保障水平

设施保障水平评估，主要采用建成区小学500米范围居住用地覆盖率、每千人医疗卫生机构床位数、6米以上道路网密度等3个指标进行衡量。

（1）道路交通方面，大部分国家级新区道路网密度较高，少部分新区存在道路网密度偏低或支路系统不完善的问题。兰州新区、滨海新区、福州新区等道路网密度偏低；江北新区、两江新区、西海岸新区、天府新区道路网密度达到国家相关标准，但支路系统建设不完善，可能出现路网通达性不足、交通拥堵等问题。

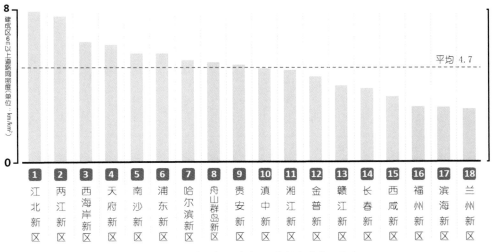

图2-26　国家级新区建成区6米以上道路网密度

（2）公共服务方面，大部分新区小学500米范围居住用地覆盖率普遍偏低，每千人医疗卫生机构床位数普遍偏低，国家级新区的公共服务短板较为突出。新区的小学覆盖率普遍达不到90%的标准，同时小学的空间分布不均，新建地区小学对居住用地的覆盖率偏低。部分新区小学500米范围内居住用地覆盖率不足10%，如哈尔滨新区、兰州新区、长春新区。而医疗卫生机构床位数除舟山新区及湘江新区外均不足5个/千人。

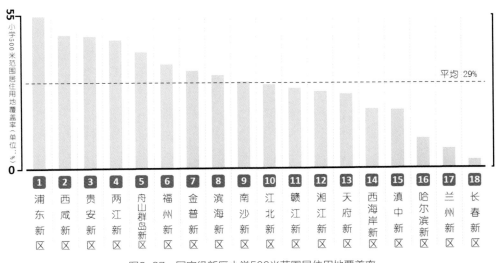

图2-27　国家级新区小学500米范围居住用地覆盖率

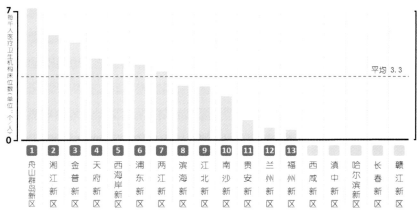

图2-28 部分国家级新区每千人医疗卫生机构床位数

图例 ⬤ 小学500米覆盖范围　▨ 小学500米未覆盖范围　▭ 哈尔滨新区范围

图2-29 哈尔滨新区小学500米范围居住用地覆盖率情况

### 5. 环境宜居水平

环境宜居水平评估，主要采用人均公园绿地面积和水域面积损失率两个指标。

（1）公园绿地方面，国家级新区人均公园绿地指标较高，但绿地覆盖率和服务质量仍不高。除西海岸新区、江北新区、舟山群岛新区、滇中新区、福州新区外，国家级新区公园绿地面积指标均超过10平方米/人，达到园林城市标准（9平方米/人）。

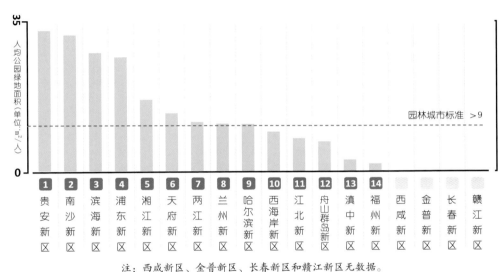

注：西咸新区、金普新区、长春新区和赣江新区无数据。

图2-30　国家级新区人均公园绿地面积（平方米/人）

但实地调研发现，较多的国家级新区内公园绿地以大尺度的郊野公园、生态公园为主，缺少零散的街头用地，对建设用地的覆盖率偏低，居民的实际体验感较差。以浦东新区为例，公园绿地总量和人均水平较高，但绿地之间缺乏连续性，同时缺少社区公园、"口袋"公园等渗透到社区内的公共绿地。

（2）水系格局方面，国家级新区建设基本保留了原有水系格局，但对水域空间存在一定侵蚀的情况。根据2010年与2015年的水域面积统计比对，12个国家级新区的水域面积规模减小，占比超过60%，其中水域损失率超过10%的新区有2个，分别是浦东新区和滨海新区。

总体上，国家级新区的生态空间数量有一定保障，但新区生态环境质量存在下

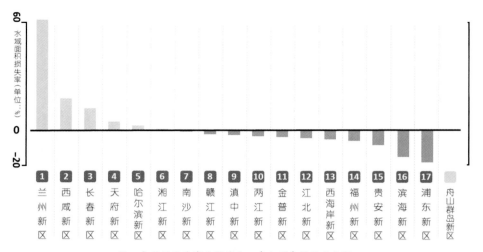

注：由于周边海域干扰过大，舟山群岛新区无数据。

图2-31　国家级新区2010年与2015年对比水域损失率

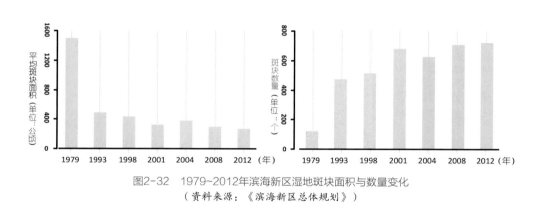

图2-32　1979~2012年滨海新区湿地斑块面积与数量变化

（资料来源：《滨海新区总体规划》）

降的风险。以滨海新区为例，生态空间由大型自然湿地逐渐转变为人工湿地，内陆湿地蓄水能力退化。同时，水质较差、水环境指标下降，从河流断面水质情况、环境容量和污染物排放量指标来看，近岸海域水质较差，全市近岸海域环境质量点位中，二类、三类、四类点位分别占20%、20%、30%，劣四类点位占30%。劣四类海水水质的海域主要分布在汉沽、塘沽附近海域及大沽锚地附近海域。

## 6. 开发运营机制

开发运营机制重点评估新区基础设施和土地一级开发的投入情况、地方政府财政支撑能力、基础设施和土地开放等方面的投资模式创新及其成效情况。

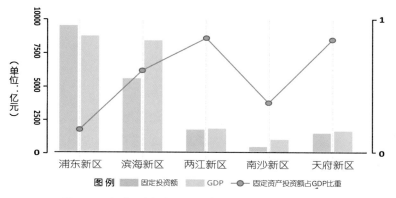

图2-33　部分国家级新区2014年固定资产投资额和GDP情况

　　国家级新区普遍以工业、基础设施的投资驱动，部分新区投资规模过大。滨海、两江、南沙、天府等新区固定资产投资额与地区生产总值的比重较高。兰州新区2014年完成固定资产投资435亿元，是地区生产总值的4.5倍；西咸新区2014年完成固定资产投资1134亿元，是当年地区生产总值的2.8倍。部分新区基础设施开发建设速度过快，如贵安新区启动建设不足3年，新区的骨干道路网已经成形，至2015年6月在建和已建道路总长约485公里，而新区2015年常住人口年增量仅5万人[①]。

　　部分新区的地方政府负债严重，财政压力巨大。某新区2015年一般预算收入9.2亿元，土地出让收入14.1亿元，而同期土地储备贷款还本付息资金14.44亿元（偿还本金4.08亿元、支付贷款利息10.36亿元），2015年新区的基础设施与配套设施投入累计超过800亿元，资金缺口达到600多亿元。随着经济增速降低，地方财政收入下滑，政府大举投入造成的地方政府债务风险也将进一步凸显。

## 2.2.5　管理体制评估

### 1.行政管理体制

　　国家级新区范围较大、涉及的行政区划较为复杂。目前，所有国家级新区都

---

[①]　引自贵安新区总体规划实施评估报告（中国城市规划设计研究院西部分院）。

涉及多个市辖区（县、市），其中西咸新区、贵安新区、天府新区、赣江新区4个新区涉及多个地级以上城市；此外，新区中还往往包括多个国家级和省级经开区、高新区等，这些功能区一般设立管委会行使经济事务管理职权。

国家级新区的行政管理体制主要分为政府型、管委会型、混合管理体制三类。浦东新区、滨海新区两个发展较成熟的新区已将多个行政区整合为单一行政区，为政府型。兰州新区等7个新区为管委会型，由省政府或所在城市政府派出的管委会，在新区范围内行使经济事务管理职权，一般社会型事务由所在区（县、市）政府进行管理。两江新区等8个新区为混合管理体制。此外，部分新设立的新区，还未在原有行政区、功能区管理体制基础上建立新区层面的管理体制，如哈尔滨新区。

从目前各新区行政管理体制的运行效果看，总体上适应了各地的情况，但也存在主体过多、行政权限不清等问题。部分新区行政管理层级和主体过多，导致开发建设分散、行政管理成本高，如金普新区。部分新区的省、市两级行政管理权限处理不当，造成新区开发建设低效，或有关主体间的利益冲突较大，如西咸新区、贵安新区。

各个类型管理体制及其特点　　　　　　表2-10

| 行政管理体制 | | 新区 | 管理架构 | 体制优劣势 |
|---|---|---|---|---|
| 政府型 | | 浦东新区、滨海新区 | 常态化政府架构，统一管理经济、社会事务 | **优势**：统一管理，事权明晰；<br>**劣势**：行政管理体制改革难度较大，周期较长 |
| 管委会型 | | 兰州新区、西咸新区、西海岸新区、湘江新区、江北新区、长春新区、赣江新区 | 以派出机关作为管理主体之一，以经济事务为主，社会事务由所在政府负责 | **优势**：新区起步阶段有助于集中发展经济、快速展开建设；<br>**劣势**：1）作为政府派出机构，部门设置不完善，行政管辖权力受限；2）新区与地方缺少利益共享机制，存在经济发展与社会支出矛盾 |
| 混合型 | 政区合一型 | 舟山群岛新区、南沙新区、金普新区 | 新区管委会与所在区（县）政府共同办公 | **优势**：属于政府型管理体制的雏形，便于过渡时期统一经济及社会事务管理 |

续表

| 行政管理体制 | | 新区 | 管理架构 | 体制优劣势 |
|---|---|---|---|---|
| 混合型 | 政区合作型 | 两江新区、天府新区、福州新区、滇中新区 | 管委会、功能区交叠至原有行政体制中 | 优势：以渐进的方式实现行政体制变革；劣势：1）新区内政府不断加强经济职能，功能区加强社会事务，两者职能趋同，管理权限不清；2）易出现行政管理的盲区，不便新区统筹安排 |
| | 其他 | 贵安新区 | 部分为政府型、部分为管委会型 | 劣势：各板块隶属于不同级别政府统筹，招商引资、基础建设差别较大，易导致新区内部发展不均衡 |

新区行政管理体制是一个循序渐进推进改革的过程。在浦东新区和滨海新区的行政体制建设中，行政体制的成型是稳步推进的，这种递进式的改革有助于统筹兼顾，在平衡利益的同时构筑科学的体系模式，以保证行政体制变革的连续性和稳定性。

### 2．规划管理体制

国家级新区总体规划的编制和审批主体在现行城乡规划法框架下并无明确界定，各地新区总体规划编制、审批体系多样化。编制主体存在有新区政府/管委会、新区规划分局、市规划局、市政府、省住房和城乡建设厅等不同情况。审批主体多为省级政府。南沙新区、湘江新区、江北新区3个为市政府审批，两江新区纳入重庆市总体规划后由国务院审批，滇中新区计划由新区领导小组审批。

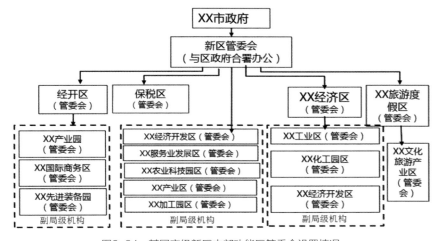

图2-34 某国家级新区内部功能区管委会设置情况

由于缺乏法律依据，存在新区总体规划与所在城市法定规划之间重叠、冲突的问题。新区总体规划与所在城市法定总体规划的关系缺乏明确规定，导致新区规划突破城市总体规划，部分新区存在新区总体规划与城市总体规划范围重叠但规划内容不一致的问题。

18个国家级新区总体规划编制主体及审批主体　　　　表2-11

| 新区名称 | 总体规划编制主体 | 总体规划审批主体 |
|---|---|---|
| 浦东新区 | 新区政府 | 上海市政府 |
| 滨海新区 | 新区政府 | 天津市政府（计划） |
| 两江新区 | 市规划局和新区管委会联合编制 | 报市政府常务会审议通过后整体纳入重庆市总体规划，报由国务院审批 |
| 舟山群岛新区 | 新区政府 | 浙江省政府 |
| 兰州新区 | 新区管委会 | 甘肃省政府 |
| 南沙新区 | 新区政府（管委会） | 广州市政府 |
| 西咸新区 | 新区管委会 | 陕西省政府 |
| 贵安新区 | 新区管委会联合省住建厅 | 贵州省政府 |
| 西海岸新区 | 规划局黄岛分局 | 山东省政府（计划） |
| 金普新区 | 大连市政府 | 辽宁省政府（计划） |
| 天府新区 | 省住房和城乡建设厅 | 四川省政府 |
| 湘江新区 | 长沙市城乡规划局 | 长沙市政府（计划） |
| 江北新区 | 南京市规划局 | 南京市政府 |
| 福州新区 | 福州市规划局 | 福建省政府（计划） |
| 滇中新区 | 省住房和城乡建设厅 | 滇中新区规划建设领导小组（计划） |
| 哈尔滨新区 | 哈尔滨规划局 | 黑龙江省政府（计划） |
| 长春新区 | 新区管委会 | 吉林省政府 |
| 赣江新区 | 新区管委会 | 江西省政府（计划） |

**国家级新区的控制性详细规划，主要存在上位规划不明晰、多头审批的问题。**新区内部的镇政府、街道办事处、功能区管委会、区县规划局都有权编制管理区域内的控制性详细规划，编制主体分散、多元。对于涉及多个市、县的新区存在多个审批主体的问题，部分新区控制性详细规划由新区管委会、市规划局审批，不符合《中华人民共和国城乡规划法》中对审批主体的规定。

18个国家级新区控制性详细规划编制主体及审批主体　　　表2-12

| 新区名称 | 控制性详细规划编制主体 | 控制性详细规划审批主体 |
|---|---|---|
| 浦东新区 | 市规土局与区、镇人民政府、各类开发主体 | 上海市人民政府 |
| 滨海新区 | 新区规土局 | 天津市政府 |
| 两江新区 | 管委会、区政府 | 重庆市规划局（需征求新区管委会意见） |
| 舟山群岛新区 | 市规划局、市规划局各区分局、街道 | 规划分局或市规划局 |
| 兰州新区 | 新区管委会 | 新区管委会审、市政府批 |
| 南沙新区 | 南沙开发区管委会 | 新区城市规划委员会 |
| 西咸新区 | 新区规划局 | 新区管委会 |
| 贵安新区 | 直管区规建局、市规划局 | 新区党工管委会、省住建厅、市政府 |
| 西海岸新区 | 规划局黄岛分局 | 青岛市政府 |
| 金普新区 | 新区规划局 | — |
| 天府新区 | 各区县规划局 | 省住建厅、成都市政府及各所在区县政府 |
| 湘江新区 | 市城乡规划局 | 长沙市政府 |
| 江北新区 | 新区规划国土环保局 | 南京市政府 |
| 福州新区 | 各区（市）规划局 | 福州市政府 |
| 滇中新区 | 滇中新区规划建设管理部 | 滇中新区党工委、管委会 |
| 哈尔滨新区 | 各区县规划局 | 哈尔滨市政府 |
| 长春新区 | 各区县规划局 | — |
| 赣江新区 | 各区县规划局 | 各市、县政府 |

国家级新区的规划许可体制，以行政许可法为依据，体制较为明确、顺畅。存在少数新区或功能区管委会规划建设部门（非城市规划局或城市规划分局）直接许可的违反法律情况。

国家级新区的规划监督检查的实效性机制尚不健全。现行《中华人民共和国城乡规划法》框架下由各地相关部门负责，多数新区规划重编制审批、轻实施监督的情况还普遍存在。个别新区存在未拿到规划许可的前提下便开工建设的情况，如兰州新区。

### 3.管理体制机制创新

新区行政管理体制普遍向精简、扁平、高效的大部门政府体制转型，随着新区的发展，政府职能从经济事务转向综合性服务职能。结合新区发展实际，服务新区发展战略需要，以"大部制"改革为方向，整合相关行政职能，组建大部门，统一高效地执行政府决策。简化行政层级，扩大管理幅度，以提升新区的行政效率。逐步压缩经济管理部门，完善经济调节机构，强化社会建设、文化建设、生态建设职能，加强社会管理、城市管理、公共服务，实现政府治理模式从管制型向服务型转变。

部分新区完善既有规划体系，进行"多规融合"的探索，如浦东新区、湘江新区。上海市新一轮城市总体规划中，构建了"总体规划—单元规划—详细规划"三级规划层次的空间规划体系，浦东新区总体规划（包括浦东新区总体规划）奠定"一个市县、一本规划、一张蓝图"的任务，是实现"多规合一"的重要平台。湘江新区充分利用"大部制"和委属部门协同的优势，在片区规划中均实施"多规融合"的创新。

部分新区在规划编制时序上进行探索，新区总体规划与城市总体规划同步编制、审批，统一编制技术要求，如浦东新区、两江新区。坚持"市区协同"，加强指导衔接。城市总体规划和新区总体规划同步启动和开展编制工作，城市总体规划纳入新区总体规划，保障新区总体规划与城市总体规划的有效衔接。

部分新区在控制性详细规划单元化管理方面进行了探索，如湘江新区。湘江新区在长沙市规划局的支持下，组织编制《湖南湘江新区控制性详细规划管理单元编制和实施管理办法》试行控制性详细规划单元化管理，强化规划的刚性控制要求，又兼顾市场的不确定性，同时增强了规划的适应性。

# 2.2.6 小结

国家级新区由国务院批复设立，受到所在省、市政府的高度关注，其选址、规划、建设、管理方面的规范性与合理性都较好。国家级新区选址总体上是在国家总体发展战略思想指导下，选择战略性区域并具有较好发展条件，为实现国家级新区目标奠定了良好基础。国家级新区规划编制开展情况良好，组织编制单位层级较高，规划理念对接了国家要求，与城市总体规划的协同性较好，是国家级新区健康发展、有序建设的有力保障。国家级新区的建设速度较快，各项基础设施和产业投资较大，国家级新区的行政管理层级也较高，资源动员能力强、行政管理总体水平较高。但在选址、规划、建设、管理方面也存在一些问题。

① 国家级新区的设立：存在设立数量不够稳健、东中西区域布局有所失衡的问题。从设立时序上看，2013年以前的国家级新区选址大体遵循了从东到西的时间序列，此后，从先发地区向落后地区循序推进的节奏被打破，部分经济发展比较滞后、综合发展条件较差的地区布局了国家级新区，但这些新区的实际发展成效不理想，难以实现国家战略目标。从空间分布看，目前18个国家级新区主要分布于东部、东北和西部地区，中部地区仅有湘江新区、赣江新区，数量明显偏少，河南、安徽、湖北3个相邻省份近50万平方公里的大尺度区域内没有布局国家级新区。

② 国家级新区的选址：部分新区存在所在城市支撑能力不足、基底自然环境承载力偏弱的问题。如兰州新区与兰州、福州新区与福州中心城区相距均约50公里，且中心城区经济总量、人口规模并不高，中心城区难以对新区发展提供有力支撑，新区发展也难以发挥调整优化中心城区空间结构的作用。贵安新区和兰州新区的地形条件不佳，可利用的土地较为破碎；西咸新区范围内地表和地下文物多，大规模开发建设必然对历史文化环境造成冲击；兰州新区、南沙新区要支撑规划预期发展规模，需要开展较高成本的跨区域调水，这些不利条件也对新区的发展建设形成制约。

③ 国家级新区的规划编制：由于国家级新区总体规划不是法定规划，在编制和审批主体、范围、期限和内容等方面缺乏依据，影响总体规划效力。由于新区规划的编制权限缺乏界定，部分新区所在地上下级政府间的关系理不顺，影响了规划建设的高效、协调性。由于新区总体规划的非法定化，缺乏上位规划的约束和传导机制，部分新区的规划建设用地规模较大程度地突破了所在城市总体规划，存在片面追求规模扩大的倾向。此外，少数新区总体规划存在技术层面问题，如兰州新区在上风向布局了化工产业，对城市环境会产生较大负面影响，如哈尔滨新区对上位规划的生态保护地区造成了较大面积的侵占。

④ 国家级新区的开发建设：部分新区存在建设用地使用粗放、产城融合度不

高、配套设施不完善等问题。在土地使用效率方面，部分西部地区的国家级新区土地使用较粗放，如贵安新区、兰州新区。部分国家级新区的基础设施框架拉开较大，地方财政和地方政府平台公司投入大，造成较大的地方政府债务压力。部分国家级新区的产城融合度不高，就业岗位多、而居住人口少，教育医疗设施、公园绿地的覆盖率不高。距离主城区较远的新区如滨海新区，存在主城和新区之间长距离的钟摆式通勤交通问题。

⑤ 国家级新区的管理体制：部分新区存在省市权责不清、管理层级过多、规划编制审批督查体制不够健全的问题。对于涉及多个城市的新区，如西咸新区、贵安新区、天府新区，省级政府应该发挥怎么样的角色，各地进行了多样化的探索。部分新区还存在管理体制不完善的问题：西咸新区在开发建设过程中，一度出现了省、市两级政府开发建设重点不同，未能形成合力的问题；贵安新区，目前还存在省政府关注直管区建设、贵阳市政府关注自身辖区建设，未有效形成合力的局面。此外，如金普新区，存在多级多类功能区管委会和多个区（市、县）政府过度分散开发建设的问题。在规划管理方面，新区总体规划的编制、审批主体和规划编制内容呈多样化局面，缺乏统一的规范。而在规划实施的用地管理环节，即依据控制性详细规划对建设用地进行管控，由于《中华人民共和国城乡规划法》的相关规定明确，大部分新区能依法进行相关审批，保障了用地规划管理的基本秩序。

# 2.3　国家级和省级开发区评估

## 2.3.1　国家级开发区基本情况

### 1. 发展过程

　　第一个国家级经开区设立于1984年，第一批国家级高新区、海关特殊监管区设立于1991年，国家级开发区的设立在1992年左右达到高潮。1993年国家对开发

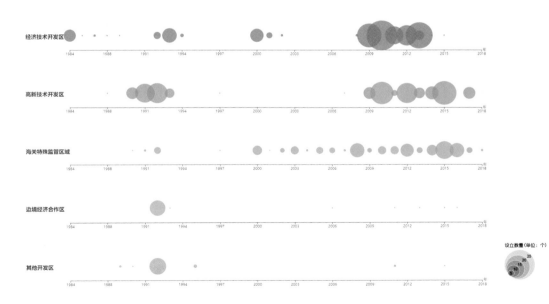

图2-35　1984～2018年国家级开发区设立数量及类型

区进行了第一次清理，此后每年设立的开发区数量有明显减少。2000～2009年，国家批复设立的开发区以海关特殊监管区和经开区为主，类型相对较为稳定。2010年后，国家逐年将一批省级经济技术开发区和省级高新技术开发区升级为国家级开发区，并在中西部各省份新设立了一批海关特殊监管区。

### 2. 数据汇总

根据《中国开发区审核公告目录》（2018年版）（后文简称《目录》），截至2018年6月符合条件的开发区共2543个，其中国家级开发区552个，包含219个经济技术开发区、156个高新技术开发区、135个海关特殊监管区、19个边境经济合作区及23个其他类型开发区，另有省级开发区1991个，批复面积共17974平方公里。与2006年版《目录》相比，2018年版《目录》增加了977个开发区，其中东部地区有1052个开发区，增加219个；中部地区有777个开发区，增加239个；西部地区有714个开发区，增加519个。

2006年、2018年两次国家发布的开发区数据对比　　　表2-13

| 分布 | 2006年 | | | 2018年 | | |
|---|---|---|---|---|---|---|
| | 国家级 | 省级 | 总计 | 国家级 | 省级 | 总计 |
| 东部 | 152 | 681 | 833 | 284 | 768 | 1052 |
| 西部 | 34 | 161 | 195 | 131 | 583 | 714 |
| 中部 | 38 | 500 | 538 | 137 | 640 | 777 |
| 总计 | 224 | 1342 | 1566 | 552 | 1991 | 2543 |

2018年版《目录》发布后，国土资源部、住房和城乡建设部发布了《国家级开发区四至范围公告目录》，各省（区、市）人民政府根据核定的开发区面积和范围，发布《省级开发区四至范围公告目录》。

### 3. 空间分布

国家级开发区主要集中分布在珠三角、长三角、京津冀、成渝等经济较发达的区域，中西部地区的国家级开发区数量较少。东部地区江苏省、山东省、浙江省分别有67个、38个、38个国家级开发区，排名全国前三；中部地区安徽省、江西省各有21家国家级开发区，并列中部地区第一；西部地区中新疆维吾尔自治区、四川省、山西省分别有23个、18个、16个，占据西部地区前三。

### 4. 经济增长

2015年，219个国家级经济技术开发区共实现地区生产总值77611亿元，第三产业增加值20450亿元，财政收入14651亿元，税收收入13062亿元，同比增速分别为1.4%、7.8%、0.3%、4.5%。中、西部地区国家级经济技术开发区的地区生产总值、第三产业增加值、财政收入、税收收入和固定资产投资增幅均高于东部地区国家级经济技术开发区。

国家级经济技术开发区2015年基本经济数据情况（单位：亿元）　表2-14

| 区域 | GDP | 第二产业 | 第三产业 | 税收收入 | 财政收入 | 实际利用外资金额 | 进口总额 | 出口总额 |
|---|---|---|---|---|---|---|---|---|
| 东部 | 50529 | 34361 | 15098 | 9420 | 10359 | 2314 | 18195 | 23719 |
| 西部 | 9513 | 7218 | 1969 | 1327 | 1571 | 387 | 641 | 1176 |
| 中部 | 17569 | 13998 | 3383 | 2314 | 2721 | 967 | 1578 | 2267 |
| 总计 | 77611 | 55577 | 20450 | 13062 | 14651 | 3668 | 20414 | 27162 |

## 2.3.2　省级开发区基本情况

截至2015年底，省级开发区共1991个，规划面积达到6.4万平方公里，已建设面积1.3万平方公里，平均建成率为40%，现状人口0.6亿，规划人口1.7亿，规划人口实现度为35%。

省级开发区主要以经济技术开发区、高新技术开发区、工业区为主，东、中、西部地区分布数量差异较小。

**图例** ◉ 国家级开发区 □ 省级开发区

图2-36 中国国家级、省级开发区空间分布图

## 2.3.3 评估对象与评估内容

### 1. 评估对象

考虑到我国开发区的数量庞大,很难做到全样本调查,本次工作按照一定的原则,选取65个具有代表性的开发区进行评估。调查的65个开发区覆盖全国20个省市的21个城市,兼顾我国东、中、西、东北不同区域,涵盖高新区和经开区等类型。本次调查开发区涉及的21个城市为:18个国家级新区所在城市(上海、天津、重庆、舟山、兰州、广州、西安、贵阳、青岛、大连、成都、长沙、南京、福州、昆明、哈尔滨、长春、南昌)及武汉、深圳、郑州。

本次调查开发区的选择原则为:每个城市共选择3~4个开发区进行评估,尽可能选择国家级经开区和高新区各1个,省级经开区和高新区各1个;尽可能选择城市规划区范围内的开发区,以便与城市或所在区县总体规划进行对比分析;开发区的区位要符合新城新区的概念，即尽可能位于城市的相对外围区域；考虑资料的可获取性，尽量选取资料相对容易获取的开发区。

本次评估的65个开发区名录　　　　　　　　　表2-15

| 城市名称 | 开发区名称 |
| --- | --- |
| 成都 | 成都高新技术产业开发区、成都经济技术开发区、四川双流经济技术开发区（西航港）、成都新都工业园区 |
| 舟山 | 舟山高新技术产业园区、舟山经济技术开发区 |
| 大连 | 大连经济技术开发区、大连高新技术产业园区、大连普兰店经济技术开发区、大连金州经济技术开发区 |
| 哈尔滨 | 哈尔滨经济技术开发区、哈尔滨高新技术产业园区、哈尔滨利民经济技术开发区、清河工业园区 |
| 长春 | 长春经济技术开发区、长春高新技术产业园区、长春汽车经济技术开发区、长春朝阳经济开发区 |
| 南昌 | 南昌经济技术开发区、南昌高新技术产业园区、江西新建长堎工业园区、南昌昌南工业园区 |
| 上海 | 上海张江高新技术产业开发区、上海闵行经济技术开发区、上海市莘庄工业园区、上海青浦工业园区 |
| 武汉 | 武汉东湖高新技术产业开发区、武汉经济技术开发区、武汉阳逻经济开发区、武汉江岸经济技术开发区 |
| 南京 | 南京高新技术产业开发区、南京经济技术开发区、南京白下高新技术产业园区、南京浦口经济技术开发区 |
| 长沙 | 长沙高新技术产业开发区、长沙经济技术开发区、长沙雨花经济开发区、宁乡高新技术产业开发区 |
| 天津 | 泰达经济技术开发区、滨海高新技术产业开发区、天津空港工业园区、天津大港石化产业园区 |
| 广州 | 广州经济技术开发区、广州高新技术产业开发区、广州花都经济技术开发区、广州白云工业区 |
| 深圳 | 广东深圳出口加工区、深圳市高新技术产业园区 |
| 福州 | 福州经济技术开发区、福州高新技术产业开发区、连江经济技术开发区、福州金山工业园区 |
| 青岛 | 青岛经济技术开发区、青岛高新技术产业开发区、即墨经济技术开发区、青岛临港经济技术开发区 |

| 城市名称 | 开发区名称 |
|---|---|
| 重庆 | 重庆经济技术开发区、重庆高新技术产业开发区、空港工业园区、西永微电子产业园区 |
| 兰州 | 兰州经济技术开发区、兰州高新技术产业开发区、九州经济技术开发区、西固新城工业园区 |
| 西安 | 西安经济技术开发区、西安高新技术产业开发区、浐河经济技术开发区、韦曲高新技术产业开发区 |
| 贵阳 | 贵阳经济技术开发区、贵阳高新技术产业开发区、白云经济技术开发区 |
| 郑州 | 郑州经济技术开发区、郑州高新技术产业开发区、惠济经济技术开发区 |
| 昆明 | 昆明经济技术开发区、昆明高新技术产业开发区、晋宁工业园区 |

## 2．评估内容

本次评估的内容包括开发区的规划编制情况、开发建设情况和管理体制机制三个方面。与国家级新区的评估指标相比，由于资料可获取等原因，开发区的评估指标减少了选址适宜性、规划内容合理性、环境宜居水平等评估内容，并弱化了公共服务设施保障水平方面的评估内容，但根据开发区的实际存在问题，有针对性地增加了控制性详细规划对城市总体规划主要内容的落实情况、扩区情况等评估内容。

### （1）规划编制

重点评估规划协同性。分析开发区控制性详细规划建设用地超出所在城市总体规划的比例，定性评价开发区控制性详细规划用地布局结构落实所在城市总体规划的情况。

### （2）开发建设

重点评估建设合规性、建成率、用地集约度、产城融合度、基础设施保障水平等方面。用地效率重点评估工业用地地均产值、地均税收等指标。产城融合度重点评估综合服务用地占比、职住比。基础设施保障水平重点评估建成区道路网密度、建成区公交站点500米覆盖率。

### （3）管理体制机制

行政管理体制。重点评估开发区的行政管理架构、开发建设主体，城市、区县政府、开发区管委会的行政职能分工和具体管理权限。

规划管理体制。重点评估开发区涉及的各级、各类城乡规划的编制主体、审批主体情况，是否实现控制性详细规划的全覆盖等，规划建设许可管理机构、督察主体和开展的情况。

体制机制创新。重点评估管理方面的体制机制创新经验。

开发区评估内容和指标一览表　　　　　　　表2-16

| 评估内容 | | 评估指标 | | 评估方法 | 数据来源 |
|---|---|---|---|---|---|
| | | 序号 | 指标名称 | | |
| 规划编制 | 规划协同性 | 1 | 控规建设用地边界与城市总体规划的符合度 | 定量 | 已批控制性详细规划拼合图（当地政府提供）城市总体规划（住房和城乡建设部） |
| | | 2 | 控制性详细规划对城市总体规划主要内容的落实情况 | 定性 | 控制性详细规划规划（当地政府提供）城市总体规划（住房和城乡建设部） |
| 开发建设 | 建设合规性 | 3 | 现状建设用地超出城市总体规划的比例 | 定量 | 开发区现状建设用地（国家测绘地理信息局）城市总体规划（住房和城乡建设部） |
| | 建成率 | 4 | 规划建设用地建成率 | 定量 | 现状城乡建设用地（当地政府提供）城市总体规划（住房和城乡建设部） |
| | 用地集约度 | 5 | 地均税收 | 定量 | 税收数据（当地政府提供）现状城乡建设用地（国家测绘地理信息局） |
| | | 6 | 工业用地地均工业产值 | 定量 | 工业总产值数据（当地政府提供）开发区现状工业用地（国家测绘地理信息局） |
| | 产城融合度 | 7 | 职住比 | 定量 | 人口与就业统计数据（当地政府提供） |
| | | 8 | 综合服务用地占比 | 定量 | 用地现状图（当地政府提供）现状建设用地汇总表（当地政府提供） |
| | 基础设施保障水平 | 9 | 建成区6米以上道路网密度 | 定量 | 道路网密度（国家测绘地理信息局） |
| | | 10 | 建成区公交站点500米覆盖率 | 定量 | 公交站点分布图（购买商业数据）开发区现状城市建设用地（国家测绘地理信息局） |
| 规划管理体制机制 | 行政管理体制 | | 评估行政管理的模式及不同模式的利弊 | 定性 | 当地政府提供 |
| | 规划管理体制 | | 评估规划编制审批的合法合规性 | 定性 | 当地政府提供 |
| | 管理体制机制创新 | | 总结经验并予以推广 | 定性 | 当地政府提供 |

## 2.3.4 规划编制评估

开发区涉及的规划类型较多，除城市政府及规划部门组织编制的城市总体规划、控制性详细规划之外，作为管理主体的部分开发区管委会也在同步组织编制开发区的发展规划、总体规划等，将其作为法定规划的补充。开发区往往是国家、区域多重政策的叠加区域，政策区域的发展规划及各类专项规划也同时指导着开发区的空间使用。受不同层次、不同类型规划的影响，开发区控制性详细规划中落实的主要管控内容可能会与作为上位规划的城市总体规划产生偏差。本节从两个方面切入，针对上述偏差进行了研究，分别是控制性详细规划建设用地边界与城市总体规划的符合度与控制性详细规划对城市总体规划主要内容的落实情况。

### 1. 控制性详细规划建设用地边界与城市总体规划的符合度

本项评估通过对开发区已批复控制性详细规划用地与城市总体规划用地范围的图纸比对，计算控制性详细规划用地超出所在城市总体规划建设用地面积占开发区内城市总体规划建设用地面积的比例。在控制性详细规划编制过程中，存在对城市总体规划用地的深化与优化，难以避免地产生了少量建设用地斑块差异的情况，因此本项指标依据控制性详细规划建设用地超出程度划分为不超出、少量超出（低于10%）、大量超出（高于10%）三类。

本项评估指标的数据来源为地方上报的控制性详细规划的规划成果，以及住房和城乡建设部提供的开发区所在城市的城市总体规划成果。评估指标获得数据的开发区样本共24个，涉及10个城市。从分布地域看，东中西部地区均有涵盖。从设立时间看，包含了1980年代、1990年代及2000年以后。从设立级别看，国家级开发区12个、省级开发区12个。从开发区性质看，高新区9个、经开区15个。

从评估结果来看，城市总体规划与开发区控制性详细规划的协同性较好，大部分开发区的控制性详细规划建设用地没有超出城市总体规划的用地范围。在获得数据的24个开发区中，控制性详细规划用地不超出总体规划的开发区共有14个，占总样本开发区的58%。部分开发区存在控制性详细规划超出总体规划的情况，超出程度差异明显。评估涉及的开发区中，控制性详细规划用地少量超出总体规划的共有5个，占21%；控制性详细规划用地大量超出总体规划的共有5个，占21%。个别开发区超出情况严重，控制性详细规划用地超出城市总体规划的规模接近2倍。

控制性详细规划符合度本次调查开发区名录　　表2-17

| 区域 | 城市 | 开发区名称 | 区域 | 城市 | 开发区名称 |
|---|---|---|---|---|---|
| 东部 | 南京 | 白下高新区 | 中部 | 长春 | 长春朝阳经开区 |
| | 南京 | 南京经开区 | | 长沙 | 长沙经开区 |
| | 上海 | 闵行经开区 | | 长沙 | 金霞经发区 |
| | 上海 | 青浦工业园区 | | 长沙 | 长沙高新区 |
| | 上海 | 莘庄工业园区 | | 长沙 | 宁乡高新区 |
| | 舟山 | 舟山经开区 | 西部 | 成都 | 成都新都工业园区 |
| | 舟山 | 定海工业园区 | | 成都 | 四川双流经开区 |
| 中部 | 南昌 | 南昌昌南工业园区 | | 成都 | 成都高新区 |
| | 南昌 | 南昌经开区 | | 成都 | 成都经开区 |
| | 南昌 | 江西新建长垓工业园区 | | 贵阳 | 贵阳高新区 |
| | 南昌 | 南昌高新技术产业开发区 | | 重庆 | 重庆高新区 |
| | 武汉 | 武汉高新区 | | 重庆 | 重庆经开区 |

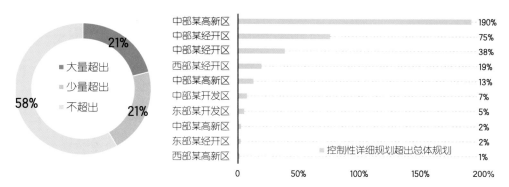

图2-37　本次调查开发区控制性详细规划超出城市总体规划样本的整体情况

　　从设立级别来看，国省两级开发区均存在控制性详细规划超出总体规划的情况。国家级开发区控制性详细规划大量超出城市总体规划的样本占比为33%，大于省级开发区中大量超出样本的占比8%。从超出的规模量上看，国家级开发区控制性详细规划超出总体规划的平均比例为38%，省级开发区控制性详细规划超出城市总体规划的平均比例为29%。

　　从开发区性质上看，高新区控制性详细规划超出总体规划的比例为66%，其中大量超出的占22%。经开区控制性详细规划超出城市总体规划的比例为27%。

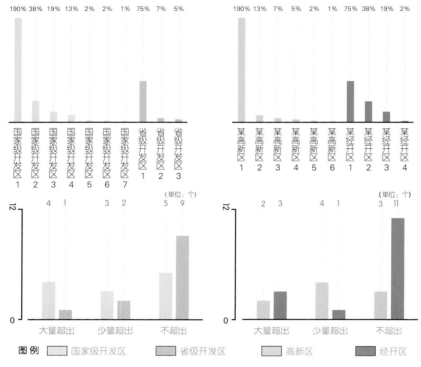

图2-38 各类型开发区控制性详细规划建设用地超出城市总体规划的情况

控制性详细规划建设用地大量超出城市总体规划用地边界的开发区，主要有以下几种情况。

① 过于迁就自下而上的发展诉求，忽视了总体规划的管控要求。例如中部某开发区在2016年进行了拓区，将原属于某乡镇的建设用地，纳入了开发区管辖范围，该地区大量用地均为非建设用地，扩区后的开发区为拓展工业发展空间，在控制性详细规划中增加了较多工业用地，并将乡镇的原有现状镇村用地一并纳入，导致控制性详细规划与总体规划出现了较大冲突。

② 控制性详细规划按照突破城市总体规划的区（县）规划落实。例如某开发区，在城市总体规划中规定该片区的总人口规模控制在31万人以内，建设用地37平方公里。而区（县）总体规划中对该片区的人口规模设定为71万人，远超城市总体规划的人口和用地规模。控制性详细规划以区县规划为指引，大量突破了城市总体规划的人口和用地规模。

③ 上位规划调整后，控规未及时调整。例如某经开区的现行控制性详细规划，是依据2011年批复的新区总体规划进行编制的。2014年新区总体规划启动修编，并

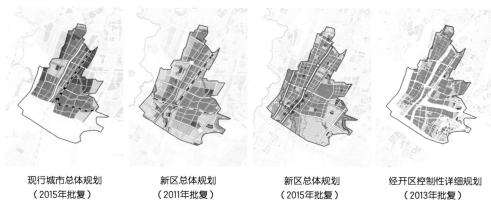

现行城市总体规划 　　新区总体规划 　　　新区总体规划 　　经开区控制性详细规划
（2015年批复） 　　　（2011年批复） 　　　（2015年批复） 　　　（2013年批复）

图2-39　城市总体规划、两版新区总体规划与经开区控制性详细规划的对比

于2015年获得批复。2015年版的新区总体规划调整了该经开区的用地布局，使其基本与现行城市总体规划保持一致。但由于缺乏关于控制性详细规划调整时限的详细规定，经开区的控制性详细规划并未及时按照2015版的新区总体规划进行调整，导致该经开区的控制性详细规划建设用地目前仍明显超出现行城市总体规划。

### 2．控制性详细规划对城市总体规划主要内容的落实情况

本项评估指标通过对开发区已批复控制性详细规划用地与城市总体规划用地的用地布局进行图纸比对，评估总体规划中划定的路网、生态廊道等强制性要素在控制性详细规划中的落实情况，以及总体规划中对片区提出的产城关系的落实情况。

本项评估指标属于定性评价，主要通过案例研究的方式评估控制性详细规划对城市总体规划内容的落实情况。本项评估指标的数据来源为地方上报的控制性详细规划的规划成果，以及来自住房和城乡建设部审定的开发区所在城市的城市总体规划成果。

从评估结果来看，控制性详细规划较好地落实了总体规划的强制性内容。总体规划中确定的路网、重要控制线、重大基础设施等强制性内容在开发区控制性详细规划中得到了较好延续。

控制性详细规划对总体规划非强制性内容的调整程度普遍较大。控制性详细规划中大量增加工业用地的情况在开发区普遍存在，部分开发区将总体规划中确定的公共服务、研发、居住等类型的用地调整为产业用地，改变了原有的产城均衡的布局模式，未来容易导致出现服务配套不足、产城分离等问题，这将降低开发区对高端企业和人才的吸引力。

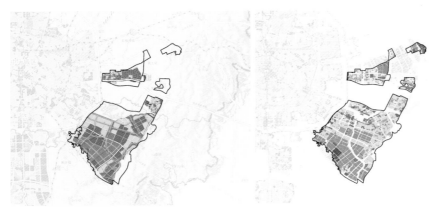

(1) 西部某经开区—总体规划用地布局　　　　（2）西部某经开区—控制性详细规划拼合

图2-40　西部某经开区控制性详细规划与所在城市总体规划对比图

　　以西部某经开区为例，该开发区控制性详细规划强制性内容上基本延续并深化了上位规划确定的路网体系，新增用地部分也保留了总体规划的生态廊道网络；但在产城关系上，总体规划中划定了产、居、服均衡的三类用地，在控制性详细规划中出现了以产业用地代替服务用地的情况。

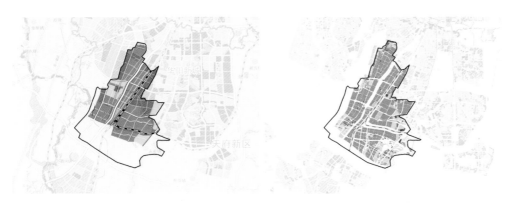

(1) 西部某高新区—总体规划用地布局　　　　（2）西部某高新区—控制性详细规划拼合

图2-41　西部某高新区控制性详细规划与所在城市总体规划对比图

　　以西部某高新区为例，该开发区控制性详细规划在强制性内容上衔接较好，基本延续并深化了上位规划确定的路网体系，同时也保留了总体规划的生态廊道网络；但在产城关系上，总体规划中划定了产、居、服均衡的三类用地，在控制性详细规划中对居住用地布局进行了调整，也存在以产业用地代替

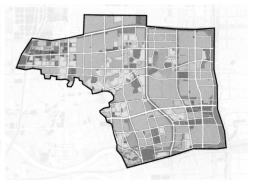

（1）中部某经开区—总体规划用地布局　　　　　　　（2）中部某经开区—控制性详细规划拼合

图2-42　中部某经开区控制性详细规划与所在城市总体规划对比图

服务用地的情况。

以中部某经开区为例，该开发区控制性详细规划强制性内容上基本延续了总体规划中的路网体系，延续了总体规划中的主要生态廊道；产城关系上总体规划更加强调经开区南部工业用地向研发工业用地转型，而控制性详细规划中仍然保留为工业用地。

通过对本次调查开发区的深入研究发现，导致控制性详细规划未能完全落实城市总体规划的原因主要有以下几种情况。

① 开发区以产业招商为主要职能，"重"产业发展而"轻"服务配套。西部某经开区管委会以项目招商等产业经济方面的事务为主，在城市公共服务设施的建设上重视不足。加之近年来产业动力较为强劲，对产业用地的需求巨大，也在一定程度上造成了在控制性详细规划中提高工业用地占比的情况。

② 目前缺乏关于控制性详细规划落实城市总体规划的具体要求。对于非强制性内容，控制性详细规划能够在多大程度上对城市总体规划进行调整，缺乏相关标准，这就造成很多开发区控制性详细规划对城市总体规划的落实程度不足，未来可能造成产城关系失衡的问题。

③ "产业研发创新"等新型地类的相关规范尚不完善，受制于现实出让需要，新型用地被简化为工业用地。虽然总体规划在用地地类上作出创新，设置了产业研发用地这一新的地类，但地方层面的规划技术导则中尚缺乏明确的实施操作细则，导致总体规划确定的研发用地难以直接落实到下位的控制性详细规划编制中。规划管理部门考虑到现实的产业和企业落地的需求，无法等到新的规范完善

后再出让土地，为避免影响现实工作，在控制性详细规划中将研发用地规划为工业用地，方便了后续土地的出让。

## 2.3.5 开发建设评估

开发区经过了多年发展建设之后，在取得突出成果的同时，也暴露出一些建设中的共性问题。有的开发区动力充足、高速发展，面对新的市场环境正在积极转型升级；有的开发区圈地占地、效率低下，在新的产业浪潮面前举步维艰。同时，产城失衡问题是目前开发区发展的一大通病，单纯的大工业区建设模式已经不适合目前开发区发展的需要，开发区的产城关系是否协调、日常生活服务设施的建设是否达标，已经成为以人为本理念下开发区发展新的关注热点。因此，评价开发区的建设情况，既要研究其建设情况是否合乎规划要求，也要评估其用地使用是否高效，同时还需纳入对产城融合发展情况的评估。本项评估包含了5项内容，分别是建设合规性、规划建设用地建成率、用地集约度、产城融合度和基础设施保障水平。

### 1．建设合规性

城市总体规划是指导城市空间发展的法定规划，现状建设用地除应严格按照控制性详细规划内容管理建设外，与城市总体规划的符合度也应该成为重要的考量指标。本项评估通过对开发区现状城镇建设用地与城市总体规划用地的范围进行图纸比对，计算现状建设用地超出所在城市总体规划建设用地面积占开发区内城市总体规划建设用地面积的比例。依据现状建设用地是否超出城市总体规划，划分为不超出、超出两类。

本项评估指标的现状建设用地数据来源为国家测绘地理信息局提供的建设用地数据，城市总体规划数据来自住房和城乡建设部提供的开发区所在城市的城市总体规划成果。本项评估获得数据的开发区样本共38个，涉及东中西部地区的13个城市，从设立时间上看，包含了1980年代、1990年代及2000年以后，从设立等级上看，国家级开发区22个、省级开发区16个，从开发区性质上看，高新区12个、经开区26个，具体名录如表2-18所示。

建设合规性本次调查开发区名录　　　　　　　表2-18

| 区域 | 省份 | 开发区名称 | 区域 | 省份 | 开发区名称 |
|---|---|---|---|---|---|
| 东部 | 上海 | 闵行经开区 | 中部 | 长沙 | 长沙经开区 |
| | 上海 | 莘庄工业园区 | | 长沙 | 金霞经发区 |
| | 上海 | 青浦工业园区 | | 长沙 | 长沙高新区 |
| | 南京 | 南京经开区 | | 长沙 | 宁乡高新区 |
| | 南京 | 浦口经开区 | | 武汉 | 武汉高新区 |
| | 南京 | 白下高新区 | | 南昌 | 南昌昌南工业园区 |
| | 福州 | 福州经开区 | | 南昌 | 南昌经开区 |
| | 福州 | 金山工业园区 | | 南昌 | 江西新建长堎工业园区 |
| | 福州 | 福州高新区 | | 南昌 | 南昌高新区 |
| 西部 | 舟山 | 舟山经开区 | 东北 | 长春 | 长春经开区 |
| | 重庆 | 重庆经开区 | | 长春 | 长春汽车经开区 |
| | 重庆 | 西永微电园 | | 长春 | 长春朝阳经开区 |
| | 重庆 | 空港工业园 | | 长春 | 长春高新区 |
| | 重庆 | 重庆高新区 | | 哈尔滨 | 哈尔滨经开区 |
| | 贵阳 | 贵阳高新区 | | 哈尔滨 | 哈尔滨利民经开区 |
| | 成都 | 成都新都工业园区 | | 哈尔滨 | 哈尔滨高新区 |
| | 成都 | 成都经开区 | | 大连 | 大连经开区 |
| | 成都 | 双流经开区 | | 大连 | 大连普兰店经开区 |
| | 成都 | 成都高新区 | | 大连 | 大连高新区 |

　　半数开发区的现状建设用地均位于城市总体规划建设用地范围内，没有超出总体规划用地范围。在获得数据的38个开发区中，现状建设用地不超出总体规划的开发区共有19个，占50%。

　　部分开发区的现状建设用地超出城市总体规划范围，超出比例的差异较大。现状超出城市总体规划的开发区中，现状用地超出城市总体规划50%以上的仅有2个，现状用地超出城市总体规划10%以下的共有6个，其余超出比例集中在10%~50%，共有11个。其中，中部某开发区的超出比例达到东北某开发区的5.7倍，开发区中现状超出的情况悬殊。

　　从开发区的设立等级来看，国家级开发区和省级开发区均存在现状超出城市总体规划的情况。本次调查开发区中现状建设超出城市总体规划的国家级开发区数量更多，占到了国家级开发区总样本的60%；省级开发区现状建设超出城市总体

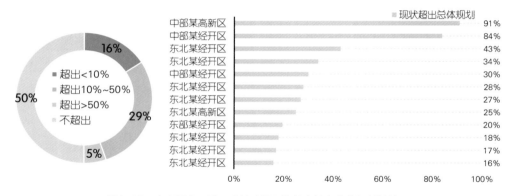

图2-43 本次调查开发区现状建设用地超出城市总体规划的情况

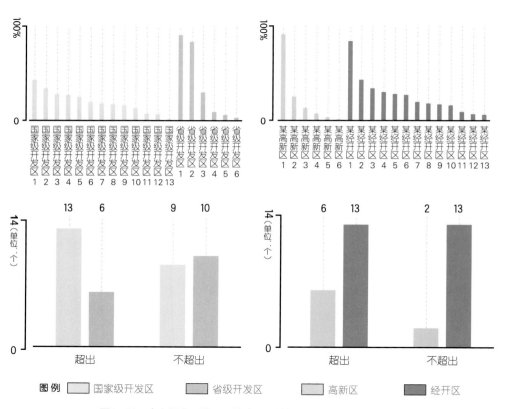

图例　■ 国家级开发区　　■ 省级开发区　　■ 高新区　　■ 经开区

图2-44 本次调查开发区现状建设用地超出城市总体规划的情况

规划的平均比例为37%，明显高于国家级开发区现状建设超出城市总体规划的平均比例（19%）。从开发区类型上看，本次调查开发区中一半以上的高新区、经开区现状建设均超出了城市总体规划，二者超出的程度类似。

　　通过对本次调查开发区规划情况深入研究发现，现状用地不超出总体规划范围的开发区在各类规划之间均有较好的衔接，实际建设也能够按照控制性详细规划进行实施，建设管控与总体规划的一致性好。例如，东部某经济开发区于1992年设立，该经济开发区的控制性详细规划是在上版城市总体规划（2001年编制）的指导下，于2004年编制完成的。而该经开区随后纳入了国家新区的管控，新区设立是2011年，并在之后完成了新区总体规划的编制，并得到省政府的批复后正式施行。在新区总体规划编制的过程中，该经开区控制性详细规划的用地规模全部被纳入城市总体规划，因此二者范围一致，企业选址和实际建设已经按照控制性详细规划实施。

本次调查开发区中存在现状建设超出城市总体规划的情况，主要原因有以下几点：

① 开发区控制性详细规划超出了城市总体规划，导致现状建设超出城市总体规划。例如中部某高新区经历了两次扩区，将城市中心区外围的乡镇逐步纳入了管辖区范围内，现行的城市总体规划的规划区未能将高新区全部的管辖范围覆盖，导致了高新区范围内部分乡镇的用地管控不足，控制性详细规划用地超出了城市总体规划。该高新区现状建设用地按照控制性详细规划进行建设，造成现状建设用地超出城市总体规划建设用地范围。

② 工业用地的使用粗放，造成土地供给的相对紧缺，加之实施缺乏有效控制，导致部分工业用地突破城市总体规划。西部某开发区，现状建设明显超出城市总体规划确定的用地边界，超出比例约为15.6%。园区共有5个组团，其中4个园区组团均有超出的情况。产生这种情况的原因，一方面开发区内存在工业用地圈地的情况，部分用地虽然已出让但一直没有动工建设，土地使用及其管理较为粗放。另一方面圈地又恶化了工业用地供给，造成工业用地的相对紧缺，尤其是靠近老城区的区域情况更加明显，从而导致部分企业用地突破总体规划用地边界。

③ 现状建成区未被城市总体规划未纳入。例如中部某经开区现状建设用地突破城市总体规划布局，经过与航拍卫片的比较发现，突破部分在城市总体规划编制时已经属于现状建设用地。城市总体规划在绿化防护带的宽度尺寸上为概念性表达，未按实际情况反映。控制性详细规划具体落实了高压走廊的用地，并结合实际现状对总体规划进行了优化调整。

④ 开发区周边的村镇工业用地，未纳入城市总体规划管控。例如东北某高新区存在小幅突破城市总体规划，通过现状建设用地与城市总体规划在2020年规划建设用地对比发现，原因在于该高新区管辖区内的村集体工业用地未被城市总体规划纳入。东北某经开区周边村镇借助开发区产业发展的势头，原有村庄周边进

行产业用地建设。该高新区通过遥感卫星图片识别出的现状建设用地超出城市总体规划建设用地的部分均属于此类情况。

## 2．建成率

本项评估指标主要评价规划建设用地的建成率，通过图纸比对，计算在城市总体规划建设用地之内的开发区现状建设用地面积占开发区内城市总规建设用地面积的比例。依据建设完成水平划分为建成率低（≤20%）、建成率较低（20%~64%）、建成率较高（64%~90%）、建成率高（≥90%）四类。

本项评估指标的数据来源为地方上报的数据，以及来自住房和城乡建设部收集的开发区所在城市的城市总体规划成果。本项评估指标获得数据的开发区样本共39个，涉及12个城市，其中国家级开发区24个、省级开发区15个，具体名录如表2-19所示。

用地建成率本次调查开发区名录　　　　　　　　表2-19

| 地区 | 城市 | 开发区名称 | 地区 | 城市 | 开发区名称 |
|---|---|---|---|---|---|
| 东部 | 福州 | 福州高新区 | 西部 | 重庆 | 西永微电园 |
| | | 福州经开区 | | | 空港工业园 |
| | | 金山工业园区 | 东北 | 哈尔滨 | 哈尔滨高新区 |
| | 深圳 | 广东深圳出口加工区 | | | 哈尔滨利民经开区 |
| | | 深圳市高新区 | | | 哈尔滨经开区 |
| | 南京 | 南京经开区 | | 长春 | 长春高新区 |
| | | 浦口经开区 | | | 长春经开区 |
| | | 白下高新区 | | | 长春汽车经开区 |
| | 大连 | 大连高新区 | | | 长春朝阳经开区 |
| | | 大连经开区 | 中部 | 武汉 | 武汉高新区 |
| | | 大连普兰店经开区 | | | 武汉经开区 |
| | 上海 | 闵行经开区 | | 长沙 | 长沙高新区 |
| | | 莘庄工业园区 | | | 长沙经开区 |
| | | 青浦工业园区 | | | 金霞经发区 |
| 西部 | 成都 | 成都经开区 | | | 宁乡高新区 |
| | | 成都高新区 | | 南昌 | 南昌高新区 |
| | | 四川双流经开区 | | | 南昌经开区 |
| | | 成都新都工业园区 | | | 江西新建长堎工业园区 |
| | 重庆 | 重庆高新区 | | | 南昌昌南工业园区 |
| | | 重庆经开区 | | | |

　　从统计结果来看，开发区建设完成水平较好，平均建成率超过60%。评估涉及的39个开发区，平均建成率为67%。建成率高于90%的开发区占样本总数的13%，建成率在65%～89%之间的开发区占40%，建成率在20%～64%之间的开发区占42%，建成率低于20%的开发区占5%。

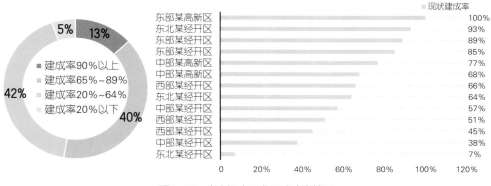

图2-45　本次调查开发区建成率情况

　　从设立等级来看，省级开发区的规划建设用地建成率相对较低。国家级开发区平均建成率为67%，略高于省级开发区平均建成率61%；国家级和省级开发区中建成率高于90%的开发区占比相差不多；但对比两者建成率低于40%的园区占比，国家级开发区低于省级开发区。

　　从地域分布来看，西部地区开发区的建成率相对较低。东部地区开发区的建成率相对较高，建成率主要集中在60%～80%，平均建成率69%；西部地区开发区的建成率主要集中在40%～60%，平均建成率较低，仅为48%；中部地区开发区的建成率情况分布较为平均。

　　从辖区规模来看，中等规模的开发区没有发挥出精简高效的优势，规模效益不突出，建成率相对较低。通过对各类不同规模开发区平均建成率的对比分析发现，管辖区面积小于20平方公里的开发区规划管理效率更精简高效，建设推进较快，建成率相对较高；管辖区面积在400平方公里以上的开发区，其平均建成率能达到80%以上，例如武汉高新区等发展能级较高、水平较高的开发区，能够通过对城市较大规模区域进行行政托管，实现功能单元的完整性，规模效益较为凸显。相较而言，管辖区面积在20～200平方公里的开发区，建成率普遍偏低，是今后需要改善研究的重点对象。

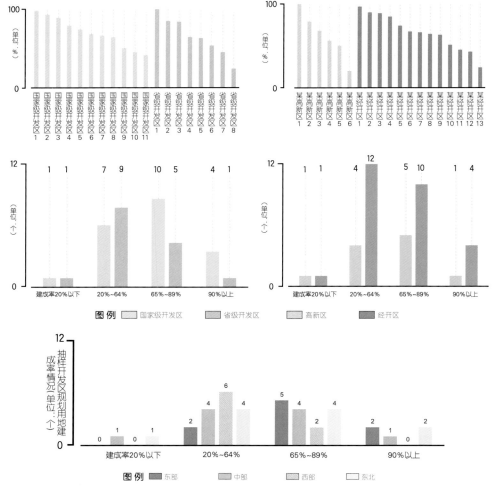

图2-46　本次调查开发区规划用地建成率情况分析

通过对本次调查开发区用地情况的深入研究可以发现，导致开发区规划建设用地建成率偏低的主要原因有以下几方面。

① 建设缺乏时序安排，用地投放过于零散，降低了空间有效使用效率。部分园区为满足投资需求，给予项目较高的用地区位选择自由度，致使园区内地块割裂零散、地块分布不均，后续大项目无整地可用，同时区位不佳的地块常年闲置；这种空间上的结构失衡，进一步导致基础设施配套难度增大，服务配套设施相对欠缺，空间结构完整性难以保障，增加了推进建设的难度。

② 开发区管辖区面积拓展过快。例如2012年中部某经开区根据所在城市的综合改革部署，新托管了3个街道，导致其发展空间由13.4平方公里的政策区拓展

到了217平方公里的管辖区，形成了西部、中部、东部三大片区同步发展推进的格局。该经开区短期内新增管辖面积过大，加之新增范围内建设刚刚起步，拉低了整体的规划用地建成率。

### 3. 用地集约度

本项评估指标主要评价开发区的用地效率，通过地均税收、工业地均产出两项指标进行评估。

在地均税收指标分析上，依据不同税收水平将本次调查开发区划分为0.5亿元/平方公里以下、0.5亿~1亿元/平方公里、1亿~4亿元/平方公里和4亿元/平方公里以上四类；在工业地均产出指标分析上，依据不同用地产出水平将本次调查开发区划分为60亿元/平方公里以下、60亿~80亿元/平方公里和80亿元/平方公里以上三类。

本项评估指标的数据来源为地方上报数据。本项评估获得数据的开发区样本合计41个，涉及16个城市，其中国家级开发区23个、省级开发区18个。

用地集约度本次调查开发区名录　　　　　　表2-20

| 地区 | 所在城市 | 开发区名称 | 地区 | 所在城市 | 开发区名称 |
|---|---|---|---|---|---|
| 东部 | 大连 | 大连高新区 | 西部 | 西安 | 西安高新区 |
| | 广州 | 广州经开区 | | | 西安经开区 |
| | | 广州高新区 | | 重庆 | 重庆经开区 |
| | 南京 | 白下高新区 | | | 重庆高新区 |
| | | 浦口经开区 | | | 空港工业园 |
| | | 南京高新区 | | | 西永微电园 |
| | 上海 | 莘庄工业园区 | 东北 | 哈尔滨 | 哈尔滨利民经开区 |
| | | 闵行经开区 | | | 哈尔滨高新区 |
| | | 青浦工业园区 | | 长春 | 长春朝阳经开区 |
| | 深圳 | 深圳市高新区 | | | 长春经开区 |
| | | 广东深圳出口加工区 | 中部 | 南昌 | 南昌昌南工业园区 |
| | 舟山 | 岱山县经开区 | | | 江西新建长堎工业园区 |
| | | 舟山经开区 | | | 南昌经开区 |
| | | 定海工业园区 | | | 南昌高新区 |
| 西部 | 成都 | 成都新都工业园区 | | 武汉 | 武汉高新区 |
| | | 四川双流经开区 | | | 武汉经开区 |
| | | 成都高新区 | | 长沙 | 金霞经开区 |
| | 贵阳 | 贵阳经开区 | | | 宁乡高新区 |
| | | 贵阳高新区 | | | 长沙高新区 |
| | 兰州 | 九州经开区 | | | 长沙经开区 |
| | | 西固工业园区 | | | |

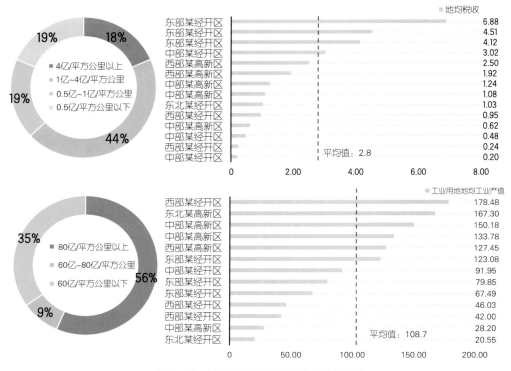

图2-47　本次调查开发区用地效率情况分析

从评估结果来看，开发区用地效率总体保持在较高水平。本次评估的开发区平均工业用地地均产出为108.7亿元/平方公里、平均地均税收为2.8亿元/平方公里。

从开发区的设立等级来看，国家级开发区的产出效率较省级更高。国家级开发区的地均GDP、地均税收、工业用地地均工业产值等数据，全面明显超过省级开发区。

从区域分布上来看，东部地区用地效率较西、中部地区明显更为高效。通过不同地域的统计指标对比可以看出，开发区用地效率的地区差异非常突出。在开发区总体数量和经济体量均占优势的东部地区，开发区用地效率的两项指标表现均好于其他区域；西部地区的平均地均税收指标高于中部地区，而在平均工业用地地均产出指标上，中部地区优于西部。

对用地效率明显偏低的典型开发区用地情况进行深入研究发现，导致用地低效利用主要存在以下几方面原因。

① 已批未建或未充分建的闲置土地占比较高。调研发现部分园区实际土地开工建设率较低，在已开发土地上建成的企业厂房、综合楼、配套设施等实际建设

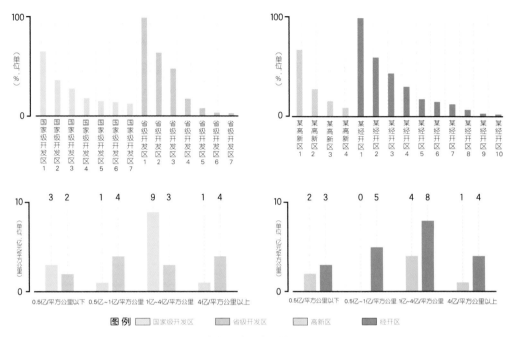

图2-48 本次调查开发区地均税收的情况

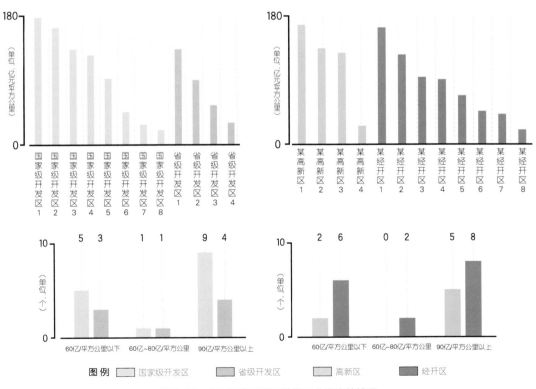

图2-49 本次调查开发区地均工业产出的情况

量，尚未达到规划预期的建设总量与总体布局要求。

②综合容积率和土地利用强度较低。调研发现大量工业用地开发强度较低，多以1~2层工业厂房为主，并没有广泛推行多层标准厂房的建设标准，尤其是中小企业的建设，缺乏规范化的管理。例如某省级经开区以1~2层的工业厂房建设为主，综合容积率约0.5~0.8，其土地利用强度远低于其他用地效率较高的开发区，后者综合容积率多在1.5~2.0。又如，某国家级经开区现状工业区的平均容积率为0.7，距其控制性详细规划规定的1.5仍有较大差距，并且该开发区对轨道站点周边沿线的空间价值利用不足，大量低效工业企业占据了站点周边本应高强度建设的地区。

③低效存量用地占比高，盘整力度不够。部分开发区的低效工业用地更新阻力大，城中村等存量用地占比较高。例如，东北某经开区内有大量城中村；西部某高新区部分原有村庄早先未纳入规划用地，随着高新区用地拓展逐渐演变成为城中村，存量用地盘整难度较大。本次评估涉及的多数开发区，土地监管水平一般，尤其是对低效存量用地的处置较为滞后，缺乏盘活低效土地的相关监管机制和管理办法。

图2-50　开发区内城中村示意图

④盲目承接项目，对企业用地指标缺乏管控。调研发现大部分开发区存在"项目挑地"的情况，规划对企业准入的引导与管控不足，尤其是对企业的用地指标供给量缺乏控制，造成低效、不符合产业发展方向的企业占据了大量优质土地资源，对用地集约度以及用地效率带来不良的影响。

⑤存在服务水平和环境品质瓶颈，限制了优质企业落户。部分开发区配套服务水平和环境品质仍存在极大的提升空间，对高端人才吸引力有待提升。例如中部某国家级高新区服务建设滞后，住宅以及文教体卫、商娱休闲等配套设施建设均未达到规划目标，导致现有空间难以吸引高用地效率的企业落位发展；某省级经开区跨

河发展，与主城区交通联系存在明显不便，加之自身配套设施水平欠佳、城市品质不够突出，很难吸引高新人才就业，制约其用地效率及土地价值的提升。

### 4．产城融合度

本项评估内容通过职住比及A、B类用地比例两项指标进行评估。职住比指标通过分析新区范围内就业人口与常住人口的比值，了解开发区产城融合的发展情况；A、B类用地比例指标通过计算开发区范围内现状公共服务与公共管理设施用地及商业服务设施用地占总建设用地的比例，评估公共设施建设情况及开发区产城建设的特征。职住比数据情况划分为"小于0.3、0.3 ~ 0.6、0.6 ~ 0.9、大于0.9"四类。公共服务配套用地比例按照《城市公共设施规划规范》GB 50442—2015分为指标满足规范与指标不满足规范两类。

本项评估指标的人口数据来源为地方上报的常住人口及就业人口数据，建设用地数据来自国家测绘地理信息局提供的由地理国情普查数据提取的建设用地数据。职住比指标评估获得数据的开发区样本共22个，涉及12个城市，东中西部地区均有涵盖，设立时间包含了1980年代、1990年代及2000年以后，其中国家级开发区15个、省级开发区7个、高新区8个、经开区14个，具体名录如表2-21所示。A、B类用地比例指标评估获得数据的开发区样本共30个，涉及11个城市，其中按设立级别分类，国家级开发区19个、省级开发区11个，按开发区性质分类，高新区10个、经开区20个，具体名录如表2-22所示。

产城融合度本次调查开发区名录（职住比）　　表2-21

| 区域 | 城市 | 开发区名称 | 区域 | 城市 | 开发区名称 |
|---|---|---|---|---|---|
| 东部 | 南京 | 南京经开区 | 中部 | 南昌 | 南昌经开区 |
| | 南京 | 浦口经开区 | | 南昌 | 南昌高新区 |
| | 上海 | 莘庄工业园区 | | 武汉 | 武汉高新区 |
| 西部 | 成都 | 成都新都工业园区 | 东北 | 大连 | 大连高新区 |
| | 成都 | 成都经开区 | | 哈尔滨 | 哈尔滨高新区 |
| | 成都 | 成都高新区 | | 哈尔滨 | 哈尔滨利民经开区 |
| | 西安 | 西安高新区 | | 哈尔滨 | 哈尔滨经开区 |
| | 重庆 | 西永微电园 | | 长春 | 长春汽车经开区 |
| 中部 | 长沙 | 长沙经开区 | | 长春 | 长春经开区 |
| | 长沙 | 宁乡高新区 | | 长春 | 长春高新区 |
| | 南昌 | 南昌昌南工业园区 | | 长春 | 长春朝阳经开区 |

产城融合度本次调查开发区名录（A、B类用地比例）　　表2-22

| 区域 | 城市 | 开发区名称 | 区域 | 城市 | 开发区名称 |
|------|------|-----------|------|------|-----------|
| 东部 | 上海 | 闵行经开区 | 西部 | 成都 | 四川双流经开区 |
| | 上海 | 莘庄工业园区 | | 成都 | 成都新都工业园区 |
| | 上海 | 青浦工业园区 | 中部 | 长沙 | 宁乡高新区 |
| | 南京 | 白下高新区 | | 长沙 | 金霞经发区 |
| | 南京 | 浦口经开区 | | 长沙 | 长沙高新区 |
| | 南京 | 南京经开区 | | 长沙 | 长沙经开区 |
| | 广州 | 广州经开区 | | 武汉 | 武汉高新区 |
| | 广州 | 广州高新区 | | 武汉 | 武汉经开区 |
| 西部 | 重庆 | 空港工业园 | | 南昌 | 南昌经开区 |
| | 重庆 | 西永微电园 | | 南昌 | 南昌高新区 |
| | 重庆 | 重庆高新区 | | 南昌 | 江西新建长垦工业园区 |
| | 重庆 | 重庆经开区 | 东北 | 哈尔滨 | 哈尔滨高新区 |
| | 贵阳 | 贵阳经开区 | | 哈尔滨 | 哈尔滨利民经开区 |
| | 成都 | 成都经开区 | | 哈尔滨 | 哈尔滨经开区 |
| | 成都 | 成都高新区 | | 大连 | 大连高新区 |

　　开发区内部人地关系存在不同程度的失衡。在本次调查的开发区统计中，10%的开发区职住比小于0.3，26%的开发区职住比介于0.3～0.6，64%的开发区职住比大于0.6，样本开发区的平均职住比为0.72，职住比最低的仅为0.12。公共服务配套用地比例满足《城市公共设施规划规范》GB 50442—2015的共有14个，占46%；公共服务配套用地比例较规范存在差距的共有16个，占53%；有47%的样本开发区公共服务设施用地与规范要求水平差距较大。

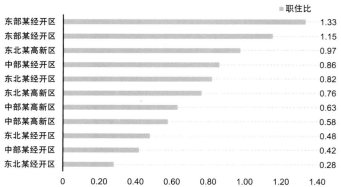

图2-51　本次调查开发区职住比的情况

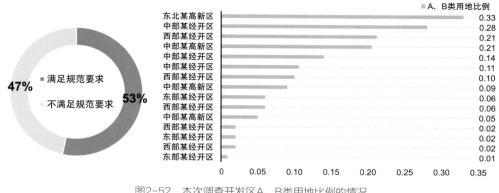

图2-52　本次调查开发区A、B类用地比例的情况

　　从开发区的设立等级来看，国家级开发区产城融合情况优于省级开发区。职住比超过0.6的开发区中，国家级开发区占比较高，约占67%，省级开发区占33%。国家级开发区样本的情况分布比较平均，大部分样本职住比在0.6左右，平均职住比为0.64；省级开发区样本情况分布差异更大，部分省级开发区职住比已经超过了1，也存在职住比低于0.3的样本，平均职住比为0.88。在公共服务设施用地比例上，国家级开发区样本表现优于省级开发区，国家级开发区样本的A、B类用地比例平均值为0.14，明显超过了省级样本的平均值0.10。

　　从开发区类型上看，高新区样本的职住比表现略优于经开区。高新区中职住比超过0.6的开发区占总样本的72%，经开区中职住比超过0.6的开发区占经开区总样本的56%，高新区样本与经开区样本的平均职住比均为0.72。从公共服务设施用地比例的情况看，高新区表现也优于经开区。在公共服务设施用地比例指标上，高新区的平均公共服务设施用地比例为0.19，远高于经开区的平均公共服务设施用地比例0.09。整体看来，高新区产城融合的情况较经开区更好。

　　研究发现，开发区的产城融合度水平与开发区的发展阶段有较大关系，影响开发区产城融合度的原因主要有以下几方面。

　　① 随着城市拓展开发区区位条件变化，城市与开发区生产与生活功能逐步融合，形成较好的产城关系。如东部某开发区建设之初与主城区较远，生活配套和居住人口相对不足，尤其是教育、商业、医疗等公共服务配置滞后，数量和质量均远远落后于城市核心区。随着经济建设蓬勃发展，城市规模快速增长，原位于城市远郊区的园区区位条件逐步改善，开发区融入城市集中建成区，毗邻城市核心区，在2005年后开发区经过两次行政区划调整，开发区从单一产业功能区向综

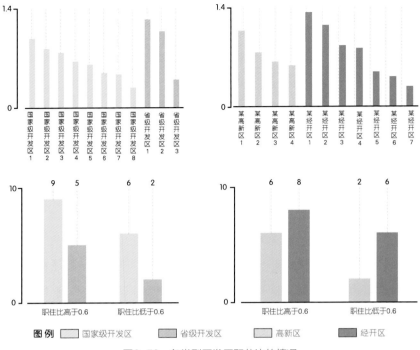

图2-53　各类型开发区职住比的情况

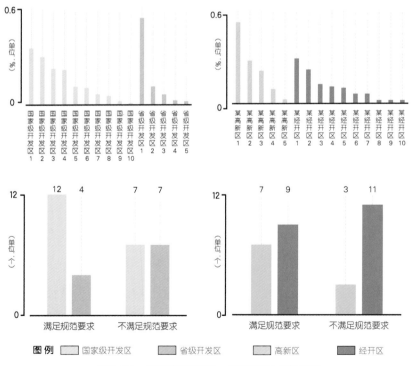

图2-54　各类型开发区A、B类用地比例的情况

合城区转变，尤其是在与原城市某行政区合并之后，生产与生活服务配套进一步融合，产城分离现象得到显著改善。

② 开发区不同于一般意义上的城市地区，生活和生产服务配套仍较多依赖于周边城市地区，导致内部配套不足。东部某高新区早期定位为科技工业园区，主要任务是发展一些知识与技术密集产业，本质属于一个产业功能集中区，对生活配套服务的考虑较少。因此，这导致该开发区工业用地比重较高，而公共管理与公共服务设施用地比重较低，约占4%，城市公共服务发展严重滞后于城市产业建设，园区内部呈现出明显的"产强城弱"特征。但由于该高新区处于中心城区内部，生产和生活配套服务设施供给可依赖中心城区，确保合理供给。

③ 开发区的开发建设往往存在重视产业发展，忽视环境品质提升和配套服务设施建设的局限性。西部某经开区公共服务设施用地占比仅2%，远低于一般城市地区的公共服务设置配置标准，公共服务设施严重不足。区域生活服务配套设施培育滞后，开发区产业发展与城市功能建设缺乏互动，无法吸引高素质人才及主城劳动力在开发区定居，多数人工作在经开区，而在市区居住，"职住分离"情况严重，给城市带来严重的通勤交通压力。开发区大多仅仅实现了土地、产业和人口的城市化，却未能实现城市功能的优化。

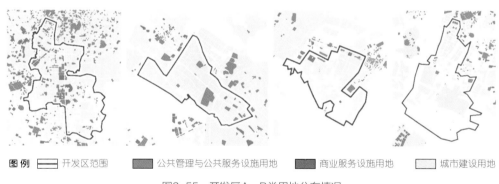

图例 ▭ 开发区范围　▨ 公共管理与公共服务设施用地　▩ 商业服务设施用地　▭ 城市建设用地

图2-55　开发区A、B类用地分布情况

进一步研究发现，用地效率明显偏低的开发区普遍存在产城融合度较低的问题，所以在开发区规划建设中应从以下几方面注重加强产城融合，完善生活和生产服务配套设施，从而有效提升园区用地效率，提升建设品质，增强园区综合竞争力。

① 保证设施底线，避免因工业用地过度投放而挤占配套服务设施用地的供给。目前大部分开发区的工作重点仍旧集中在招商引资上，开发建设上以产业用地投放为主。在供地总量一定的情况下，工业用地的大面积铺开，势必会造成工业用地挤压其他类型用地的问题。

② 提升服务品质，避免因建设水平和空间品质较低而降低人才吸引力。开发区公园绿地、交通等公共空间和设施建设的滞后，景观风貌缺乏特色、千园一面、城市文化内涵缺失、空间无序等问题，将降低开发区的空间品质和吸引力，加剧职住分离，不利于提升开发区宜居水平和对高端人才的吸引。

③ 整体统筹布局，开发区与外围地区的服务配套设施布局应统筹规划。部分开发区在规划中居住标准按照园区进行配置，规划标准过低，居住用地比例低于国家标准下限，与开发区的新的发展需求不匹配。由此带来的现状居住用地供给的不足，加剧了职住之间的失衡。部分经开区现状就业用地5公里范围内居住用地与就业用地的比例仅为0.5，远低于一般开发的指数（该指标一般在2.0左右）。

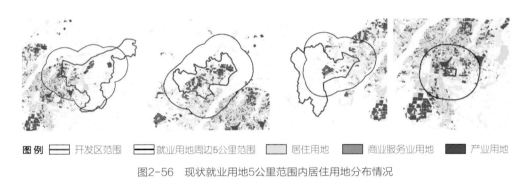

图例 ▭ 开发区范围  ▭ 就业用地周边5公里范围  ▭ 居住用地  ▦ 商业服务业用地  ■ 产业用地

图2-56　现状就业用地5公里范围内居住用地分布情况

## 5．基础设施保障水平

本项评估内容通过现状路网密度、公交站点500米覆盖率两项指标进行评估。现状路网密度采用开发区现状6米宽以上道路网长度除以开发区建成区总面积进行计算；公交站点500米覆盖率通过公交站点500米覆盖的居住用地面积占开发区总居住面积的比例进行计算。根据《城市道路交通规划设计规范》GB 50220—95要求，200万人口以上大城市快速路、主干路、次干路及支路路网密度应介于5.4~7.1公里/平方公里，公交站点500米覆盖率应不小于90%。

本项评估的路网数据来源于国家测绘地理信息局提供的由地理国情普查数据提取的骨干道路网（路面宽度大于6米以上）数据，公交站点数据来源于国家地理信息公共服务平台"天地图"提供的POI数据，建设用地数据来自国家测绘地理信息局提供的由地理国情普查数据提取的建设用地数据。本项评估获得数据的开发区样本共20个，涉及的6个城市东中西部地区均有涵盖，设立时间包含了1980年代、1990年代及2000年以后，其中按设立级别分类，国家级开发区12个、省级开发区8个；按开发区性质分类，高新区5个、经开区15个，具体名录如表2-23所示。

本次调查开发区名录　　　　　　　　　　表2-23

| 区域 | 城市 | 开发区名称 | 区域 | 城市 | 开发区名称 |
|---|---|---|---|---|---|
| 东部 | 上海 | 莘庄工业园区 | | 哈尔滨 | 哈尔滨经开区 |
| 中部 | 南昌 | 南昌高新区 | 东北 | 哈尔滨 | 利民经开区 |
| | 南昌 | 南昌经开区 | | 大连 | 大连高新区 |
| | 南昌 | 江西新建长埂工业园区 | | 大连 | 大连经开区 |
| | 南昌 | 南昌昌南工业园区 | | 大连 | 大连金州经开区 |
| 东北 | 长春 | 长春高新区 | | 大连 | 大连普兰店经开区 |
| | 长春 | 长春经开区 | 西部 | 成都 | 成都高新区 |
| | 长春 | 长春汽车经开区 | | 成都 | 成都经开区 |
| | 长春 | 长春朝阳经开区 | | 成都 | 四川双流经开区 |
| | 哈尔滨 | 哈尔滨高新区 | | 成都 | 成都新都工业园区 |

将近四成的开发区路网密度达到了规范要求，但公交站点覆盖率达标率整体偏低。据初步统计，在获得数据的20个开发区中，路网密度未能满足标准的共有15个，占65%。公交站点500米覆盖率不满足规范要求的共有19个，占95%。

从开发区的设立等级来看，国家级开发区设施配套保障情况相对较好。国家

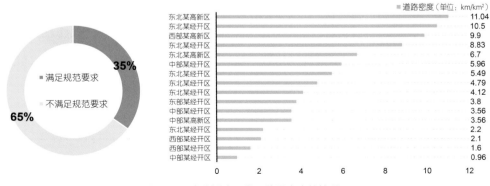

图2-57　本次调查开发区路网密度的情况

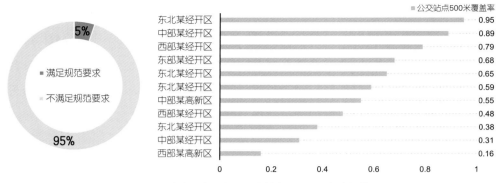

图2-58　本次调查开发区公交站点500米覆盖率的情况

级开发区中道路网密度满足规范的占比稍高，约为50%；省级开发区中路网密度满足规范的仅占12%。在公交站点500米覆盖率的指标上，仅有1个国家级开发区满足了规范要求，国家级开发区的平均公交站点500米覆盖率为57%，略优于省级开发区的55%。从开发区类型上看，高新区在道路网密度和公交站点500米覆盖率两个指标上的表现均优于经开区。路网密度符合规范的高新区占其总样本的

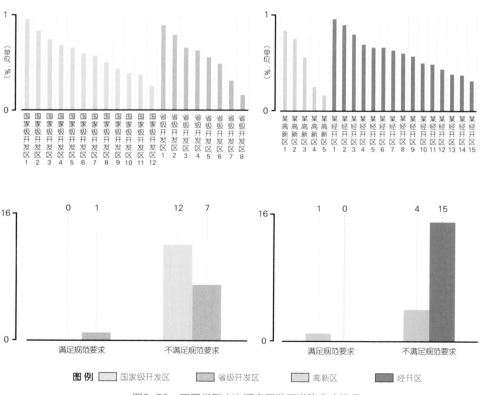

图2-59　不同类型本次调查开发区道路密度情况

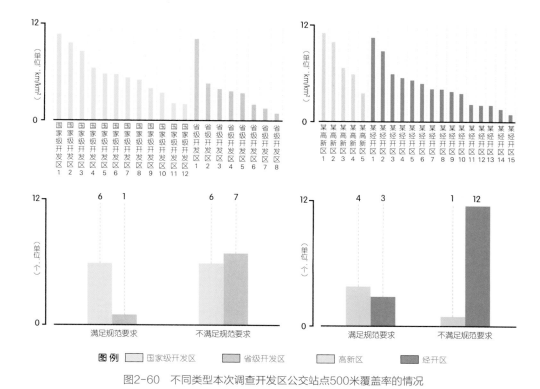

图2-60 不同类型本次调查开发区公交站点500米覆盖率的情况

80%，而经开区样本中路网密度满足规范的仅有20%。高新区样本的平均公交站点500米覆盖率为64%，优于经开区样本的平均公交站点500米覆盖率54%。

对开发区设施保障相关情况进行深入研究发现，导致设施建设偏低的主要原因为以下几方面。

① 开发区主要以产业用地投放为主，其土地利用方式和布局模式、设施配套和路网建设需求、单位地块规模等与一般城市地区存在天然的差异。目前并没有专门针对开发区道路设施建设的规范条例来指导开发区建设，但仅按照现行的城市一般地区的道路交通建设相关规范对开发区进行管控，与实际情况仍存在较大的差异。

② 主干路优先建设，支路建设较为滞后。根据目前开发区的管理开发体制，开发区管委会整体负责管辖区内土地的一级开发，主干道路的建设先于产业项目落位。因此，开发区的主干道路网建成率较高，次干路以及支路的建设普遍滞后。

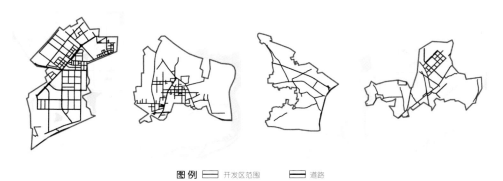

图例 ▭ 开发区范围　▬ 道路

图2-61　东北某城市开发区道路建设情况

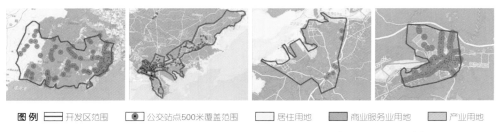

图例 ▭ 开发区范围　◉ 公交站点500米覆盖范围　▭ 居住用地　▬ 商业服务业用地　▬ 产业用地

图2-62　东北某城市开发区公交站点500米覆盖率情况（开发区设施保障）

## 2.3.6　管理体制机制评估

### 1．行政管理体制

　　开发区行政管理体制是指开发区管理运营主体在开发区建设、运营中所采用的管理模式与方法，是机构设置、职能范围、运行机制、管理制度、管理权限等方面相互关系的总称[①]。对开发区行政管理体制的评估包含了开发区管理运营的基本类型、机制特征、优势和局限性等方面内容。

　　本项评估的数据来源于为地方上报的数据。本项评估获得数据的开发区样本合计60个，涉及16个城市，东中西部地区均有涵盖，其中按设立级别分类，包含国家级开发区34个，省级开发区26个。

### （1）开发区行政管理体制的基本类型

　　根据本次调查的60个开发区的行政管理体制在机构设置、职能范围、运行机制等方面的差异，可大致细分为经济职能型、区政联动型、行政托管型和政企合

---

① 黄建洪. 中国开发区治理与地方政府体制改革研究［M］. 广州：广东人民出版社，2014：59–70.

作型4种基本类型。其中22个开发区属于经济职能型，占比37%；区政联动型开发区12个，占比20%；行政托管型开发区20个，占比33%；政企合作型开发区相较其他几种类型数量偏少，共6个，占比10%。

经济职能型

开发区管委会在开发区范围内行使经济事务管理权限，主要负责项目建设、产业经济效益等事务，社会管理事务一般由所在区、县、市政府进行统一管理。

区政联动型

开发区管委会与所在地区政府部门合署办公，采用"两块牌子、一套班子、双兼双任"的领导机制和"一个机构、两块牌子、一套人马"的部门设置。

行政托管型

将多个行政区整合为"类行政区"设立常态化政府架构，开发区管委会行使"类行政区"的独立管理权限，统一领导和管理辖区内所有党务及经济、行政、社会事务。

政企合作型

开发区管委会与开发总公司联合运营，其中开发区管委会主要负责重大决策政策和规划制定、重大问题监督协调和公共服务等事务；而开发总公司（具有法人地位的经济实体）主要负责开发区的主要经济建设和管理运营，甚至承担部分社会事务管理功能。

开发区管理体制分类、典型园区及管理架构 表2-24

| 行政管理体制 | 典型园区 | 管理架构 | |
|---|---|---|---|
| 经济职能型 | 兰州高新区、成都新都工业园区、利民经开区等 | 设置园区管委会，负责项目建设、产业经济效益等事务，一般不负责社会管理事务 | 管委会独立运作开发区 |
| 区政联动型 | 成都经开区、哈尔滨高新区、广州经开区等 | | 采取管委会与所在区（县）政府合署办公的开发区 |
| 行政托管型 | 成都高新区、武汉东湖高新区、长春朝阳经济开发区、白云工业园区等 | 开发区行政托管后行使"类行政区"的独立管理权限，统一领导和管理辖区内所有党务及经济、建设、行政、社会事业工作 | |
| 政企合作型 | 上海莘庄经开区、上海闵行经开区、上海虹桥经开区、重庆西永微电园等 | 开发区设管委会主要承担重大决策政策和规划制定、重大问题监督协调、主要公共服务等职能；开发总公司（具有法人地位的经济实体）负责完成园区基础设施建设、招商引资等日常经济建设和管理工作，甚至承担部分社会事务管理功能 | |

## （2）开发区行政管理体制的特征剖析

通过对以上4类不同的开发区行政管理体制的特征差异比较发现，各开发区管理体制的选择与地域经济发展基础、开发区实际管辖规模关系密切。

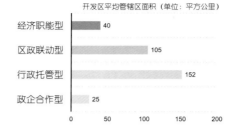

图2-63　本次调查开发区各类管理体制的平均管辖区面积

开发区行政管理体制呈现的地域性差异主要表现为：东部地区开发区的行政管理体制比其他地区更灵活多元化，对体制机制创新探索更为深入，在政企合作等方面的探索实践也更为积极；西部地区开发区多选择经济职能型的行政管理体制；中部地区采用行政托管、区政联动型的开发区占比较高。

开发区实际管辖规模对其行政管理体制的选择具有较大影响。实际管辖面积较大的开发区多采用区政联动型或行政托管型；与之相对应一般体量较小的开发区更偏向于选择相对灵活的经济职能型或政企合作型。

另外，从目前各开发区行政管理体制的运行效果来看，虽然在实施中各种类型均存在一定局限性，但各类管理体制均有在特定背景下的自身优势，总体上与开发区实际情况相适应。通过对开发区管理体制机制方面的经验借鉴，对各类行政管理体制的优势和局限性总结见表2-25。

各类开发区管理体制优势及局限性　　　　　　　　　表2-25

| 行政管理体制 | 优势 | 局限性 |
|---|---|---|
| 经济职能型 | 灵活度高，机构设置精干；<br>管理重心下降；<br>执行力较强 | 开发区与所在区县缺乏统一管理，项目主导规划建设，不利于区域"一盘棋"运作；<br>对综合开发效益考虑不足，易忽视城市配套和服务供给 |
| 区政联动型 | 地区发展思路统一；<br>较好兼顾经济发展与社会发展；<br>辐射周边区域协同发展 | 若机构设置和人员编制等方面不能得到有效整合、破除现行体制机制障碍，可能出现权责边界不清、行政效率下降、主观能动性不强的问题 |
| 行政托管型 | 机构精简，行政效率较高；<br>独立性强，决策统筹力度强；<br>较好兼顾经济发展与社会发展 | 随托管面积增加，易出现管理能力、人员编制与管理事权复杂综合的矛盾；<br>托管后对原区（县）的剥离易导致当地财政断档 |
| 政企合作型 | 调动市场力量，发挥市场效能；<br>机构精简，整体效率较高 | 对企业的实力、社会责任要求较高；<br>以盈利为目的的企业化管理易忽视公共事务发展，导致社会公共服务能力不足和分布不均 |

① 经济职能型

开发区在发展初期的行政管理体制基本沿袭了以单一经济职能为主的传统开发区管理模式，专注于招商引资和推进开发建设。由于决策层级少、体制简单灵活，这类管理体制在起步阶段能够有效推进开发区的高速发展。

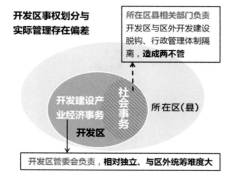

图2-64　经济职能型管理体制的事权划分与管理情况

但由于采用这种类型的开发区管理主体在事权划分方面较为单一，管理重心下降，在执行力增强的同时也带来战略统筹不足、招商和开发品质难以保障等现实问题；而不具备独立的社会管理事务权限，往往在开发区发展前期出现社会事务发展明显滞后、各类配套功能不健全、职住分离等问题。

② 区政联动型

随着开发区实际管辖范围的扩大和管辖人口的增加，仅包含独立经济职能的管委会模式，往往不能适应对开发区管理提出兼顾经济发展与社会保障的更高要求。

这一阶段的开发区一般采取管委会与所在区、县政府合署办公的区政联动方式，在整体发展思路方面有利于形成统一认识，有效增强协同性，避免开发区与地方政府相互脱节的问题，促进了开发区与行政区深度融合，有利于辐射带动周边区域协同发展。

但在实践过程中若机构设置和人员编制等方面不能得到有效整合、破除现行体制机制障碍、明晰权责边界，相较于传统独立灵活的开发区管理模式，则可能出现权责边界不清、行政效率下降、主观能动性不强的问题。

③ 行政托管型

相较于其他管理体制，采用行政托管型开发区的优势更多体现在最大限度地优化机构设置。在机构设置中通过高度整合职能相近的部门、业务范围趋同的事项，有效避免政府职能交叉、政出多门、多头管理，从而实现提高行政效率，优化行政审批流程，降低行政成本的管理优势[①]。

---

① 黄建洪. 中国开发区治理与地方政府体制改革研究［M］. 广州：广东人民出版社，2014：59-70.

但在实际运行中目前仍然存在一定的局限性，主要体现在以下三个方面。

第一，行政托管型开发区的机构精简人员编制有限，随着开发区管理机构的权力和责任不断增加，易造成管理能力和管理权责的不匹配、"小马拉大车"的问题。

第二，统一领导和管理辖区内所有党务及经济、行政、社会事业工作，导致开发区特有管理体制逐渐向一般性建制政府的管理体制靠拢。

第三，由于行政托管型开发区与地方政府相对独立，缺乏辐射带动周边区域发展的积极性。一般开发区行政级别和经济能级较高，地方政府难以干预开发区的发展建设，部分开发区在发展过程中出现与周边地区发展建设脱节、断崖式发展和低端功能贴边等情况。

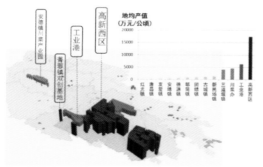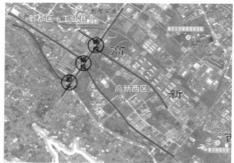

图2-65　某高新区与周围工业地均产值比较（左）和周围城区交界处道路建设（右）

④ 政企合作型

通过政企合作的管理体制机制，行政部门的角色从实施方转变为监督者，有利于行政部门减少对微观事务的干预，有效引入市场机制，调动市场力量，避免重建设、轻运营等缺点和不足，对实现开发区精简行政机构、提升管理效率、高效运用社会资本等具有重要意义。

该种模式一方面需要行政部门自身实现职能转换和完善监管机制，同时也对运营企业的实力和社会责任感提出更高要求。实际管理中要避免出现以盈利为目的而忽视公共事务发展，造成社会公共服务能力不足和公共服务设施分布不均匀等问题。

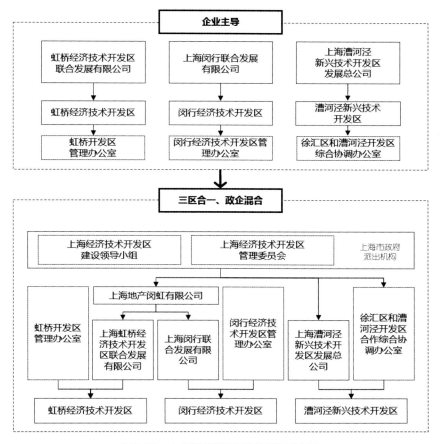

图2-66　上海闵行经开区的管理体制变迁

### （3）开发区行政管理体制的政策建议

针对目前开发区管理运营主体在开发区建设、运营中体现出的诸多掣肘，提出以下几个方面政策建议。

① 引导开发区行政管理体制遵循递进式的行政体制变革

随着城市发展目标更加多元化，国家对经济发展质量的要求更高，以独立经济职能为主的行政管理体制局限性日益凸显：过于重视经济发展增速，忽略经济发展质量和城市配套完善，导致发展后劲不足；重发展轻管控，容易导致土地使用的粗放浪费；项目主导的被动式建设，降低了整体的发展建设品质；不利于营造高效的营商环境、完善的城市功能、高品质的城市空间，长期下去将制约其发展水平。因此，建议开发区行政管理体制的成型和选择应当循序渐进地转变，结合开发区不同发展阶段和自身特征选择更为合适的体制机制。

② 提升开发区的辐射带动能力，建立开发区对周围地区的反哺机制

新时期的开发区将更多地承担支撑带动周边地区产业和空间格局优化的作用。若开发区与所在区县缺乏统一的发展思路，将不利于区域"一盘棋"运作和形成合力。所以应结合各地区实际情况统一地方发展思路，制定相关利益分配机制，激励开发区与周边地区协调发展；同时建议在开发区规划编制和审批过程中，所在区、县或周边区、县能够共同参与征求意见、审查或评审等环节，充分征求周边区、县的意见建议。

③ 积极探索政府管理与市场服务相结合的新路径，充分发挥市场效能

开发区行政管理部门应进一步提高综合管理能力，建立健全管委会机构，研究落实有关土地、建设等方面的优惠政策，加强政府层面对公司运营的引导和政策扶持，实现资本主体多元化、资本来源多渠道及投资方式多样化。同时在市场主导能力强、经济发展成熟区域进行试点，加大政府体制改革力度，推行"小政府，大社会"的管理模式。充分调动企业积极性，向市场转移一部分的经济和社会事务管理，重点提升服务配套能力，在发展产业功能同时，注重城市综合配套的供给，推动城市各项功能建设的均衡发展。

## 2. 规划管理体制

本项评估对开发区的规划管理体制进行研究后制定，评估内容包括规划编制、规划审批以及建设许可和监督检查体制。本项评估的数据来源于为地方上报的数据，获得数据的开发区样本合计50个，涉及16个城市，东中西部地区均有涵盖，其中按设立级别分类，包含国家级开发区28个、省级开发区22个。

调查结果显示，目前开发区规划编制、审批、许可制度相对完善，具体情况如下。

① 控制性详细规划编制方面，各类开发区管理主体均扮演重要角色参与规划编制。

本次评估的50个开发区中，78%的开发区多采用"管委会+城乡规划相关主管部门"的形式，依托所在区（市）县人民政府城乡规划主管部门组织编制控制性详细规划，22%的开发区由开发区管理主体相关部门单独组织编制。

② 控制性详细规划审批方面，以所在市、县人民政府批准为主，在实际操作过程中存在个别开发区控制性详细规划审批权下放的情况。

本次评估的50个开发区中，绝大部分开发区的控制性详细规划审批符合法定流程，按照城市的控制性详细规划经本级人民政府批准后，报本级人民代表大会常务委员会和上一级人民政府备案，个别开发区存在审批权下放给区政府或园区管委会的现象。

③ 规划许可制度方面，以由所在市、县城乡规划主管部门核发为主，开发区主管部门可参与初审或直接核发。

在本地评估的50个开发区中，86%的开发区由所属一级政府城乡规划主管部门办理规划许可，6%的开发区由开发区相关主管部门直接核发，8%的开发区实行管委会初审，所属一级政府城乡规划主管部门核发的模式。如成都经开区，管委会项目建设服务局负责园区范围内工业项目、物流项目、市政等基础设施项目的审批、行政许可和规划验收（"一书三证"），其他住宅、商业等项目由龙泉驿区规划管理局负责项目审批及行政许可。

### 3. 管理体制机制创新

在实践过程中各地围绕实际需求和困难，积极探索制度创新并取得了显著成效。

政区合一，精简机构　开发区管理体制上推进政区合一体制机制改革，各自独立的管理模式通过合署办公和平台整合，避免多个平台、不同片区之间低效竞争，也有助于地方政府协调管理，实现"一区一主业一管理机构"，有利于多平台整合和区域整体规划建设。

如广州开发区管理模式经过多年持续调整，通过合署办公和平台整合等方式，实现了广州经济技术开发区、广州高新技术产业开发区、广州保税区、广州出口加工区"四区合一"。这种独特管理体制在最大程度上整合了政策资源，使广州开发区具有广泛、系统的优惠政策体系。通过一套管理机构覆盖4个区域的管理模式，使得其机构设置高度精简，同时在向"区政合一"管理模式的转变过程中，也不断促进了社会管理能力与经济发展能力同步提升。

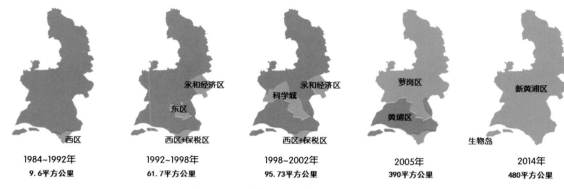

| 1984~1992年 | 1992~1998年 | 1998~2002年 | 2005年 | 2014年 |
| 9.6平方公里 | 61.7平方公里 | 95.73平方公里 | 390平方公里 | 480平方公里 |

图2-67　广州经开区的管辖范围变化历程

明确部门责任划分，减少管理层级　通过制定详细的部门责任清单，避免实际操作中层级过多、职责纠纷问题。如成都经开区（龙泉驿区）分设运作，重新划定开发区管委会与龙泉驿区政府的职责边界，制定部门责任清单，职能适当分开——经开区仍主要承担规划建设、产业发展关键环节的管理与服务工作，社会事务主要由龙泉驿区相关部门负责。

政企合作，提高效率　创新管理模式，灵活应用行政与市场资源，有效解决在政策扶持、产业发展、资源统筹等方面的局限性。

如花都经开区，以管委会为开发区主要管理部门，同时下属有花都区地产公司、花都汽车城发展有限公司、花都区西城经济开发有限公司。管委会下设办公室、规划建设科、招商引资科、协调管理科，主要负责开发区宏观管理、监督协调和公共服务，不直接干预企业的经营活动。

如重庆西永微电园创新管理模式，2005年，重庆西永微电子产业园区开发有限公司（后称"西永公司"）成立，它是西永微电园区的开发投资主体；市政府成立工业园区建设领导小组，负责领导统筹园区重大事项。西永公司主要负责西永微电子产业园区的土地整治和基础设施建设，为产业发展提供空间；培育和推动新兴产业发展，带动重庆市产业结构优化升级；加快城市开发建设，推进产城融合、带动区域经济发展。截至2015年底，西永公司资产总额748亿元，累计完成投资609亿元，园区工业用地地均产出达到208.2亿元/平方公里，高新技术产业产值达到657亿元。

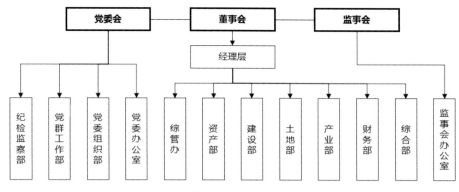

图2-68　重庆西永微电园——西永公司组织结构图

### 4．开发区"扩区调区"情况

根据开发区总体发展规划和当地经济发展需要，对于按照核准面积和用途已基本建成的现有开发区，在达到依法、合理、集约用地标准后，可以有序推进开发区设立、扩区和升级工作。

本项评估通过对开发区在规划建设中的实际管辖范围（以下简称"管辖区"）与通过规范流程的获批范围（以下简称"政策区"）进行对比，掌握开发区"扩区调区"的实际情况。本项评估获得数据的开发区样本共45个，其中国家级开发区26个、省级开发区19个。

开发区"扩区调区"现象普遍，管辖区面积往往远超其政策区范围。初步统计本次调查45个开发区的管辖区面积超出政策区100～200平方公里的占20%，超出面积达到200平方公里以上的占11%；管辖区总规模达到政策区的3倍，部分开发区存在管辖区面积超过政策区10～20倍。

究其原因，一方面开发区在获得批准设立时的规模普遍较小，而国家对于开发区扩区态度慎重，与发展需求、土地瓶颈问题产生矛盾；另一方面扩区行政审批层次高、时间长、手续繁琐，难以短时间体现实际发展意图。

高频率、大规模的"扩区调区"现象表明急需构建更加合理的扩区管理机制。多数开发区以"托管乡镇""泛政策区""托管新园区"等途径扩大实际管辖范围。部分开发区由于体量过大，将一定程度降低空间效益；同时还面临管理体制机制的复杂性、与周边地区的协调难度、服务配套建设统筹难度等管理困境；另外，由于缺乏统一的统计口径，部门信息与实际发展情况不挂钩，国家和各级政府难以及时掌握开发区真实的发展情况。

中部某经开区历次拓区情况                                表2-26

| 中部某经开区 | 时间（年） | 审批单位 | 批复情况 | 园区面积（平方公里） |
|---|---|---|---|---|
| 设立 | 2000 | 国务院 | 批复 | 9.8 |
| 第1次 | 2002 | 市政府 | 批复 | 34.4 |
| 第2次 | 2006 | 国土资源部 | 批复 | 88.3 |
| 第3次 | 2009 | 市政府 | 批复 | 114.3 |
| 第4次 | 2010 | 市政府 | 批复 | 128.3 |
| 第5次 | 2015 | 市政府 | 批复 | 158 |
| 第6次 | 2016 | 市政府 | 批复 | 229 |

　　建议针对开发区不过分依赖扩区的方式，应通过多方路径进行各平台整合和管理创新；同时应对扩区进行统一的规范和管理机制，严格督察执行开发区扩区审批程序，并简化开发区扩区审批机构程序，提高效率。

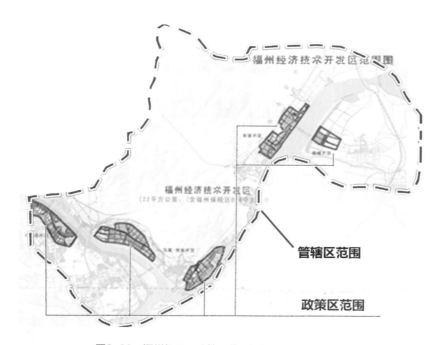

图2-69  福州经开区政策区范围与管辖区范围示意图

## 2.3.7 小结

### 1. 开发区评估的整体结论

**（1）开发区控制性详细规划与所在城市总体规划的协同性整体较好，也有少数开发区的控制性详细规划建设用地超出城市总体规划用地范围**

大部分被调查开发区的控制性详细规划建设用地没有超出城市总体规划范围，少数开发区的控制性详细规划建设用地超出城市总体规划范围，还有个别开发区的控制性详细规划用地超出城市总体规划规模接近2倍。控制性详细规划建设用地超出城市总体规划用地边界的开发区，主要有以下几种情况：①过于迁就自下而上的发展诉求，忽视了总体规划的管控要求；②控制性详细规划按照突破城市总体规划的区县总体规划落实；③上位规划调整后，控制性详细规划未及时调整。

另外，被调查开发区的控制性详细规划大部分都能较好落实城市总体规划的强制性内容，但对城市总体规划中非强制性内容的调整程度普遍较大。许多开发区在控制性详细规划中将城市总体规划中确定的公共服务、研发、居住等类型的用地调整为产业用地，改变了原有产城均衡的布局模式，未来容易导致出现服务配套不足、产城分离等问题。

**（2）部分开发区的开发建设缺乏有效管控，存在现状建设用地超出城市总体规划范围的情况**

一半左右的被调查开发区存在现状建设超出城市总体规划用地范围的情况，表明我国开发区对于建设用地的管控力度还有待进一步加强。开发区现状建设超出城市总体规划范围的主要原因有以下几点：一是开发区控制性详细规划超出了城市总体规划，导致现状建设超出总体规划；二是工业用地的使用粗放，造成土地供给的相对紧缺，加之实施缺乏有效控制，导致部分工业用地突破总体规划。

**（3）开发区的用地效率整体保持较高水平，部分开发区存在土地闲置浪费和用地低效情况**

开发区的建成率整体上相对合理，大部分开发区的规划建设用地建成率在60%以上。与国家级新区相比，开发区一般设立较早，开发建设较为成熟，因而规划建设用地的建成率整体较高。东部地区的开发区建成率普遍较高，上海、深圳基本建成率都超过80%，西部地区的开发区则建成率较低，平均建成率约为48%。

开发区的地均经济产出效率整体上较高。根据本次调查结果，开发区的平均地均GDP为18.6亿元/平方公里、平均工业用地地均产出为108.7亿元/平方公里、平均地均税收为2.8亿元/平方公里，明显超过国家级新区的平均水平。

部分开发区存在着明显的土地闲置浪费和用地低效现象。约1/10的本次调查开发区的建成率低于40%。开发区之间地均经济产出效率的最高值和最低值甚至相差36倍之多。部分国家级开发区的地均经济产出极低，十分不符合其定位和要求。

导致这部分开发区用地效率低下的原因，除了设立年限、产业类型差异等方面的因素外，主要有两大共性原因。一是已批未建或未充分建的闲置土地占比较高。部分开发区盲目扩张建设用地并低价出让，企业低成本圈地后长期不投入生产，造成土地大量闲置浪费，且长期缺乏对闲置土地的清理。二是土地利用强度较低。调研发现部分开发区的开发强度和综合容积率不高，大量工业用地都是以一层的工业厂房为主，没有推行多层标准厂房，而且很多存在着在厂区内建设大片绿地的不集约用地行为。

**（4）开发区的产城融合问题普遍比较突出，迫切需要引起足够的重视**

我国开发区的产城融合程度很低，职住分离情况比较普遍。根据职住比指标来看，大部分被调查开发区都存在严重的职住分离现象，大量人口在开发区工作，而在城市市区居住，带来了严重的通勤交通压力，也导致幸福感降低、开发区吸引力下降等问题。如果不能很好地解决开发区的产城融合问题，将会导致开发区对高素质人才和高水平企业缺乏吸引力，这将严重制约开发区的转型提升和创新驱动发展。

我国开发区产城融合程度很低的原因主要有以下几个方面。

① 生活性公共设施的建设极为滞后，远远无法满足基本的生活服务需求。开发区长期以来都有"重生产、轻生活"的发展理念，时至今日这种惯性思维仍然没有得到扭转，这也导致许多开发区的公共服务设施类用地占比极低。在开发区规模较小时这类问题还不明显，但是当开发区规模达到数十平方公里以上时，就会带来严重的职住分离问题。

② 城市建设水平和空间品质较低，缺乏生活吸引力。开发区的公园绿地、交通等公共空间和设施建设十分滞后，制约了开发区宜居水平提升。城市景观风貌缺乏特色、"千城一面"、城市文化内涵缺失、空间无序等问题，

降低了开发区的空间品质和吸引力，无法吸引对生活品质有较高需求的人才在开发区定居。

③ 规划中缺乏对片区产城融合的考虑。部分开发区在规划中居住标准按照园区进行配置，规划标准过低，居住用地比例低于国家标准下限，与开发区新的发展需求不匹配。由此带来的现状居住用地供给的不足，加剧了职、住之间的失衡。

④ 开发区以工业用地投放为主的建设行为，挤占了其他类型用地的供给指标。目前大部分开发区的工作重点仍旧集中在招商引资上，开发建设上以产业用地投放为主。加上目前单位工业用地的产出效率不高，造成了工业用地大面积铺开，在供地总量一定的情况下，工业用地挤压了其他类型用地的发展。

**（5）以经济职能为主的开发区管理模式日益显示其局限性，已有较多开发区积极开展管理体制机制创新并取得良好效果**

当前我国大部分开发区还是长期沿袭以经济职能为主的行政管理模式，这种管理模式有一定历史合理性，能够比较高效地推进经济建设。但是，随着城市发展的目标更趋多元，以及转型提升必然要求的综合发展水平提升，以单一经济职能为主的行政管理模式逐渐暴露出局限性，主要体现在条块事权不清（经济事务多头管理、社会公共事务管理真空）、行政管理效率低下（管理层级过多）、规划管控力度不足（重发展、轻管控）等方面，不利于营造高效的营商环境、完善的城市功能、高品质的城市空间，长期下去将制约其发展层级的提升。近年来，采用行政托管、政企合作等管理模式的开发区逐渐增多，并且取得了良好的效果，表明该问题已经得到了一定的重视。

**（6）开发区的规划管理相对规范，但开发区的扩区过程还较不规范**

调查结果显示，目前开发区规划编制、审批、许可制度相对完善。控制性详细规划编制方面，各类开发区管理主体均扮演重要角色参与规划编制。控制性详细规划审批方面，以所在市、县人民政府批准为主，在实际操作过程中存在个别开发区控制性详细规划审批权下放的情况。规划许可制度方面，以由所在市、县城乡规划主管部门核发为主，开发区主管部门可参与初审或直接核发。

在国家批复的各类政策区范围基础上，各地普遍存在开发区实际管辖范围超出批复政策区范围的情况。多数开发区以托管乡镇、泛政策区、托管新园区等途径扩大实际管辖范围，但没有经过主管部门的正式批准。部分开发区多次扩区后体量巨大，存在着用地粗放浪费、管理体制机制复杂、与周边地区协调困难、服务配套建设不足等问题，而且由于统计口径缺乏统一标准，与实际发展情况不挂钩，导致国家无法掌握开发区真实的发展情况。造成各类开发区的扩区严重失控的根本原因在于扩区行政审批层次高、时间长、手续繁琐，而地方政府的近期发展需求强烈，往往不按规定程序扩区。

### 2．不同类型开发区的差异分析

不同类型开发区存在的主要问题有着明显的差异性，可针对性地提出改进建议。

**国家级开发区的整体建设水平比较高，在各项建设指标方面全面超过省级开发区。**这主要是因为国家级开发区有更好的平台吸引优质企业，同时国家级开发区的管理水平更高，对其监管和考核也更为严格。未来应鼓励优质的省级开发区尽快升级为国家级开发区，为其提供更好的发展平台和激励机制。

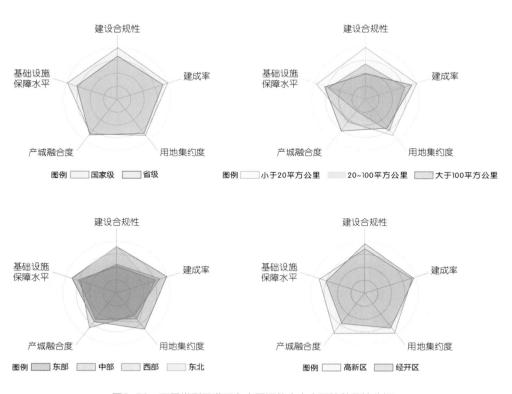

图2-70　不同类型开发区在主要评估内容方面的差异性分析

　　不同规模开发区的产城融合水平有很大差异。规模超过100平方公里的开发区，一般多采用行政托管的管理模式，相当于区级政府，具备较强的城市公共服务建设能力，而且用于公共服务设施建设的用地空间也比较充足，因而产城融合问题相对较少。规模不足20平方公里的开发区，可在生活配套方面依托就近的城市区域，公共服务设施建设水平不足的影响相对较小。而规模在20～100平方公里的开发区，产城融合问题暴露得最为严重，这主要是因为面积较大导致与城市中心区域距离较远，既不便于依托邻近城市区域的公共服务设施，也缺乏足够的公共服务建设能力。应尽快解决中等规模开发区的生活配套功能建设滞后的问题。

　　规模较小的开发区，尽管级别相对较低，但整体的建设水平反而较高。这也证明了许多开发区存在盲目追求扩张建设用地的弊端。更大的建设用地空间不一定会提升开发区的发展水平，如果缺乏足够的发展动力作为支撑，过大的建设用地面积反而可能带来用地闲置浪费、投资成本过高、运行效率降低等问题，最终降低开发区的建设水平和竞争力。

　　东部开发区的整体建设水平较高，在多项建设指标方面明显超过其他区域，但其产城融合水平并没有明显超出其他区域。这也表现出产城融合问题更多的是发展理念和管理机制方面的问题，与经济发展水平关系不大，如果不能在理念和机制上尽快扭转"重产轻城"的倾向，产城融合问题不会随着经济发展水平的提高而自动解决。

# 2.4 我国重点新城新区在规划建设管理方面的主要成效与问题

## 2.4.1 主要成效

新城新区在我国的国家战略推进、经济发展、城镇化发展、城市空间优化、体制机制创新、城市治理等方面发挥了重要的空间承载和示范引领作用。从对我国83个重点新城新区的规划建设管理情况的整体评估结果来看，这些重点新城新区在规划建设管理方面的整体表现也较好，在许多方面都发挥了创新和示范作用。

**1. 重点新城新区的选址整体上比较合理，符合国家战略导向，且绝大部分具有较强的产业发展动力、设施支撑能力和资源环境承载力**

18个国家级新区皆落位于主要城市化地区，是全国"两横三纵"城市化战略格局的重要支点。总体上国家级新区的选址充分考虑了交通条件和产业基础，大部分国家级新区涵盖了所在城市的主要机场、港口、火车站和国家级经开区、高新区。大部分国家级新区的场地条件优越，资源环境承载能力较强。

**2. 重点新城新区大部分及时编制了总体规划，各类规划的协同性较好，规划内容的完整性和技术合理性整体较好**

大部分国家级新区及时开展了总体规划的编制和审批工作。18个国家级新区中，8个新区总体规划编制完成并已获得省级政府或所在城市政府批准，5个近年新设立的国家级新区也已基本完成或启动了总体规划的编制。国家级新区总体规划的建设用地大部分已纳入所在城市的总体规划，特别是舟山群岛新区、天府新区、南沙新区和贵安新区4个新区的总体规划完全符合所在城市总体规划建设用地布局要求。总体上，国家级新区的控制性详细规划基本延续了新区总体规划的布局和规模，规划的传导效果较好。从规划内容的完整性和技术合理性来看，国家级新区总体规划的发展定位基本落实了国家的相关要求，体现了对接国家战略、产业创新升级、新型城镇化、宜居城市和体制机制创新等要求；新区的建设用地规模年均增量规划与新区所在城市建设区的建设用地规模相比，总体上较为合适；新区的建设用地布局较为合理，遵循自身的环境本底特征，体现特色集约发展的理念。

### 3．重点新城新区的现状建设总体上符合规划，地均经济产出效率整体上保持较高水平

根据2015年国家测绘地理信息局的建设用地监控结果与重点新城新区所在城市总体规划的对比显示，重点新城新区的现状建设用地基本符合所在城市总体规划，仅有少部分新区建设用地突破总体规划边界。国家级和省级开发区的建成率整体上相对合理，大部分开发区的规划建设用地建成率在60%以上。国家级和省级开发区的地均经济产出效率整体上较高，开发区的平均地均GDP为18.6亿元/平方公里、平均工业用地地均产出为108.7亿元/平方公里、平均地均税收为2.8亿元/平方公里。

### 4．重点新城新区的行政管理体制趋于多元化，规划管理体制比较规范，在管理体制机制创新方面取得了较多值得借鉴的经验

目前各新城新区的行政管理体制改革正在稳步推进，总体上适应了各地的情况，而且这种递进式的改革有助于统筹兼顾，在平衡利益的同时构筑科学的体系模式，以保证行政体制变革的连续性和稳定性。重点新城新区的规划编制、审批、许可制度比较完善，总体上符合《中华人民共和国城乡规划法》的各项规划要求。重点新城新区在管理体制机制创新方面的成效显著，部分新城新区行政管理体制普遍向精简、扁平、高效的大部门政府体制转型，政府职能从经济事务转向综合性服务职能；部分新城新区完善既有规划体系，又在进行"多规融合"的探索；部分新城新区在规划编制时序上进行探索，新区总体规划与城市总体规划同步编制、审批，统一编制技术要求；部分新城新区在控制性详细规划单元化管

理方面进行了探索，强化规划的刚性控制要求，又兼顾市场的不确定性，同时增强规划的适应性。

## 2.4.2 主要问题

我国新城新区的发展具有明显的阶段性。当前我国许多新城新区还处于不成熟的发展阶段，并暴露出一些突出的问题，急需科学地引导和管控。

### 1. 规划方面

少数国家级新区的选址存在潜在问题。部分国家级新区选址区域的资源环境承载力不足，易造成投资成本超过地方财力、生态环境破坏、历史遗存损毁等问题。部分国家级新区与主城区的空间距离过远，容易造成功能难以整合、发展动力不足、不利于重大基础设施共建共享等问题。个别国家级新区的形态过于狭长，不利于空间的统筹发展。部分国家级新区跨城市设立，造成管理协调难度较大。

少数国家级新区规划过度追求规模扩张，且存在用地布局不合理现象。部分新区规模明显超出本地资源承载能力，依赖区域调水。部分新区用地增量过大，可能缺乏足够动力支撑。部分新区的用地布局不合理，例如用地布局过于分散、污染型工业布局在城市主导风向的上风向。

部分新城新区总体规划与城市总体规划的协同不足。国家级新区总体规划建设用地全部纳入所在城市总体规划的比例不高，仅有舟山群岛新区、兰州新区、贵安新区、金普新区、天府新区等少数几个国家级新区达到该要求，主要原因是许多国家级新区设立于现行城市总体规划批复之后，通过修编城市总体规划将国家级新区纳入城市总体规划需要一定的时间周期。

### 2. 建设方面

部分新城新区存在用地效率低下的情况。部分设立较晚的国家级新区仍处于起步期，地均GDP和工业用地地均产值相对较低。开发区一般设立较早，开发建设较为成熟，地均经济产出相对较高，但不同开发区的地均经济产出差异很大，部分被调查开发区的工业用地地均产值仅为20亿元/平方公里左右。

**产城融合水平不高的情况较为普遍。**由于居住配套不足、公共服务匮乏、建设水平较低等原因，我国新城新区的职住分离情况比较普遍，产城融合程度不足，容易导致交通拥堵、幸福感降低、城市运营效率低下等问题。

**城市建设水平和空间品质有待提升。**多数被调查的新城新区在公园绿地、教育、医疗、交通等公共服务功能和支撑设施建设方面比较滞后，制约了新城新区的宜居水平提升。除浦东新区外，几乎所有的国家级新区和开发区都存在公共设施严重短缺的问题。这既有规划不合理的原因，也有在实施建设中不够重视的原因。此外，城市景观风貌缺乏特色、"千城一面"、城市文化内涵缺失、空间无序等问题，也降低了新城新区的空间品质和吸引力。

**少数新城新区存在较大运营风险。**少数新区过度负债超前开展基础设施建设，造成很大的地方财务负担。

### 3. 管理方面

**部分国家级新区存在管理主体过多等问题。**部分新区内部的行政区、功能区主体较多，级别较高，而新区管委会的整体统筹权限不足，造成新区难以按照统一的规划部署开展建设，无法形成合力。

**以经济职能为主的管理模式日益显示出其局限性。**当前我国大部分开发区还是长期沿袭以经济职能为主的行政管理模式，这种管理模式有一定历史合理性，能够比较高效地推进经济建设。但是，随着城市发展的目标更趋于多元，以及转型提升必然要求的综合发展水平提升，以单一经济职能为主的行政管理模式逐渐暴露出局限性，主要体现在条块事权不清（经济事务多头管理、社会公共事务管理真空）、行政管理效率低下（管理层级过多）、规划管控力度不足（重发展轻管控）等问题，不利于营造高效的营商环境、完善的城市功能、高品质的城市空间，长期下去将制约其发展层级的提升。近年来，采用区政合一、行政托管等管理模式的新城新区逐渐增多，表明该问题已经得到了一定的重视。

**少量存在控制性详细规划审批权违规下放情况。**控制性详细规划编制以各新城新区管理主体相关机构组织编制为主，部分新城新区依托所在区（市）、县规划部门组织编制。控制性详细规划审批单位大部分为所在城市政府，但也存在区政府或管委会违规审批控制性详细规划的情况。

## 2.4.3 问题根源分析

**1. 新城新区是快速发展时期的"空间创新"，相关制度尚不健全**

在国家工业化、城镇化快速发展进程中，新城新区应运而生，新城新区是对传统城市发展和建设的"空间创新"，新城新区设立、规划、建设和管理相关体制机制需逐步建立。在新城新区的设立方面，由于不同时期、不同层级政府、不同部门的发展和建设目标不同，新城新区类型多、管理条块化特征明显，对新城新区难以建立统一的概念界定、政策目标、设立标准等。在新城新区的建设方面，国家尚没有建立统一的归口管理部门，缺乏系统的跟踪评估，信息掌握不充分，存在"重批复、轻管理"的问题。在新城新区的管理方面，新城新区管理体制的法律化、规范化不足，过渡时期、临时性体制安排的特征比较明显。此外，由于国家发展的阶段性特征，粗放型经济发展和城市建设方式，以GDP增长为核心的政绩观等，也是部分新城新区发展建设质量不高、规划建设管理失序的重要原因。

中央层面"运动式"的政策出台和调整方式，地方层面临时性的行政管理体制安排，加剧了各环节管理失灵导致的问题。中央政府层面，由于短期刺激经济增长的要求，国家主导或鼓励地方政府设立了一大批新城新区，过一段时期，又由于土地、环保等管控政策收严而对新城新区进行一大批次的调减、压缩，由此形成的"运动式"管理模式。在地方政府层面，各级各类新城新区主要由地方政府在其组织法的框架下，结合自身实际发展进行的管理体制创新，总体上行政管理模式相对多元、自主灵活，对新城新区下放规划管理权（审批控制性详细规划、核发规划许可）的现象比较普遍，这在一定时期内有一定合理性，但与现行法规不符或缺少地方性法规明确授权的问题逐渐暴露出来。

**2. 传统发展理念和路径依赖，造成新城新区发展的单一性和粗放性**

过去几十年，我国社会的主要矛盾是人民日益增长的物质文化需要同落后的社会生产之间的矛盾，经济增长是发展的核心任务。这一整体背景，决定了新城新区快速发展的基本要求以及单一性、粗放性的发展模式。具体来说，问题表现在以下方面。

**对城乡规划严肃性认识不足。**在调研中发现，地方领导存在对城乡规划法定性和严肃性认识不足的问题，认为新城新区规划可以不通过城乡规划来实施。特别是在国务院及国务院有关部门批复设立相关新城新区之后，地方会编制针对开发区的战略规划、发展规划、总体规划等，并以此为依据，绕过已有的法定城乡规划体系进行建设。这也是新城新区规划建设与已有城市脱节，规划实施管理不畅、监管不力的主要原因。

**考核机制以经济增长为核心。** 干部考核机制对经济增速、企业投资的侧重，致使新城新区规划建设发展过程中以项目为先，规划编制和管理成为确保项目落地的"附庸"，难以发挥规划的引领作用。开发区作为城市发展和经济增长的引擎，也面临巨大的发展压力，扩区发展是保持增速的重要手段：在发展初期通过基础设施投资拉动经济，起步之后通过不断引进企业落户提高投资和产值、获得融资，以及后续的产城融合城市配套、房地产项目，都需要不断增加用地规模来支持。这与我国总体仍处于工业化、城镇化的发展阶段有关，外延式发展成本低、见效快，成为各地首选。

**对土地财政的过度依赖。** 部分地方基础薄弱，土地财政仍是快速有效获得经济回报、促进城市发展的重要手段，盲目发展、投资拉动模式仍为不少地方首选。新区设立、开发区扩区的现象较为普遍，究其本质原因很大程度上是为了增加城市建设用地。建设用地指标自上而下、层层分配的机制，导致通过设立级别较高的新区能够获得更多的指标资源。由于城市总体规划对城市中心城区的规划管控较为严格（一般城市由省政府审批、108个较重要的城市由国务院审批），地方政府转而寻求以新区、开发区的形式，跳出中心城区发展，并以特殊政策区的形式放宽用地指标和增加建设用地供给，从而推进城市发展、实现经济发展考核指标。

# 3

## 案例篇

典型新城新区规划建设
管理评估

# 3.1 浦东新区

## 3.1.1 新区基本情况

　　1990年，中共中央和国务院决策开发上海浦东。1992年10月，国务院批复上海市撤销川沙县设立浦东新区，次年1月浦东新区党工委和管委会正式成立。2009年5月，国务院同意撤销上海市南汇区，将其行政区域并入浦东新区。2016年末，浦东新区全区面积1210平

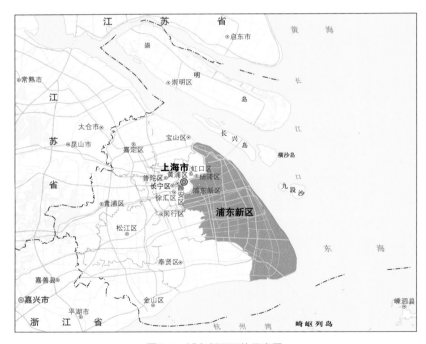

图3-1　浦东新区区位示意图

方公里，常住人口550.10万，包括户籍人口295.77万、外来常住人口254.33万，全年GDP达到8731.84亿元。

## 3.1.2 规划编制情况

### （1）规划编制基本情况

1990年以来，浦东新区先后组织编制了两版总体规划，以及其他三个总体层面的规划。1990年，上海市政府组织编制了《浦东新区总体规划（1991—2020年）》，该规划于1992年得到国务院批复。2003年，浦东新区人民政府会同上海市规划和国土资源管理局组织编制了《浦东新区综合发展规划（2003—2020年）》。2009年南汇区并入浦东新区以后，浦东新区人民政府组织编制了《浦东新区土地利用总体规划（2010—2020年）》，并于2012年获上海市政府批复。但是，2009年同期编制的《上海市浦东新区总体规划修编（2011—2020年）》未得到正式批复。2014年，浦东新区规划管理部门会同上海市规划和国土资源管理局（后简称上海市规土局）基于城市发展新要求，启动了浦东新区总体规划评估工作。2016年，浦东新区人民政府结合上海市新一轮总体规划工作开始编制《浦东新区总体规划（2016—2035年）》，该版规划将是指导上海市浦东新区未来阶段转型发展，走向更具国际视野的发展舞台的行动纲领。

### （2）规划编制主要经验

浦东新区一级政府独立主导总体规划编制，并实现编制、审批、评估、修改的动态维护体制，保障了总体规划发挥战略引领和刚性管控的作用。1990年、2009年编制的两版总体规划（后者虽未被正式批准），有效地指导了浦东新区过去20多年的发展建设。近十年间各片区扩大发展规模，尤其是远郊的小城镇，发展诉求强烈，工业用地需求占比提升，但基于总体规划确定的发展目标和用地布局，并协同土地利用规划的规划指标控制，新区各项建设确立了控制规模扩张、坚持工业"退二进三"转型发展的基本原则，严格控制工业用地比例，甚至降低工业用地比例（从1997年的32%降低到2013年的20%，16年间整体比例趋势都是下降的）。此外，依据总体规划，绿化隔离地区的可建设用地也得到明确控制，这对于浦东新区保持良性发展发挥了战略引领和刚性管控作用。

浦东新区各级各类规划编制情况（截止到2018年）　　　表3-1

| 规划层次和类型 | 规划名称 |
|---|---|
| 总体规划 | 浦东新区总体规划（1991—2020年）<br>浦东新区综合发展规划（2003—2020年）<br>南汇区区域总体规划实施方案（2007—2020年）<br>浦东新区土地利用总体规划（2010—2020年）<br>上海市浦东新区总体规划修编（2011—2020年）（未批复） |
| 分区规划 | 川沙新镇历史文化名镇保护规划（2016—2040年）<br>高桥镇历史文化名镇保护规划（2016—2040年）<br>合庆镇总体规划暨土地利用总体规划（2015—2040年） |
| 控制性详细规划 | 唐镇、曹路镇、张江镇、惠南镇、江镇、花木镇、新场镇、世博A片区、北蔡镇、黄浦江沿岸、康桥工业区、金杨镇、祝桥镇、川沙镇、上海浦东科技园、新场镇、周浦镇、高桥新市镇、航头镇、大团镇、高东集镇、临港新城、三林镇、机场镇、合庆镇等 |
| 市政专项规划 | 曹路天然气高中压调压站专项规划<br>35kV快乐、35kV东绣、110kV新德变电站选址专项控制性详细规划<br>部分地区雨水泵站、污水泵站、市镇配套设施、道路红线专项控制性详细规划 |
| 公共服务专项规划 | 浦东新区养老设施布局专项规划（2014—2020年） |
| 生态专项规划 | 浦东新区三林外环外地区生态专项规划（含筼溪特色小镇专项规划）<br>浦东新区大治河生态廊道（S2-G1501段）专项规划<br>浦东新区生态专项建设工程规划（近期） |

　　在规划内容上，总体规划探索了组团、分区、多心组团等的布局理念，指导浦东新区基本形成了现代化、多功能的外向型新城区特征。前两版总体规划配合完善了上海市中心城的建设，尤其是如今恢宏壮阔的外滩和陆家嘴，两岸古今对话，交相辉映，相得益彰，进一步加强了中心城的集聚能量和极核作用。黄浦江沿岸综合发展带是如今上海市建设和空间拓展最为集中的片区，目前，浦东外环线以内的中心城区域已基本开发完毕，是浦东建设最成熟的先发地区，郊区的发展围绕该成熟片区向外围逐渐递减展开。这两版总体规划为城市发展奠定了良好的基础，科学指导了下层次规划和各专项规划的编制工作，促进六大功能区各项事业的协调发展，有效完善了城市基础设施和公共设施建设，促进城市功能的日趋完善。同

时，有效指导了城市各类用地的合理布局和集约利用。《南汇区区域总体规划》提出"1860"城乡发展体系，取消惠南新城的建设，主张依托空港、洋山深水港、大型飞机总装基地等重大项目带来的发展机遇，大力发展海洋事业，这些发展目标和功能定位良好地结合了原南汇区的发展特点，航运中心核心区的定位更是对未来浦东新区四个中心建设的重要支撑和补充，南汇区同时还践行了分区组团式发展的理念。至此，浦东新区基本呈现了现代化、多功能的外向型新城区特征。

图3-2
浦东新区总体规划图（上）和
综合发展土地使用规划图（下）

## 3.1.3 建设实施评估

### 1．开发建设基本情况

启动开发以来，浦东新区各项建设快速推进，基础设施建设大规模铺开，产业发展也呈良好态势，原总体规划预期目标基本实现。截至2016年末，浦东新区建设用地（含在建与出让待建用地）达到1374.60平方公里，用地规模在过去十几年呈现快速扩张态势。常住人口达到550.10万，已基本达到原规划人口的规模上限（原浦东350万加上南汇区191万）。2016年浦东新区完成国内生产总值8731.84亿元，同比增长8.2%，高于全市1.4个百分点，占全市的生产总值比重为30.96%，且一直呈较高速度增长。此外，全部财政收入达到3610.62亿元，同比增长16.85%，也呈现逐渐上升的趋势。全社会固定资产投资完成1825.74亿元，持续保持在较高的规模水平。

产业方面，浦东新区已经形成以金融业、商业贸易、房地产、现代物流、信息服务为重点的现代服务业和以电子信息、汽车制造、石油化工、成套设备等为主的先进制造业构成的支柱产业体系（其中尤以金融业最为突出，是明显走在全市前列的现代服务业，2016年浦东新区金融业产值占全市金融业产值从2013年的44.4%上升到了50.4%，贡献了上海市一半以上的金融产值）。"上海国际航运中心核心功能区""现代装备业为主体的先进制造业集群高地"和"融生态文化旅游于一体的休闲家园"几大定位目标基本实现，基本将浦东新区建设成了现代化海港新城。同时，产业结构不断优化升级调整，第二产业在经过2009~2012年的快速增长后在2013年出现下降的拐点，2016年从业人口从2013年的巅峰155.51

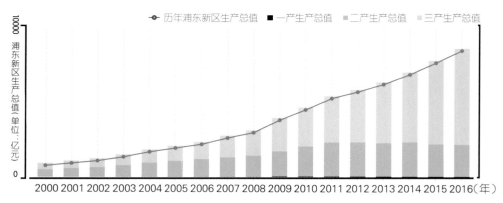

图3-3　历年浦东新区生产总值变化情况

万下降到137.50万；第三产业就业人口保持稳定增长，从2010年的96.43万上升到2016年的140.99万，占该年总就业人数的47.20%。

## 2. 开发建设主要经验

第三产业主导的产业结构和创新驱动的发展模式，共同推进了浦东新区的经济快速发展。浦东新区的发展重点扶持以金融、航运和贸易为首的第三产业。截至2016年末，浦东新区金融机构总数达到963家，成为全国集聚度最高的区域之一，浦东新区金融业生产总值达到2399.09亿元，占全区GDP近27.5%。2016年浦东新区全年实现外贸进出口总额17594.88亿元，在全市整体水平出现-3.4%负增长的情况下仍有4.9%的涨幅。同时，贸易结构不断优化，新兴业态发展迅猛。2016年全年电子商务交易额增长8.26%，跨境贸易电子商务试点取得重大突破，推出了国内首个采取"前店后库"运作模式的进口高端消费品保税展示交易平台。同时，外高桥港和洋山港集装箱吞吐量超过3000万标准箱，连续多年位居世界第一，洋山港"水水中转"、国际中转箱量的比例分别提高到50%和11%，机场货邮吞吐量位居全球第三位。总体而言，产业发展基本实现浦东新区"国际的区域性金融服务中心、国际航运中心、内外贸易中心"的功能定位。与此同时，以导体设备、芯片设计、新能源、抗体药物和海洋工程装备为特色的战略性创新驱动的新兴产业、制造业也在同步发展，总部经济、文化产业和现代农业形成雏形，这些因素共同成为浦东新区经济快速发展的重要推力。

市政、交通基础建设先行，改善城区投资环境和面貌。浦东新区围绕对外交通网、区域交通网、越江交通网、轨道交通网这"四网"和国际航空港、深水港、信息港这"三港"不断增强城市基础设施建设力度，先后建成了南浦大桥、杨浦大桥、浦东国际机场、洋山深水港等一系列重大交通工程，四通八达的交通路网和通往世界各地的客货枢纽搭建起了现代化海港新城的基础框架，极大地改善了浦东新区投资环境和城区面貌。目前建成的道路网密度为3.6公里/平方公里，处于较高水平，极大地便利了新区的开发建设。

文化建设与城市开发齐头并进，提高新区发展软实力。浦东新区正日益成长为一个中外文化国际交流的大舞台，一个凸显"海派"文化的大市场。新区内历史保护工作初见成效，川沙新镇、高桥镇均编制了各自的历史文化名镇保护规划。每年不同的会议、会展的国际性和举办规模都高于全市平均水平。2016年浦东新区举办国际性展览达到265次，举办国际性会议达到1955次。浦东新区会展业逐渐呈现出国际化、品牌化、专业化的特征。浦东新区先后兴建了一批极具特色的文化设施和旅游景点，东方明珠电视塔、上海科技馆、东方艺术中心、上海国际会议中心、临港滴水湖、海洋水族馆等，进一步丰富了上海市民文化生活，同时也成为上海市重要的旅游目的地之一，一系列标志性城市地标更是提高了浦东新区的知名度，成为城市迅速发展的触媒。浦东新区接待国内外游客总数从2010年的3215万人次已经上升到2016年的4207万人次，并呈现逐年增长的发展趋势。

### 3．新区建设存在的问题

**人口规模快速增长，人地关系需进一步优化。**2000～2016年，浦东新区常住人口总量稳定快速增长，由2000年的240.23万（不含原南汇区人口78万）增长到2016年的550.10万，显示了浦东新区对人口的强大吸引力。至2015年底，浦东新区现状建设用地规模为784.4平方公里，近年来受土地指标调控影响，建设用地增长速度逐渐放缓，总量趋于稳定。但相比于2010年，2015年的人均城乡建设用地由134平方米/人上升到143平方米/人，用地集约度有待进一步提升。

**第二产业职住关系相对均衡，第三产业职住分离明显。**浦东新区的就业岗位数大幅增加，创造了更多的就业岗位，从2009～2016年的就业人口数据可以发现，浦东新区总就业人口正在快速增加中，职住比大大提高，由2010年的0.41提升至2016年的0.53。其中第二产业职住关系相对均衡，就业分布与人口居住分布基本融合持平。但第三产业的职住关系仍有待进一步优化，就业岗位主要集中在以陆家嘴为中心的黄浦江沿线发展带上，但是居住地都分布在浦东新区腹地以东甚至更远处，职住分离情况明显。

**土地利用绩效提升显著，但乡镇工业用地产值水平一般。**在土地利用方面，居住和公共设施用地比例一直保持比较高的水平，绿化、仓储用地、市政交通等配套功能用地比例也不断上升，工业用地的比例相对逐步下降，总体而言，用地结构趋于合理，符合城市发展转型的要求。地均GDP也逐年提升，目前达到10.1亿元/平方公里，开发区内工业用地地均产出甚至达到108亿元/平方公里，高居上海第一，土地利用绩效提升显著。但总体工业用地地均产值仅为64.3亿元/平方公里，归其原因是开发区外围低效的乡镇工业用地拉低了整体产值水平，如何提高乡镇工业用地的产值效率是后期发展规划需要着力解决的问题之一。

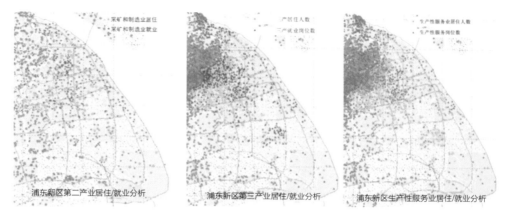

图3-4 浦东新区第二、三产业职住分布状况

浦东新区第二产业居住/就业分析　　浦东新区第三产业居住/就业分析　　浦东新区生产性服务业居住/就业分析

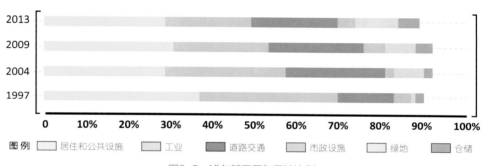

图例 ⬜居住和公共设施 ⬜工业 ⬛道路交通 ⬜市政设施 ⬜绿地 ⬛仓储

图3-5 浦东新区历年用地比例

　　**公共服务设施网络初具雏形，但是覆盖率配置不均，高端能级稍显不足。**浦东新区各类公共服务设施基本齐全，但也存在一些不足。城市公共中心体系呈现发育不完善，陆家嘴、花木公共中心都集聚在内环线世纪大道沿线，浦东中心城北部和南部需要辐射和带动。将浦东、浦西市级副中心的数量进行对比可发现，中心城内浦西面积约为浦东的1.4倍，人口约为浦东的2倍，市级副中心的数量却是浦东的3倍，可见浦东中心城区市级副中心规模不足。此外，基层公共服务覆盖率不高，公共服务设施300米半径的可达率仅为11%，远不及能力指数参考值35%。此外，浦东新区公共服务设施高端能级也远远不够，高等级文化设施数量和规模与同等国际水平城市相比差距较大。

　　**宜居城市建设初显成效，但与发达城市相比仍有差距。**总体规划基期2010年人均园林绿地面积为23.83平方米，到2016年上升为25.89平方米，公共开放空间10分钟步行可达覆盖率达到85.6%，总体园林绿地等公共开放活动空间总量和人均水平较高，建设初具成效。但是新建园林绿地主要位于中心区外郊地区，其空间布局与实际的人口分布和使用需求呈现一定错位。且绿地之间未形成连续的生态网络,生态廊道阻断现象严重,重要楔形绿地的建设相对缓慢,被违法侵占的现象也时有发生。而且绿地与周边其他公共服务设施功能的混合度不高,以致绿地受众面较窄、功能单一、服务简单,同时缺少社区公园、"口袋"公园等渗透入社区内的次一级社区绿地。新区水环境质量总体逐步改善,但水面率有所下降。城市污水集中处理量不断提升,占城市生活污水排放总量的91.7%。环境空气质量优良率逐年上升,2016年全年空气质量优良率达到80.6%。区域环境噪声和道路交通噪声近年来基本保持稳定,2016年区域环境噪声平均值保持在51.6分贝。生活垃圾无害化处理率达到100%。总体环境质量逐年提高,空间品质不断优化。但是结合"亚洲绿色城市"的指标评价报告[1]可看到,新区的宜居城市建设水平要明显低于中国香港和新加坡,尤其在能源、碳排放、土地利用和建筑方面非常明显。

对内轨道交通覆盖率不高,对外铁路建设、门户地位需提升。浦东新区地面交通较为完善,地下交通还远远不够,新区第三产业从业人员职住分离明显,对轨道交通的需求量大,虽然总体规划中设计有多条南北向连通的轨道交通线路,但建设较为缓慢,目前实际建成的南北联系轨道交通仅有16号线,无法满足浦东新区东片和南片的大量郊区各新市镇的居民通勤。且南汇新城2009年并入浦东新区后,作为上海市的战略发展重点,仅1条站点覆盖率极低的轨道交通线路与中心城区联系,生活极其不便,也与其定位和未来发展规模不相符合。此外,浦东新区中心城区内轨道交通覆盖率也不高,仍有一些服务盲区需改善。在对外交通方面,浦东新区的铁路建设总体滞后,规划沪通铁路因上海东站铁路枢纽尚未敲定,与浦西铁路站点连接的东西向铁路连接线方案也未明确,故迟迟没有建设启动。浦东国际机场作为未来大型对外综合交通枢纽,其与虹桥国际机场之间缺乏便捷的轨道交通联系,组合型航空枢纽定位有待进一步明确。

新区国际竞争力有待提高,综合服务与辐射能力有待强化。《上海市城市总体规划(2017—2035年)》的编制将上海市未来的全球发展定位提升到前所未有的高度,相应浦东新区的建设也应紧随大发展布局,在全球城市体系中争取国际话语权并提升国际影响力。但是,浦东新区参与全球资源配置的核心能力仍显不足,虽然浦东新区跨国公司地区总部数量逐年递增,但是总量与中国香港、新加

---

[1] 资料来源于《上海市浦东新区总体规划评估》。

坡市等发达城市相比，还有比较明显的差距。浦东新区应以"四个中心"建设为着力点，进一步提升国际竞争力，其中，国际金融中心建设至关重要。相关分析表明，要实现国际金融中心的发展目标，浦东新区金融业无论是在发展速度还是自身发展创新方面都需要全方位提升，这既需要自身的转型发展，也需要外部政策环境的有力扶持。同时，向国际大都市看齐的城市综合服务水平及辐射全上海及长三角的能力也需要进一步加强。需要持续增强浦东对于全球创新人才的吸引力，城市规划工作需要以宜居城市为导向，从提高生态文明水平、改善城市环境品质、引导创新驱动发展要求方面做好相关规划。

## 3.1.4 管理体制评估

### 1. 管理体制基本情况

浦东新区的管理体制由管委会逐渐转向一级建制政府，城乡规划编制和审批权由上海市上收。1990年最初由上海市人民政府成立浦东新区开发开放办公室、党工委，而后1993年成立新区管委会，再到2000年正式建立一级建制政府，从法

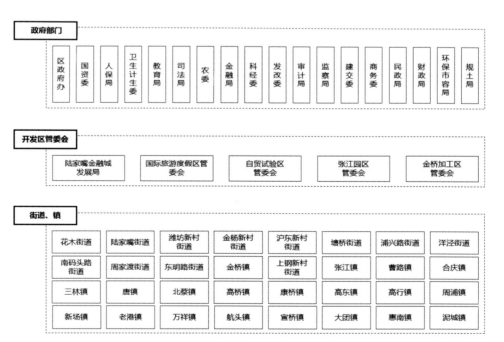

图3-6 浦东新区管理部门

律层面赋予了新区完整的行政管理权限。浦东新区总体规划、新市镇总体规划编制主体为区、镇人民政府，审核和审批单位为上海市人民政府。同时，控制性详细规划编制主体为上海市规土局会同区、镇人民政府和各类开发主体，审核和审批单位为上海市规土局。

### 2. 管理体制主要经验

"大部门""大管委会"的独特行政管理体制。"大部门"即实行职能有机统一、按职能模块综合设置的"大部门制"。如新区市容和环境保护局挂水务局牌子，统一承担了新区的环保、市容、市政、水务、绿化等城市管理综合职能，相当于其他区县的3个工作部门；又如新区建设和交通委员会挂房屋管理和住房保障局、民防办公室牌子，组织协调建设、建筑管理、交通、住房保障、房产管理、民防（人防）及地下空间综合管理等。

"大管委会"即指浦东新区形成了保税区、陆家嘴金融贸易区、张江高科技园区、金桥经济技术开发区、世博地区五个自贸试验区所在区域，以及国际旅游度假区、临港地区两个重点开发建设区域，并在此基础上不断探索完善。浦东新区调整了保税区、陆家嘴、金桥、张江等先发区域的管理体制，由开发区管委会和开发公司分工合作的模式调整为由开发区管委会主导模式，即开发区管委会主导区域内开发建设，承担区域内经济发展的行政职能，以吸引更多市场主体参与开发区建设；而开发公司当好区域开发建设运营的操作手。同时，推动开发公司去行政化，主要负责人逐步取消干部行政级别。通过理顺管委会与开发公司的关系，有效推动了由管委会整合区域内的各项开发资源，有利于管委会更好地利用市场化手段"开门搞开发"，统筹推进开发区的开发建设。

### 3. 管理体制存在的问题

南北区域发展水平差异大，南汇新城人气导入缺乏动力机制。南汇新城自2001年建设启动以来，取得了一定的成绩，新城面貌逐渐形成，特别是16号线开通后，新城人气得到了一定提升。但由于所处发展阶段的原因，目前仍是起步阶段，新城人口依然呈现"导入难、留住难"的困境。两区合并后，呈现出南、北生产力布局不平衡、城乡二元结构突出的问题。此外，三林、周康、川沙和祝桥等原两区交界处，依托国际旅游度假区的发展，成为新区未来的战略发展重点。

但目前整体而言环境较差，道路系统也有待南北连通。自贸区成立对南汇新城地区的发展是一个重要契机，需进一步探索新形势下南汇新城地区持续发展的动力机制和人口引流机制，如何带动片区发展，并为自贸区扩区作好准备。

**社会建设滞后于经济建设，城市和社会管理水平有待提高。**浦东新区成立以来，由于地区建设基本为开发区带动模式，一直面临着"产强城弱"问题，突出表现在：城市和生活功能相对滞后于产业和生产功能，城乡等多重二元结构矛盾交织，社会资源及配套设施总量不足、能级不足、覆盖率低、环境品质粗放，这些都需要进一步提高城市和社会管理水平来改善。

**跨行政区域规划建设，缺乏统筹协调管理。**2009年原浦东新区和原南汇区合并后，原先存在于两区交界区域的道路断头等互通问题得到了较好解决，但相邻区域发展不统一、功能用地相互不协调、矛盾甚至冲突等问题依旧存在。由于历史原因和目前的土地政策原因，这些问题不是在短暂5年内能够快速解决。而原先存在的两区间的产业项目竞争、两港间的相互竞争等也需要时间来进行统筹协调，这需要相关部门牵头，做好各项规划建设的接洽互通工作，彼此密切配合。

## 3.1.5 对浦东新区的展望与建议

### 1. 新区总体规划与城市总体规划修编同步进行，实现规划协同

浦东新区总体规划与《上海市城市总体规划（2017—2035年）》同步修编，上海市总体规划明确浦东新区的分区指引，浦东新区总体规划落实上位总体规划要求。与"上海2035"同步研究如何聚焦提升全球城市的发展要求，以全球视野、国际眼光进一步深入研究和谋划浦东未来10~20年在全球城市体系中的功能定位，着力发挥全球作用走上国际大舞台。同时，借鉴纽约、伦敦、东京等大城市经验，研究如何发挥辐射带动作用，引领所在的区域参与全球竞争；研究如何提升新区功能，增强集聚辐射能力，强化参与全球资源配置能力；还要研究如何加快转变新区发展方式，突出创新驱动发展战略；以及如何提升新区软实力，全方位强化国际话语权与文化影响力。

### 2．加强专项规划和下层次规划编制，完善规划体系

为强化浦东新区内部的专项建设的统一、协调，应加快编制覆盖浦东新区全域的综合交通、综合管廊、非建设用地和镇村规划等专项规划。在保持各片区范围和规模基本不变的基础上，已编制的专项规划和各片区分区规划、控制性详细规划及城市设计根据上海在编新版总体规划及时进行修改、完善、调整。

### 3．健全管理制度，强化规划监管

加快制定浦东新区规划实施管理的规范性文件，进一步明确相关部门和片区政府规划管理权责，规范各层次各类规划的编制、审查、审批、督查和审计等工作。加强部门配合，建立由新区规划主管部门牵头、新区相关部门和片区管理部门参与的规划协调机制。建立完善浦东新区规划建设公众平台，鼓励广大市民参与新区建设管理，实现共治共管。加大规划执法力度，完善执法队伍建设，推行巡查日志制度，健全违规处罚制度，对规划执行不到位和重大违法、违规建设行为坚决追究责任，确保各项建设严格依法、依规有序推进。

# 3.2 南沙新区

## 3.2.1 新区基本情况

南沙新区位于广州市沙湾水道以南，珠江出海口虎门水道西岸，是西江、北江、东江入海交汇处，总面积约803平方公里。新区包括3个街道、6个镇，分别为南沙街、珠江街、龙穴街、东涌镇、榄核镇、大岗镇、黄阁镇、横沥镇、万顷沙镇。2012年9月国务院正

图3-7　南沙新区区位图

式批复其为国家级新区。2017年，南沙新区常住人口72.5万，户籍人口41.5万，全年GDP为1391.89亿元。

## 3.2.2 规划编制情况

### 1．规划编制基本情况

南沙新区开发的设想最早起源于2000年编制的《广州城市建设总体战略概念规划纲要》。当年，广州市行政区划调整，花都、番禺撤市设区，为广州城市空间拓展和优化提供了条件。为了突破广州围绕老城扩张的外溢式发展格局，提出了"南拓"的发展思路，即在老城南部建立新的城市中心，引导城市空间增长突破老城引力和既有发展惯性，实现跨越式发展，从而疏解老城过于复合的城市功能以及人口、基础设施压力。

《南沙地区发展规划》于2004年12月经广州市人大审议通过，成为南沙地区发展建设的纲领性规划文件。该规划在功能结构上将南沙地区划分为三大组团，其空间结构与各组团的产业定位和城市的资源及自然特征基本符合，结构较为清晰，为南沙地区空间布局奠定了基础。然而，由于规划在功能定位、产业发展和城市规模控制等方面存在一定局限性，难以适应南沙高标准建设的发展目标。

2005年广州市行政区划调整，南沙成为独立的行政区，鉴于新的行政主体和管理范围，以及南沙开发以来经济、产业环境发生的变化，南沙区启动了发展规划修编工作，该规划编制期间正值南沙重型化产业发展高潮期，"中科炼化一体化"项目的引进进入可行性研究和环境评估程序，发展规划修编旨在寻求重型化发展路径下的城市空间优化布局。但这版规划仍存在偏重宏观策略研究和愿景目标指向等问题，在空间布局方面基本延续上版发展规划的方案，且在诸多发展不确定因素下缺少实施应对的具体措施。

2012年，国家发展改革委会同有关部门编制《广州南沙新区发展规划》，并于2012年9月得到国务院正式批复。广州市委、市政府为全面落实发展规划战略部署，推进南沙新区土地高效开发建设，开展了《南沙新区总体规划》编制工作，作为新区空间布局和开发建设管理的法定依据。

## 2. 规划编制主要经验

在规划内容上，南沙新区总体规划强调区域协作，通过构建多层系、多维度、立体化的粤港澳合作机制，应对多角度的合作；强调以文化为纽带，创新社会治理、营商环境，塑造三地文化认同感，构建融合的软环境，逐步消除柔性壁垒；加强基础设施的合作对接，强化环境设施整体化和粤港澳三地便捷往来；除金融、贸易、物流等核心产业外加强在公共服务事业、文化娱乐、生态旅游等多层次的产业合作，促进经贸的全面融合。

产业发展方面，坚持以高端化产业为指向，促进产业层级、结构和素质的提升，构建高端制造业和高端服务业为主、一般制造业和服务业为补充，生态低碳型产业为基础的产业结构，形成面向高端、兼顾实际的产业体系；坚持制造业与服务业双轨并行，构建由基础产业、配套产业、主导产业和潜导产业构成的多层级产业体系，保持产业活力，实现产业发展的滚动推进。

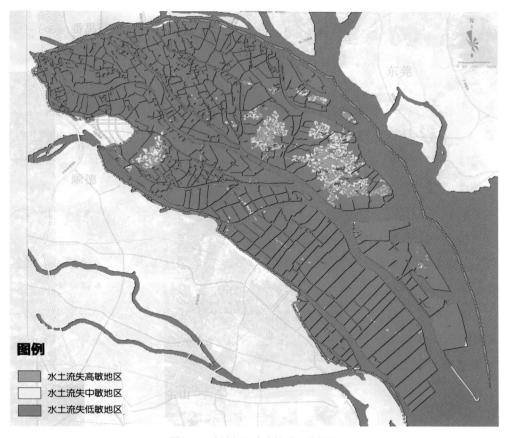

图3-8 南沙新区生态敏感区分析图

绿色发展方面，坚持生态文明发展理念，构建"生态绿核—生态廊道—生态节点—城市绿地"点、线、面结合的城乡生态格局。构建宜居生态环境，全区土地开发强度不超过30%，全区生态用地率和陆域绿地率均达到60%以上。建立城市循环经济系统，实现城市物料的低排放和再生利用。实践智慧能源、智慧城市管理，提高城市效率，建立低碳设施体系，实践新能源。

空间布局方面，以河口生态演进为线索，梳理空间由"水域到湿地到陆地"对应的人类由"渔业到耕种到城市"的人地关系，提炼"以水为脉、以田为本、以村为基、以城为心"的人与自然关系，构建自然、乡村、城市、人有机融合的"钻石"发展结构，建设彰显岭南特色的"水城、水乡"，实现"岭南水乡之都"的城市理想。

# 3.2.3  建设实施评估

## 1．开发建设基本情况

2008年以来，南沙新区以主导产业带动经济规模化发展。在2012年国家级新区批复后，明确了新发展定位，促进转型与创新发展，扭转经济增速下滑趋势，多年来南沙新区的GDP一直保持10%以上的快速增长。2017年，新区实现了规模以上工业增长7.6%；商品销售额增长12.5%；进出口总额增长15.2%，进出口总额占全市1/5；利用外资增长66.8%，外资总投资占全市1/6。然而，新区人口增长却与经济增长不同步。2012年南沙区完成GDP 808.69亿元，同年全区总人口71.75万；2016年全区完成GDP1278.76亿元，当年全区总人口78.94万。相同时段，全区GDP变动率达到58.12%，而总人口的变动率仅为10.03%，人口年均增长约2.4%。全区人口总量、人口密度较低，成为制约新区各项公共服务事业发展的重要障碍。

南沙区作为新城增量发展地区，与番禺、黄埔、增城、从化等外围片区的建设用地增量基本持平，2005～2015年年均建设用地增速4.4平方公里。截至2017年，全区城乡建设用地面积194.85平方公里，其中城市建设用地面积95.70平方公里。在道路交通体系方面，对外交通形成南沙港、广深港客运专线以及"三横四纵"的高快速路网组成的"一港一铁一网"的对外交通体系；对内交通形成"三

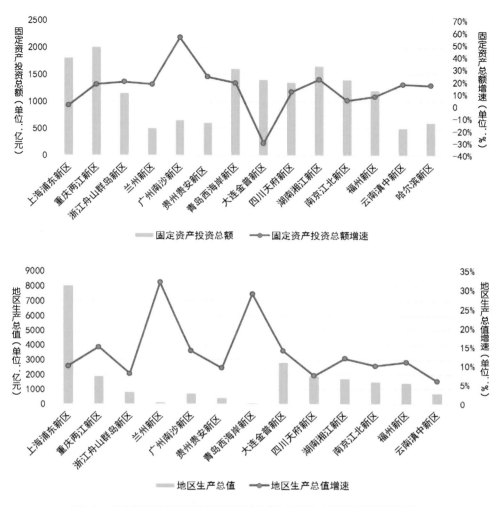

图3-9 部分新区固定资产总额及增速（上）和地区生产总值及增速图（下）

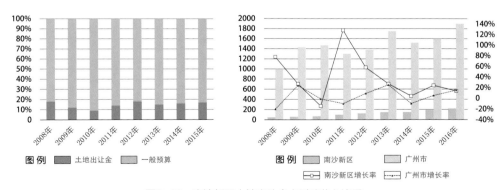

图3-10 南沙新区土地出让金占财政收入比重

横六纵"的城市骨架路网结构。

从国家新区横向比较来看，南沙新区主要经济指标表现优劣并存。优势重点表现在增速方面，包括固定资产投资增速、GDP增速、进出口增速等；劣势主要表现在总量方面，虽然各地国家新区发展阶段不同，但就相似发展阶段新区比较而言，南沙新区在固定资产投资总额、进出口总额等方面处于滞后地位。

2010年以来，土地出让金收益成为南沙财政收入的主要来源，占南沙非税收入比重80%以上；房地产开发占固定资产投资的比重接近40%，商品房开发增速超过广州市平均值，说明新区发展对房地产业的依赖程度提高。

南沙自由贸易试验区块累计形成体制机制创新成果310项，2017年创新101项，其中全国推广5项、全省推广18项、全市推广32项。在投资贸易便利化、申报审批简洁化、法制环境优化等方面取得重大突破，在全国自由贸易试验区中名列前茅。根据中山大学《2016～2017年度中国自由贸易试验区制度创新指数》报告，南沙自贸试验片区在机制创新方面总体上位列第三，但相较上海、前海仍显不足，主要在法制化、投资便利化和金融创新方面相较落后。

### 2．开发建设主要经验

南沙新区规划经法定程序批准后，制定了《南沙新区城市总体规划实施办法》，全面落实总体规划确定的城市发展总目标和各分项目标，明确各部门、各级政府和各社会团体执行规划的责任、权利和义务以及相应的奖惩措施。该实施办法要求：①以城市总体规划为指导，抓紧编制和修订各类专项规划、组团分区规划和控制性详细规划，作为直接指导土地开发控制的法定依据；②建立城市近期建设规划——年度实施计划的规划实施机制，健全城市近期建设规划与国民经济和社会发展五年规划、年度实施计划与政府年度投资计划、土地供应年度计划的协调衔接机制，发挥城市规划的先导、主导和统筹的作用；③制定和修订《南沙新区城市规划标准》《南沙新区产业用地控制引导标准》等法规和技术规范，以适应城市总体规划提出的新的发展目标要求。

### 3．新区建设存在的问题

对照国家赋予的功能定位，南沙新区的发展还存在差距。其重点体现在粤港澳合作方面，港澳投资、企业、人员在南沙的入驻情况比较缓慢。截至2016年6月底，广东自贸试验区新入驻港资企业3470家，约占同期全省累计入驻港资企业总数的55%；合同利用港资3131亿元，约占全省同期总数的62%。其中南沙已有港资企业840家，总投资额124亿美元。以广东省自贸区广州南沙新区片区为例，总体上港澳资金和企业的引进并不理想。根据区部门统计，2017年南沙新区常住港澳籍居民不足200人，与深圳前海和珠海横琴两个自由贸易试验平台相比具有较大差距。

## 3.2.4　管理体制评估

### 1. 管理体制基本情况

南沙新区管理机构总体上由五个部分构成，分别为开发区工作部门、区政府工作部门、其他机构、街镇、区属事业单位。其中开发区和行政区总体上实行一套人员两块牌子的运行管理；其他机构主要指垂直管理部门的下设分支机构，包括国土规划局、公安局、信访局等，由于广州市对南沙新区实施行政权下放，这些部门的日常行政事务由新区政府指导；镇街是行政区下属部门，南沙新区目前仍然保留镇建制，全区由6个镇和3个街道构成；区属事业单位包含档案局、气象局、土发中心等部门。

由于南沙新区在广东省自贸试区内开展体制机制改革试验，部分省级行政审批权限也下放至新区政府，大幅提高了新区开展国际商事、跨界合作的便利和行政许可效率。

### 2. 管理体制主要经验

建立了投资负面清单。负面清单即"非列入即开放"的模式，对于没有被列入负面清单的行业或模式，外资准入享受国民待遇。与国际高标准投资规则接轨，行业准入清晰，透明度高，从"核准制"到"备案制+核准制"，逐步形成内外资一致的新型行政管理模式。对负面清单之外的领域，外资、合资、中外合作经营企业的设立及合同章程等由"核准制"改为"备案制"。

实现了贸易便利化。以智能化通关体系为导向的大通关体系建设取得重大进展，实施了国际贸易"单一窗口"、海关快速验放、"互联网+易通关"、国际转运货物自助通关、检验检疫"智检口岸"、试点以政府采购形式支付检验服务费、跨境电商商品质量溯源等一批标志性改革。

提高了许可便利性。制定了"统一收件、内部流转、联合审批、限时办结、统一发证"的企业注册模式,申请人仅需往返"一口受理"窗口2次,1个工作日(24小时内)即可领取加载工商注册号、组织机构代码和税务登记号的《营业执照》与已备案的公章,实现"十一证三章"联办,试行"一颗公章管审批",市场准入联办证件数量和速度全国领先。

完善了综合服务。新区率先推行"先办理后监管"、"自主有税申报"、国地税一窗通办等税收管理服务新模式,成立了全国首家自贸试验区法院,正逐步推进"一支综合执法队伍管全部",探索自贸区巡回审判、国际仲裁、商事调解等机制。

### 3. 管理体制存在问题

规划协调不足:总体规划层面,南沙新区法定规划与专项规划之间衔接不足,各部门开展多项规划,但缺乏统筹及法定化;实施层面,规划缺乏对重点地区与非重点地区的区别管控,一方面重点地区缺乏精细化规划、有力管控,另一方面非重点地区缺乏弹性。

配套政策不足:2012年以来,南沙新区已出台4个地方法规及政策,主要对规划建设与土地利用进行制度创新。但《南沙新区条例》中搭建的法规框架缺乏配套政策的支撑,以及规划、建设方面的机制创新、国际化彰显与地方特色的规范暂时缺位,吸引人才、产业的优惠政策也有待加强。

多头管理问题:南沙新区设立了行政审批局,对包括建设用地规划许可证、建设项目环境影响评价文件审批、建筑工程施工许可证等多项行政许可权进行了集中,优化了审批流程,加快了审批效率。但涉及规划、建设仍有发改局、国规局、建设局、农林局等多个部门管理,存在职能重叠和权限模糊的问题,影响了办事效率。从规划到建设,不同的部门监管侧重不同,导致规划理念难以落实,区域协调不足。

# 3.2.5 对南沙新区的展望与建议

面对新平台的竞争,南沙新区为保障在新一轮粤港要素流动中不被跳过,需要以更高效的资源利用、更开放的政策环境、更创新的合作机制予以回应。

第一，保障空间供给、控制要素成本。南沙新区规划建设用地300平方公里，在三大核心平台中土地基础资源最为充足，在未来发展中需要政府制定完善的土地管理和房地产控制政策，避免炒房、炒地等市场投机行为，避免未发展先涨价，实现对基础资源要素的充分控制。在战略性产业项目的招募中应做到资源的充分供给和土地价格的充分让利，保障具有前瞻性、带动性的战略性项目的引进和落地。

第二，建设交通枢纽、发挥区位优势。区位是粤港澳合作中的基础要素，深圳和珠海凭借地缘区位已在粤港澳合作中抢占先机，南沙新区必须加快铁路、公路、码头、通用机场、口岸等区域交通设施的引进和落地，促进区域交通枢纽的形成，将南沙新区地理中心优势转化为区位中心优势，并依托区位为基础的组合优势，联动粤港澳的经济和社会发展。

第三，深化改革创新、释放政策红利。经历改革开放30年发展，珠三角基本完成了以要素投入为路径的发展阶段，土地、基础设施不再是短缺要素，存量要素的盘活和效率提升是此轮发展的主题，其核心是政策机制的开放和创新。南沙新区必须利用先行先试的政策，率先深入改革和开放的深水区，深度挖掘政策和制度潜力，持续释放政策红利，保持在政策创新上的领先优势。

其中第一、第二项策略涉及基础设施的建设，一直作为新区发展建设的重点得以优先发展和保障，而第三项开展以社会合作为核心的体制机制改革则作为软环境建设相对滞后，在前面新区发展评估中已提出相关问题。因此，在下一阶段的发展过程中，南沙新区应重点加强粤港社会合作方面的发展，以突破建立优质的软环境。

# 3.3 贵安新区

## 3.3.1 新区基本情况

贵州贵安新区位于贵州省贵阳市和安顺市结合部，区域范围涉及贵阳、安顺两市所辖4县（市、区）20个乡镇，规划控制面积1795平方公里。2012年，贵州省委、省政府启动贵安新区规划建

图3-11 贵安新区区位图

设，2014年1月，贵州贵安新区获批成为中国第8个国家级新区。到2016年末，贵安新区常住人口105万，全年地区生产总值245亿元。贵安新区实行省市共建的规划建设体制，其中由贵州省政府派出机构——贵安新区管理委员会直接管理并负责规划建设的区域（以下简称"贵安新区直管区"）面积为491平方公里。

## 3.3.2 规划编制情况

### 1. 规划编制基本情况

贵安新区形成了以新区总体规划为主干、专项规划为支撑、控制性详细规划全覆盖的规划体系。贵州贵安新区设立后，由贵州省住房和城乡建设厅与贵安新区管委会联合组织编制了《贵安新区总体规划（2013—2030年）》，并于2014年6月获贵州省人民政府正式批复。围绕总体规划实施，贵安新区编制了多个专项规划和管控、实施性规划，形成了"三级、五类"的规划编制体系。"三级"即总体规划、控制性详细规划和实施性规划三个层次。其中，贵安新区总体规划内容已纳入贵阳市、安顺市城市总体规划；直管区控制性详细规划实现了全覆盖，为新区项目选址和规划设计条件发放提供了条件；实施层次完成了直管区近期建设规划和若干重点项目的修建性详细规划。"五类"即生态类、市政类、交通类、设计类和其他类专项规划。其中，生态类专项规划开展了贵安新区绿地系统规划、水系统规划、安平生态区生态建设规划等共计11项；市政类专项规划开展了市政管线、管线综合、综合管廊、排水防涝等共计7项；交通类专项规划开展了综合交通、轨道交通线网、直管区总体交通设计等共计8项；设计类专项规划开展了中心区城市设计、绿色金融港城市设计、城市色彩专项规划、建筑风貌控制导则等共计11项；其他类专项规划开展了贵安新区直管区竖向规划、地下空间规划、乡村建设规划等共计10项。

### 2. 规划编制主要经验

注重专项规划编制，并在总体规划、控制性详细规划两个层面加强规划横向协同和纵向传递。在总体规划编制过程中，贵安新区同步启动了综合交通、绿地系统、市政基础设施、水系统等专项规划编制，加强对总体规划方案的支撑。总体规划批复后，结合控制性详细规划编制和近期项目建设需求，开展了交通总体设计、道路与场地竖向、排水防涝、管线综合等专项规划编制，提高控制性详细规划的可操作性，为精细化规划管理提供条件。上述规划在同步编制的过程中，通过统一的技术平台加以协同，保证规划编制同步推进和内容的相互统一。

贵安新区编制的规划情况　　　　　　　　　　表3-2

| 规划层次和类型 | | 规划名称 |
| --- | --- | --- |
| 总体规划 | | 贵安新区总体规划（2013—2030年） |
| 控制性详细规划 | | 花溪大学城、马场科技新城、贵安中心区控制性详细规划 |
| 实施性规划 | | 贵安新区直管区近期建设规划、综保区修建性详细规划等 |
| 专项规划 | 生态类 | 贵安新区绿地系统规划、贵安新区水系统规划、贵安新区海绵城市专项规划、安平生态区生态建设规划等 |
| | 市政类 | 贵安新区市政专项规划；贵安新区直管区排水防涝、管线综合、综合管廊规划等 |
| | 交通类 | 贵安新区综合交通规划、贵安新区轨道交通线网规划；贵安新区直管区交通总体设计、公交系统规划、慢行系统规划等 |
| | 设计类 | 中心区城市设计、绿色金融港城市设计、城市色彩专项规划、建筑风貌控制导则等 |
| | 其他类 | 贵安新区直管区竖向规划、地下空间规划、乡村建设规划等 |

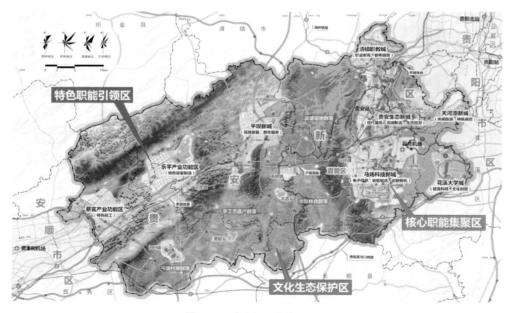

图3-12　贵安新区总体规划图

## 3.3.3 建设实施评估

### 1．开发建设基本情况

基础设施快速推进。五年内，贵安新区建成道路417公里，骨架路网和产业园区、大学城主要路网基本建成，并同步建设水、电、气等市政管网。轨道交通S1号线、贵安高铁站、贵阳市域快铁西南环线等重大项目顺利推进。截至2017年底，贵安新区已建成水厂4座，供水能力达37万立方米/日，污水厂10座，处理能力20万立方米/日，主要水系断面水质达标率100%，220千伏变电站5座，为新区发展提供了基础条件。

产业发展势头良好。规划建设电子信息产业园、高端装备制造产业园、综合保税区等产业园区，建设大数据经济平台、大学生创新创业园等空间载体，引进富士康第四代绿色产业园、中国电信、中国移动、中国联通数据中心、华为、腾讯、微软、IBM、中兴、浪潮等一批引领性产业项目落户新区。

城市功能加快完善。建设了一批公共租赁住房和安置房，满足进入新区的企业和征地农民住房需要。同时，着力完善教育、医疗等基本公共服务配套。截至2017年底，贵师大附属小学、幼儿园实现开学招生，绿色金融港、同济贵安医院、市民中心、城市规划建筑艺术馆等配套项目即将建成，碧桂园·贵安1号、中铁建·山语城、群升·大智汇等城市综合体进展顺利，大学城、中心区、产业城等板块城市框架基本形成。

生态建设同步开展。开展"绿化贵安"三年行动计划，提高森林覆盖率。关闭直管区内21家砂石厂和2家煤矿，搬迁污染和落后产能企业104家，减少环境污染。规划城镇建设区内，按照海绵城市的建设要求，启动月亮湖、北斗湖、七星湖、荷园4个公园和车田河景观廊道建设，根据规划建设4个污水处理厂（一期）工程和新区污水收集系统。

城乡统筹初见成效。出台了统筹城乡发展、建设美丽乡村的意见及配套政策，推进产业发展、公共服务、社会保障、投融资、土地产权、社会化组织六大平台建设，以及"城乡规划、基础设施、户籍管理、社会管理"四个一体化。推进美丽乡村建设，落实文化资源保护。启动13个村、76个民族村寨建设，已完成近千户整治工作。

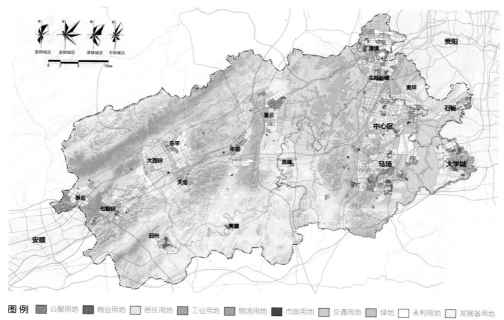

图3-13　贵安新区2017年建设用地图

图例　■公服用地　■商业用地　□居住用地　■工业用地　■物流用地　■市政用地　■交通用地　■绿地　□未利用地　□发展备用地

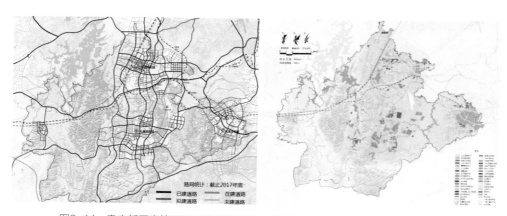

图3-14　贵安新区直管区2017年道路建设态势图（左）和2017年建设用地图（右）

## 2. 开发建设主要经验

坚持高端配套、高标建设　贵安新区开发建设之初是"一张白纸"，从一开始新区就坚持高端切入、高位推进、高质发展，提升新区建设总体品质和承载能力。在公共服务设施方面，引进建设一批国内外优质教育、医疗、文化、体育等一流服务设施；在市政基础设施方面，提高道路、绿化建设标准和供水保障、污水处理水平，全面推进海绵城市建设。

坚持生态优先、绿色发展　贵安新区坚持"产业生态化、生态产业化"的发展之路，在产业选择上，没有选择贵州传统的资源能源型产业，而是另辟蹊径，把大数据产业作为供给侧结构性改革的核心抓手，助推实体经济向"工业4.0"迈进，"创"出了贵安"智"造，其创新成果涵盖了大数据、高端装备制造、新能源新材料、新医药、大健康等多个特色新兴产业。

坚持先行先试、创新发展　贵安新区在山地特色城镇化、生态文明建设、城乡统筹发展等方面不断探索，先后成为国家美丽乡村建设标准化试点，全国首个国家级大数据产业集聚区，全国海绵城市建设试点，国家相对集中行政许可权试点，国家绿色数据中心试点地区，国家新型城镇化综合示范区，国家服务贸易创新发展试点，国家首批"双创"示范基地，行政执法公示制度、执法全过程记录制度、重大执法决定法制审核制度试点，国家绿色金融改革创新试验区。

### 3. 新区建设存在问题

**直管区与非直管区建设缺乏统筹，区域发展联动不足。**贵安新区直管区建设速度快，市政道路、基础设施、城市功能和环境建设如火如荼，产业发展亦呈良好势头。但非直管区由于不处于贵阳市、安顺市主要发展方向，投资相对不足，建设速度较为滞后。同时，直管区与非直管区建设缺乏协同，还导致区域性互联互通道路建设滞后、项目布局缺乏协调、产业发展缺乏联动，影响了贵安新区整体发展。

**直管区建设时序缺乏合理安排，项目布局较为分散。**贵安新区是在"一张白纸"上建设的，经济基础薄弱，城市功能不完善，且远离贵阳市区。贵安新区直管区同步推进花溪大学城、中心区、马场科技新城三大片区开发建设。目前新区发展尚在起步阶段，城市功能和产业项目相对有限，在建设分散的情况下，各个片区功能难以在短期内完善，也难以在短期内形成集中成片的城市建设区，不利于新区产业发展、人气集聚和功能培育。

**新区建设投资规模大，政府投资主导，投资效益偏低。**2014～2017年4年间，贵安新区直管区通过开发投资公司累计完成总投资约1133亿元，其中城市建设投资累计868亿元，占总投资的76%。从投资领域看，道路和市政基础设施为投入重点，占城市建设投资的约60%，其次为保障性住房和房地产开发，约占20%，其余为公园绿化、水务、环境工程等其他投资。新区通过大规模的城市道路和基础设施建设，迅速拉开空间框架，但短期内尚难以充分发挥效益。对发展基础薄弱的贵安新区而言，如何发挥政府投资的引导作用，提高投资效益，推动经济社会发展，是其需要面对的问题。

# 3.3.4 管理体制评估

## 1. 管理体制基本情况

构建决策、管理、开发运作三层架构。贵安新区的决策层为贵州省贵安新区规划建设领导小组，负责决定贵安新区规划建设的重大方针政策，统筹协调解决贵安新区规划建设中的重大问题和其他重要事项。管理层为贵安新区党工委、管委会，是省委、省政府派出的正厅级机构和贵安新区规划建设领导小组日常办事机构，行使市一级经济社会事务管理职权，承担领导小组办公室职责，负责统筹协调贵安新区规划、开发、建设工作，统筹政策制定、产业布局、对外宣传推介；组织、领导贵安新区直管区经济发展、开发建设，全面管理贵安新区直管区各项社会事务。开发运作层为贵安新区开发投资有限公司，属贵州省大型国有企业，承担贵安新区直管区的重大基础设施和大型公共服务设施、土地一级开发、房地产开发以及基础产业融资、投资、建设和资本运作等工作。

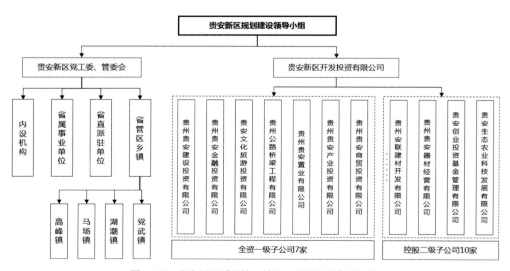

图3-15 贵安新区"决策—管理—开发运作"架构图

实行统分结合的规划建设体制。贵安新区实行统一领导、统一规划、统筹协调、共享政策、分区运作的"统分结合"管理体制，直管区由贵安新区管委会直接管辖，非直管区仍分别由贵阳市、安顺市直接管辖。建立非直管区规划联审联批、项目联报联建、跨行政区域基础设施联建共享、生态环境保护联防联治、违法建设联防联控机制和统一的市场准入、监管体系，推进直管区和非直管区市场同体、交通同网、产业同兴、科教同振、旅游同线、信息同享、生态同建和环境同治，实现一体化发展。

## 2. 管理体制主要经验

科学决策，坚持规划委员会制度。贵安新区城乡规划建设委员会由全体委员会、主任委员会和专家委员会组成，其中全体委员会成员单位包括贵安新区直管区、贵阳市、安顺市和省直相关部门，主任委员会成员单位为贵安新区直管区相关部门。各类规划建设项目需经过专家委员会审查后，报主任委员会审查，各类规划和重大建设项目还需报全体委员会审查。通过规划委员会制度，保障了贵安新区城乡规划建设水平。

编管联动，加强规划精细化管理。针对贵安新区快速推进建设，规划设计和建设施工同步推进的情况，贵安新区规划建设管理一方面在规划编制过程中充分考虑项目实施的需要，提高规划的落地性和深度，为规划精细化管理提供条件；另一方面，贵安新区积极探索"编管联动"的规划工作机制，规划主要编制单位驻场服务，协助规划建设管理部门对新区规划和建设的管理工作，提供技术咨询服务，统筹规划、建设、管理三大环节，提高工作的系统性。

## 3. 管理体制存在的问题

未能充分调动贵阳市的积极性。贵安新区实行"统分结合"的规划建设体制，其初衷是集中省（贵安新区管理委员会）和市（贵阳市、安顺市）两方面的力量，共同推进贵安新区建设，加快新区经济社会发展。但由于贵安新区开发建设的主体部分为直管区，且位于贵阳市水源地上游，且与贵阳市区之间由于受地形条件阻隔存在一定的空间距离，导致贵阳市在贵安新区的投入上缺乏动力，二者在基础设施互联互通、产业联动发展、生态环境保护等方面的联系还不够紧密，制约了贵安新区的发展和贵阳市区域功能的发挥。

对非直管区的规划建设管理缺位。贵安新区城乡规划建设委员会主要职责是统筹协调并组织实施贵安新区总体规划、各专项规划和审定贵安新区范围内实施的重大建设项目，涵盖对非直管区城乡规划建设管理工作的指导、协调和监督。但实际运作过程中，贵安新区城乡规划建设委员会仅审查直管区的规划建设项目，而缺乏对非直管区规划建设的统筹。

## 3.3.5 对贵安新区的发展建议

### 1. 理顺体制机制，加强区域联动

贵安新区的设立是基于推动贵阳—安顺一体化发展，而充分调动省、市的积极性，形成合力，推动贵安新区又好又快发展是贵安新区建设成功的关键。建议从全省的高度，进一步理顺贵安新区开发建设管理体制，特别是理顺贵安新区直管区与贵阳市在功能定位、产业发展、基础设施建设、生态环境保护等方面的关系，促进两地相向发展。

### 2. 集中紧凑开发建设，集约化发展

在已经形成的中心区、马场科技新城、花溪大学城三大板块的基础上，贵安新区应在每个板块内选择一定区域集中紧凑开发建设，集中完善基础设施和公共服务配套，集中布局产业项目和城市功能，带动人口和产业在点上集聚，以此为触媒带动片区发展。

### 3. 产学研深入融合，加快产业发展

充分发挥花溪大学城、清镇职教城的作用，并与贵安新区产业发展相结合，同时围绕产业发展，积极引入科技创新资源和平台，推动"双创"发展，带动贵安新区产业发展，并通过产业发展带动人气集聚和新区建设。

### 4. 加强生态建设，培育新区新优势

贵安新区良好的生态环境既是新区发展的优势，也是新区发展面临的挑战。为此，贵安新区加强生态建设既是确保生态安全的需要，也是增强新区发展优势

的需要。应在严守生态底线的前提下，加大投入、积极保护，并围绕"产业生态化、生态产业化"发挥生态综合效益。

### 5. 拓宽融资渠道，优化投资结构

顺应国家关于新区发展，特别是加强政府债务管理的有关要求，理顺管委会与开发公司的关系。根据新区开发进度和规模，合理确定融资规模，拓宽融资渠道，降低融资成本。在投资方面，根据新区发展重心调整，优化投资结构，发挥资金投放效益，促进贵安新区健康可持续发展。

# 3.4 天府新区

## 3.4.1 新区基本情况

　　四川天府新区位于成都市南部，涉及成都市的天府新区成都直管区、成都高新区、双流区、龙泉驿区、新津县、简阳市[①]，以及眉山市的彭山区、仁寿县，总面积1578平方公里。2010年9月，四川省委省

图3-16　天府新区区位图

---

① 县级简阳市原由地级资阳市代管，2017年划归成都市代管。

政府作出规划建设天府新区的决定，2014年10月，国务院正式批复天府新区为国家级新区。到2016年末，天府新区户籍人口162.8万、外来常住人口66.2万，全年GDP为1810.5亿元。

## 3.4.2 规划编制情况

### 1. 规划编制基本情况

天府新区设立以来，编制了两版总体规划，并都得到省政府的批复。天府新区于2010年设立后，由四川省住房和城乡建设厅组织编制了总体规划，并于2011年11月获得省政府的正式批准。2014年11月，基于天府新区正式获批为国家级新区的新形势和新要求，四川省住房和城乡建设厅组织开展了总体规划实施评估和修改完善，2015年11月，《四川天府新区总体规划（2010—2030年）》（2015年版）获得省政府批复。

天府新区编制了覆盖面较全的控制性详细规划，但专项规划编制相对不够完善。第一步总体规划编制后，成都、资阳、眉山三市分别组织编制了三个分区规划和九个片区控制性详细规划，并分别于2012年6月和12月通过省天府新区规划建设委员会审查。同时，相关主体编制了交通、市政、生态等多项专项规划，但规划范围以成都部分和直管区居多，以天府新区整体为编制范围的仅综合交通规划和轨道线网规划。

### 2. 规划编制主要经验

省级政府主导总体规划编制，并实现编制、审批、评估、修改的动态维护体制，保障了总体规划发挥战略引领和刚性管控的作用。两版总体规划都及时获得省政府批复，有效地建立了总体规划的权威。2014年天府新区经国务院批复为国家级新区后，各片区扩大发展规模、提高工业用地比重的诉求强烈，但省级层面组织总体规划实施评估，从国家级新区战略使命和现状土地使用效率等方面有效论证了控制规模扩张、坚持工业和服务业"双轮驱动"的必要性，新一版总体规划进一步明确了开发边界，对绿化隔离地区的可建设用地规模提出了明确要求，对于天府新区保持良性发展发挥了战略引领和刚性管控作用。

天府新区各级各类规划编制情况（截止到2015年）　　表3-3

| 规划层次和类型 | 规划名称 |
|---|---|
| 总体规划 | 天府新区总体规划（2011年、2015年两版） |
| 分区规划 | 成都部分分区规划 |
| | 眉山部分分区规划 |
| | "两湖一山"国际旅游功能区分区规划 |
| 控制性详细规划 | 天府新城、创新研发产业功能区、空港高技术产业功能区、成眉战略新兴功能区、龙泉高端制造产业功能区、现代农业科技功能区、青龙片区，视高片区，三岔湖起步区 |
| 交通专项规划 | 天府新区综合交通规划 |
| | 天府新区轨道交通线网规划 |
| | 天府新区直管区综合交通体系概念规划设计深化 |
| | 天府新区直管区现代有轨电车线网规划 |
| 市政专项规划 | 天府新区成都部分燃气设施布局规划 |
| | 天府新区加油加气站布局规划 |
| | 天府新区成都部分电力设施布局规划 |
| | 天府新区成都部分消防规划 |
| 生态专项规划 | 天府新区生态绿地系统与水系规划 |
| | 天府新区成都分区生态环境与绿地系统控制规划 |
| | 天府新区直管区河湖水系规划 |

　　在规划内容上，总体规划探索了组合型城市、产城融合、城乡融合等的布局理念，为建设拓展和提升了"天府之国"宜居特征。总体规划确定了"一带两翼、一城六区"的空间结构，于新区中部布局高端服务功能集聚带，两翼布局产业功能带，以"组合型城市"的理念布局天府新城和六个产城综合功能区，主要的功能区建设用地规模介于45~162平方公里，功能区之间以生态绿化隔离区和较宽的生态走廊隔离。总体规划提出"现代产业、现代生活、现代都市三位一体协调发展"的规划理念，将天府新城和综合功能区划分为数十个产城单元，相对均衡的规划就业用地和生活用地，配置完整的生活服务设施。总体规划明确了城市建设用地以外生态绿化隔离区的功能分区、区内乡镇的产业功能发展指引和建设用地规模、农村新型社区的布点要求和设施配置标准，对控制乡镇建设无序蔓延、发挥乡镇地区生态和特色服务功能发挥了引导和控制作用。

　　经过规划实施评估，第二版总体规划及时调整了过高的经济增长和城市规模目标，将其调整为以制造业为主的产业发展思路，契合了新的发展形势和理念要求。2011年版总体规划提出的天府新区发展目标主要包括2030年规划总人口

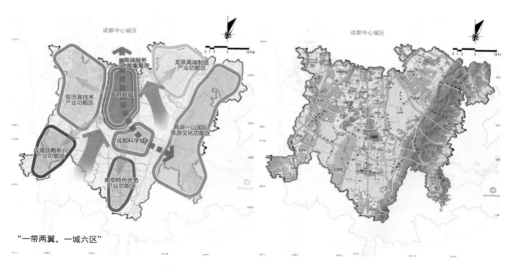

图3-17　天府新区空间结构和用地布局

600万~650万，城镇建设用地650平方公里，GDP达12000亿元左右。从此后的规划实施情况看，天府新区的人口、建设用地和经济增长都未实现预期目标：①2012~2014年三年常住人口年均增量为20.5万，城镇建设用地年均增量为21平方公里（含已批未建用地），皆只为规划预期的2/3；②规划2011~2015年GDP年均增速为26.5%，实际2011~2014年年均名义增速为22.4%，2015年以后GDP增速则进一步下滑至10%以下。为此，因新常态下经济增速换挡形势，新一轮总体规划调减2030年常住人口100万、调减城镇建设用地70平方公里，取消2030年GDP达到12000亿元的目标，只提出经济增速高于全省两个百分点的目标（实际相当于2030年GDP调减为6000亿~8000亿元）。同时，取消上一版总体规划提出的"再造一个产业成都"的目标，将以制造业为主的产业定位调整为先进制造业和高端服务业"双轮驱动"模式。

## 3.4.3　建设实施评估

### 1. 开发建设基本情况

自2011年启动建设以来，天府新区各项建设快速推进，各片区建设同步推进，基础设施建设大规模开展，产业引进也呈良好态势。截至2015年末，天府新区建设用地（含在建与出让待建用地）达到338.8平方公里，相对于总体规划的规划基数2010年底190平方公里，增加148.8平方公里，每年增加约30平方公里，用地规模呈现快速扩张态势，且8个片区建设用地都呈快速扩张态势。2015年固定资产投资达到1309亿元，五年固定资产投资累计近5000亿元，而包括在项目上的投资则达到近万亿元的规模。在产业方面，天府新区形成了电子信息、汽车制造为主导的工业结构，两大产业产值都超过1000亿元，占制造业比重超过70%，主导地位突出，同时新能源、新材料、生物医药、高端装备等产业呈现快速增长势头。目前，已经引入一批高端服务业项目，包括阿里巴巴、腾讯地区运营总部、兵器集团、中科院、苏宁、中冶、中铁、中建等机构，多个科技园和孵化器在此启动建设。

## 2．开发建设主要经验

生态优先、基础设施适度超前，提升新区建设总体品质和承载能力。2011年，天府新区启动了"三纵一横一轨一湖"建设，即建设天府大道中轴线、红星路南延线、元华路南延线、正公路东西延线、地铁1号线南延线、兴隆湖生态绿地工程。高标准建设的天府大道中轴线工程有效地拉开了中部高端服务功能集聚带的

图例 ▭ 社会事业、安置房项目 ▭ 已供地项目 ▭ 已签约项目 ▭ 在谈项目

图3-18 兴隆湖和天府公园建设带动服务业和创新产业项目快速集聚

图3-19 兴隆湖周边建设实景

图3-20 天府新区大源商务区小街区示意

框架，提升了中轴线地区项目吸引力；兴隆湖则通过高质量的生态景观建设成为天府新区的标志性地区，带动了成都科学城的开发和项目集聚。此外，在规划秦皇寺商务区内率先建设了占地1.6平方公里的天府公园，已经成为市民休闲的好去处。

**较早采用"小街区、密路网"模式建设商务和创新型产业区，建设了一批脉络畅通、尺度宜人的宜业、宜居街区。** 属于天府新区一部分的成都高新区南区在大源商务区、新川创新科技园较早推行小街区示范区建设。大源商务区占地面积约有330亩，被10多条中小街道分隔围合成10个小地块，每个地块的街区单元尺度为100米（130米、160米）×150米不等，较好提升了商务区的交通畅通性，同时临街商业活力得到较大提升。目前，成都市出台了《成都市"小街区规制"规划管理技术规定》，小街区建设将在新区建设和老区改造中得到更广泛的推广。

### 3．新区建设存在的问题

**制造业层次不高，服务业发展不足。** 目前，天府新区的电子信息、汽车两大产业快速发展，年产值皆超过千亿元。但是，两大产业总体上层次不高，电子信息制造以仁宝、纬创这样的代工企业为主，汽车制造以中低端车总装为主，核心零部件在地化仍不足。此外，部分园区引入了一些层次较低的产业，如青龙、视高片区引入了精细化工以及玻璃建材、印刷包装、金属制品等产业，不符合天府新区产业"高端发展"的要求。在服务业领域，虽然天府新区的软件外包行业形成一定规模，跨境金融、电子商务、科技研发等服务贸易领域发展比较薄弱，与天府新区要发挥区域辐射和创新引领作用的目标差距较大。

**建设用地增长过快，用地效率总体上偏低。** 天府新区八大片区建设同步推进，各片区建设用地都呈现较快增长局面，2011～2014年，城镇建设用地年均增长21平方公里（含已批未建设用地），超过成都全市年度城镇建设用地增长指标的40%。建设用地的快速增长，主要源于工业用地的粗放投放，2015年天府新区工业用地产出强度44亿元/平方公里，低于西部国家级开发区平均水平（85亿元/平方公里）。特别是天府新区的外围片区青龙、视高片区产出强度仅为27亿元/平方公里。

**骨干性路网建设超前，但内部路网、支路网不完善，公共交通建设滞后。** 天府新区启动建设数年来，城市骨架道路网基本形成，元华路、站华路、红星路南延线、天府大道等快速路和主干路已经建成或在建。但新区路网的自身系统性不足，仍过多依赖成都中心城区，表现为与成都中心城区联系的南北向道路建设较快，而服务自身的东西向道路建设滞后，特别是北部支路网建设比较薄弱。新区范围内尚未形成公交骨架快线、公交普通干线以及公交普通支线的分级公交体系，公交出行比例不高，成都片区与华阳片区在公交运营管理上仍未统一。

主要市政设施建设符合预期，但环境类基础设施建设滞后。天府新区在给水、电力、燃气等市政基础设施方面基本按规划有序实施，未出现市政设施供给或服务不足的情况。但是，环境类基础设施建设滞后，现状规模以上污水处理厂设计规模仅为1万～4万吨/日，多数处于满负荷甚至超负荷运行状态，污水处理率有所下降，近期规划中新增的数座污水处理厂（一期）工程均未实施。天府新区范围内规划的2座焚烧厂尚未按规划建成。不过，通过在市域范围内统筹配置，尚能够满足现状垃圾收运及处理的需求。

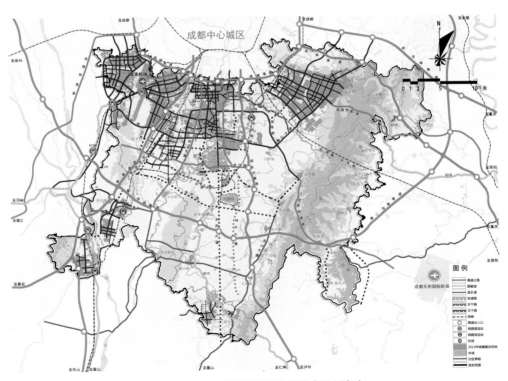

图3-21 天府新区路网建设情况（2015年）

## 3.4.4 管理体制评估

### 1.管理体制基本情况

天府新区的管理体制特征是省级层面负责宏观决策和重大事项协调工作,市级层面负责具体开发建设和社会事务管理工作。在省级层面,先后成立了"规划建设领导小组""管理委员会办公室""建设领导小组",由省级领导负责领导小组或管委会办公室工作,主要承担总体规划审查、重大事项协调、重大项目推进等工作。在市级层面,管理体制为各片区在所在市的统筹协调下具体负责片区内开发建设和社会管理工作。2013年,天府新区成都片区成立管理委员会,为成都市政府派出机构,行使市级经济管理权限,具体负责564平方公里直管区(由双流区划出的部分乡镇)的开发建设,该区域内社会管理、公共服务事务也由管委会托管。但天府新区成都片区的其他部分仍由成都高新区、双流区、龙泉驿区、新津县各自负责管理。2014年,天府新区资阳片区成立管理委员会,为资阳市政府派出机构,简阳市划归成都市托管后,该片区由县级简阳市负责管理。天府新区眉山片区则分别由所在地的彭山区、仁寿县政府负责管理。

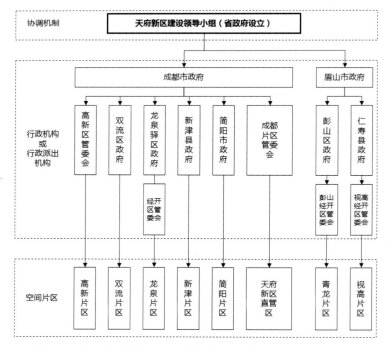

图3-22 2017年天府新区行政管理架构(行政机构未区分行政层级)

## 2．管理体制主要经验

省级政府负责规划和重大事项协调、市县两级负责规划实施和开发建设的体制，有效发挥了省级战略引领作用，激发了市县开发建设活力。在省级层面，管理体制经历了三次变化：①"规划建设领导小组"阶段。2010年四川省设立"四川省成都天府新区"后，即成立了以省长为组长的天府新区规划建设领导小组，负责审定天府新区的各层次规划、统筹协调重大项目建设。②管理委员会办公室阶段。2014年，国务院正式批复四川天府新区为国家级新区后，在省级层面设立四川天府新区管理委员会办公室，办公室机构设在省发展改革委。2015年，中央机构编制委员会办公室正式批复设立四川天府新区管委会，管委会下设办公室机构由省发展改革委独立出来。办公室负责开展政策研究、规划管理、重大产业布局和重大项目推进等工作，协调、指导、督促三个片区的开发建设。③"建设领导小组"阶段。2017年，四川省成立了四川天府新区建设领导小组，由省长任组长，领导小组办公室设立在省发改委，承担日常工作。原天府新区管理委员会及其办公室不再保留。在成立管理委员会阶段，省级层面在重大产业布局和重大项目推进方面的权限扩大，但管理委员会不具有实质的财政、人事权力，推进相关工作面临很大阻力。同时，市县政府在具体规划执行和项目建设方面受到一定的干扰，也不利于其灵活主动性的发挥。因此，2017年省政府适时作出决定撤销管理委员会办公室，回归省级领导小组的体制，总体上有利于省、市县各自发挥相应的职责，形成良性运作体制。

## 3．管理体制存在的问题

在省级层面，天府新区与周边地区规划建设的协调机制缺位。受惠于成都和天府新区的整体带动，近年来天府新区周边地区发展潜力迅速增强，目前眉山和资阳两市在外围地区编制的各种类型功能区规划建设用地总规模超过200平方公里，形成环绕天府新区发展的空间格局。考虑到天府新区生态廊道和水系的开放性较强，且整个成都平原地区以静风气候为主，污染空气扩散能力差，对周边地区的开发建设要进行合理管控，但目前在省级层面还缺乏有效的管控和协调机制。

天府新区统一范围的专项规划编制主体缺位，造成相关协调难度大。天府新区现行省统筹、市实施体制有效地激发了各片区的发展活力，但天府新区全域统筹能力相对不足，主要体现在省级层面的天府新区建设委员会为协调机构，具体执行层面的权能有限；成都片区管委会"准行政区化"，统一负责直管区内经济和社会管理，但直管区外由区县、经开区和高新区管理，未能实现管理一体化。特别是涉及天府新区各专项系统建设的专项规划，缺乏组织编制规划的主体，使得生态环境、市政设施建设、产业发展等协调难度大。

## 3.4.5 对天府新区的展望与建议

### 1．加强专项规划和下层次规划编制，完善规划编制体系

为强化天府新区内部专项建设的统一、协调，应加快编制覆盖天府新区全域的海绵城市、综合管廊、非建设用地和镇村规划等专项规划。在保持各片区范围和规模基本不变的基础上，已编制的专项规划和各片区分区规划、控制性详细规划及城市设计根据2015版总体规划及时进行修改、完善、调整。根据中央城市工作会议要求，积极探索天府新区"多规合一"，以总体规划为基础，统筹部门规划，进一步落实自贸区及临空经济区空间布局。

### 2．提升规划实施的系统性，促进产城融合，提高宜居品质

新区总体规划对每一个产城融合单元配置了相对均衡的就业和居住用地，配置了较完善的基础设施和公共服务设施，且这些内容在分区规划和控制性详细规划中得到进一步落实。新区的开发建设要本着全面、系统实施总体规划的精神，在土地开发、产业项目建设的同时，要加强配套居住、配套公共服务、配套公园绿地等的建设，将产城融合理念转化为新区建设实效。进一步落实"公园城市"的理念，以"公园城市"建设统领城市品质的提升。

### 3．健全外部区域协调、内部区县协同机制，完善规划管理体制

加强部门配合，建立由省级规划主管部门牵头、省级相关部门和片区管理部门参与的规划协调机制，提升各专项规划和建设的协调性，提升天府新区成都片区和眉山片区开发建设的协调性。建立完善天府新区规划建设公众平台，鼓励广

大市民参与新区建设管理，实现共治共管。加快制定天府新区规划实施管理的规范性文件，进一步明确相关部门和地方政府规划管理权责，规范各层次、各类型规划的编制、审查、审批、督查和审计等工作。

# 3.5 武汉东湖高新区

## 3.5.1 开发区基本情况

　　东湖新技术开发区（以下简称"东湖高新区"）辖区面积约519.98平方公里，包括光谷现代服务业园、光谷生物城、光谷中心城、光谷智能制造产业园、光谷光电子信息产业园、光谷未来科技城、武汉东湖综合保税区和光谷中华科技产业园八大园区。2016

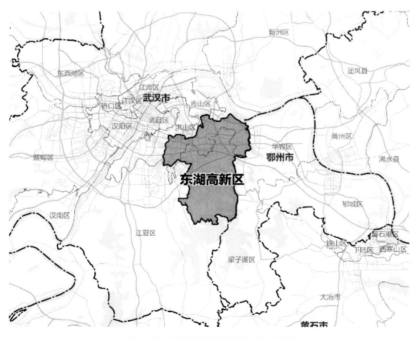

图3-23　武汉东湖高新区区位示意图

年全区企业总收入11367亿元，同比增长13.0%。至2016年底，全区总人口约108万，城镇化率约95%，城镇建设用地为168.0平方公里。

## 1. 历史沿革

起步期和培育期（2001年以前）。1988年，武汉东湖高新区成立。1991年获批为国家高新技术产业开发区，批复面积为24平方公里。1999年托管洪山区的"四村"。2000年托管江夏区的"五村一委"。到2000年底，东湖高新区的管理范围约为50平方公里。

发展期（2001~2005年）。2001年，东湖高新区获批国家光电子信息产业基地。自2000年托管洪山区和江夏区的"九村一委"后，2005年又托管了江夏区的"十三村一委"，托管面积增加约52平方公里，此时东湖高新区的托管面积为136平方公里。

高速增长期（2006年至今）。2006年，东湖高新区被列为全国建设世界一流科技园区试点之一，同期确定为国家服务外包基地城市示范区。至2009年，东湖高新区的管辖范围增加至约224平方公里。2009年12月，东湖高新区被国务院批准建设国家自主创新示范区，武汉市将东湖高新区的托管面积增加至518平方公里。

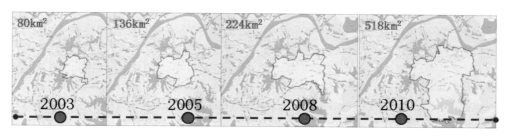

图3-24　东湖高新区扩区发展示意图

## 2. 经济发展

"十二五"期间，东湖高新区年均增速保持在28%左右，2016年企业总收入为11367亿元，同比增长13%。东湖高新区已经形成了以光电子信息为支柱型产业，以生物、环保节能、高端装备制造为战略型产业，以现代服务业为先导型产业的"131"产业架构。光电子产业收入约占企业总收入的一半，现代服务业收入占企业总收入的1/5，生物、环保、高端装备行业齐头并进，行业收入各占企业总收入的10%左右。近年来，在新经济、新动能的助推下，集成电路和网络经济蓄势崛起，形成"5+2"格局。

东湖高新区的光电子信息产业产值已突破5000亿元，成为世界级光电子信息产业集群。国家存储器基地、武汉新芯、华星光电、武汉天马、摩托罗拉武汉全球产业园、华为武汉基地、奇宏武汉产业基地等一批重大项目加速实施，集成电路、移动互联、新型显示产业链条初具雏形，3D打印、跨境电商、云计算、大数据、机器人、地球空间信息等领域进入发展快车道，智能家居、可穿戴设备等新兴领域实现提前布局，进一步巩固了东湖高新区代表国家参与全球竞争主力军的地位。

# 3.5.2 规划编制情况

## 1．规划历程和规划体系概况

2012年5月，武汉市人民政府批复了《东湖国家自主创新示范区总体规划（2011—2020年）》，至2015年东湖高新区总体建设用地规模控制在182平方公里，城市人口控制在95万以内。东湖高新区管委会组织编制了控制性详细规划导则，覆盖189平方公里用地面积。2015年1月控制性详细规划导则获市政府批复。在控制性详细规划导则指导下，根据不同园区自身特色编制控制性详细规划、城市设

图3-25 东湖高新区总规近期用地规划图（左）和控规导则编制单元图（右）

计、修建性详细规划等。还根据具体需求编制了各类专项规划、近期建设规划、重点功能区规划等。

## 2. 规划经验

① 与城市总体规划同步编制高新区总体规划，确保两者协调一致。

自2016年武汉市启动城市总体规划修编的前期工作以来，东湖高新区也于2016年同步启动了高新区总体规划的修编工作，在各项规划内容方面与武汉市城市总体规划紧密衔接，确保两者在主要规划思路和关键指标上保持高度一致。

② 建立了统一的国土和规划信息管理平台，有利于减少规划矛盾、提高管理效率。

武汉市较早实现了规划和国土部门的整合，也因此较早建立了统一的国土和规划信息平台，能够实现全市的现状建设、土地出让、规划审批情况、人口经济数据等方面的数据集成，将发改、规划、国土、住建、交通、环保、水务等30多个部门，12个行业的信息资源进行整合，实现各部门业务系统之间的同步数据交换，解决众多规划缺乏衔接、彼此交叉、内容冲突等问题，达到提高行政审批速度、辅助项目选址等目的。

③ 高度重视规划实施评估。

东湖高新区高度重视规划的实施评估工作，建立了"一年一维护、两年一评估"的工作机制，每两年发布高新区规划建设白皮书，有利于及时发现和解决规划实施中的问题。

## 3. 规划问题

① 城市总体规划对东湖高新区的发展速度明显低估，预留建设用地指标严重不足。

武汉总体规划中规划2020年东湖高新区城镇建设用地49平方公里，人口58万。而至2015年底，全区总人口约105万，城镇化率约95%，已经远超总体规划中对城市功能组团规模的预测。城市总体规划用地布局方案满足不了高新区快速增长的用地需求。

② 控制性详细规划建设用地突破城市总体规划，且部分现状建成区域的控制性详细规划尚未得到批复。

通过东湖高新区已批复控制性详细规划与《武汉市城市总体规划（2010–2020

年)》中关于2020年规划建设用地对比得出，控制性详细规划超出城市总体规划建设用地的比例为12.5%，存在较明显地突破城市总体规划的情况。通过东湖高新区已批复控制性详细规划与现状建设用地情况对比得出，花山和左岭区域虽然已经基本建成，但这些区域在建成时还没有已批复的控制性详细规划。

## 3.5.3 建设实施评估

### 1. 开发建设概况

东湖高新区2016年现状城镇建设用地为168平方公里，占控制性详细规划导则规划建设用地总量的92.3%，人均城镇建设用地为156平方米。工业用地占建设用地比例为24.11%，居住用地占建设用地比例为22.22%，道路与交通设施用地占建设用地比例为31.74%，绿地与广场用地占建设用地比例为2.24%。

### 2. 建设经验

① 用地比较集约，严控土地闲置浪费。

规划用地建成率方面，武汉东湖高新区规划用地建成率为77%，略高于其他城市开发区60%的水平。这主要得益于东湖高新区在前期在招商阶段就非常重视对项目质量的把关，对项目的建设进度提出了严格的要求，绝大部分建设项目推进较快，能够迅速产生经济贡献。同时，在后期也非常注重对闲置土地的清理，制定专门的闲置土地清理计划，有效避免了土地的闲置浪费。

② 营造了良好的政策环境，有利于吸引优质项目，保持了较高的土地产出效率。

东湖高新区的地均工业产值达到150亿元/平方公里，明显高于国家级开发区80亿元/平方公里的平均水平。东湖高新区能够达到较高用地产出效率的原因是多方面的，除了用地比较集约外，主要原因在于东湖高新区的优质企业众多，而这又得益于东湖高新区良好的政策环境。除了国家赋予的优惠政策外，东湖高新区还制定了大量引进人才、鼓励创新的地方优惠政策，同时设立了多个鼓励创新创业的孵化器项目，使得东湖高新区在吸引人才和优质企业方面具有比较强的竞争力。

东湖高新区鼓励创新创业的主要政策　表3-4

| 人才政策 | "3551光谷人才计划" | |
|---|---|---|
| | 海外留学人员优惠政策 | |
| 企业招商政策 | 关于加快推进众创空间建设发展的支持意见 | 众创企业 |
| | 关于推进全区社零额工作的实施办法 | 商贸企业 |
| | 关于进一步加快软件和信息服务业发展的若干政策（试行） | 软件企业 |
| | 关于印发《武汉东湖新技术开发区科技创新券实施办法（试行）》的通知 | 高新企业 |
| | 关于促进工业经济平稳较快发展的实施意见（试行） | 高新企业 |
| | 关于印发《武汉东湖新技术开发区管委会关于鼓励高新技术企业认定的暂行办法》的通知 | 高新企业 |
| | 武汉东湖新技术开发区的地方税收优惠政策 | 高新企业 |
| | 鼓励证券投资基金发展的优惠政策 | 金融产业 |
| | "三资"企业优惠政策 | 外资企业 |
| | 武汉东湖高新区有关投资优惠政策 | 招商投资 |

③ 大力推进产学研合作，设立大学科技园，高效利用本地智力资源。

与北、上、深相比，东湖高新区的创新发展平台没有明显优势，特别是在科技投入、国际化、开放政策方面，但是却同样取得了突出的创新发展成就，其原因在于东湖高新区对武汉本地高校、科研机构等创新资源的高效利用。通过设立大学科技园、建立产学研合作机制等方式，将本地丰富的智力资源有效地转化为产业创新发展动力。

在调研中发现，东湖高新区内大部分企业都是武汉大学、华中科技大学等武汉高校或科研院所的教师创办，这些企业的主要研发合作对象和主要员工来源也都是武汉市本地的高校。光电子产业之所以成为东湖的主导产业，也与武汉高校在通信、光电领域的专业优势有密切关系。这些都说明了东湖高新区的创新模式具有很强的本地化特征。从科技拨款情况来看，北京、上海、西安的高新区获得的科技拨款远高于东湖高新区，东湖高新区获得万元营业收入所需的财政科技拨款数远低于其他高新区，这表明东湖高新区的创新模式对上级政府的科技资金投入依赖程度较低，对本地智力资源的利用效率较高。

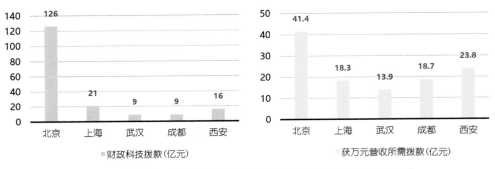

图3-26　各高新区获得的财政科技拨款总量及利用效率对比（2013年）

### 3.建设问题：生活服务功能发展滞后，职住分离现象明显

东湖高新区依托高新技术产业和众多高校及科研单位，发展速度快，人口集聚效应明显，但公共服务配置等级较低，城市公共服务无法满足园区企业的要求，导致其对主城区的依赖较大，存在严重的职住分离问题。这也导致东湖高新区的"钟摆式"通行模式明显，导致交通压力大、通勤时间长、职住不平衡、生活品质降低的问题，也提高了企业经营成本。

职住分离问题的产生原因主要有以下几方面。

① 公共和商业服务设施总量严重不足，实际建设情况远远落后于规划预期。

除教育科研用地外，东湖的其他所有公共服务设施和商业服务设施用地都远未达到规划要求，大部分都不到50%的实现度。考虑已建成的服务设施中还包括ATP网球中心、高尔夫球场等占地规模极大的项目，实际上可供日常使用的公共和商业设施更显不足。

东湖高新区的公共管理与公共服务设施实现情况　　　　　表3-5

| 用地代码 | 用地性质 | 2015现状（公顷） | 2015规划（公顷） | 实现度 |
|---|---|---|---|---|
| A1 | 行政办公用地 | 99.92 | 112.68 | 88.68% |
| A2 | 文化设施用地 | 39.81 | 134.12 | 29.68% |
| A3 | 教育科研用地 | 1670.75 | 1194.79 | 139.84% |
| A4 | 体育用地 | 88.80 | 151.18 | 58.74% |
| A5 | 医疗卫生用地 | 48.11 | 110.5 | 43.54% |
| A6 | 社会福利设施用地 | 9.25 | 25.99 | 35.57% |
| B | 商业服务设施用地 | 311.13 | 867.91 | 35.85% |

② 居住用地规划预留不足，面临严重的住房紧缺问题。

东湖高新区的居住用地比例是参照国内其他工业园区确定的，规划的居住用地比例仅占城市建设用地的20.3%，远低于国家标准（25%~40%）。而实际上由于居住用地建设滞后，真正建成的居住用地仅占现状建设用地的16.57%，且分布严重不均，过度集中在鲁巷区域。此外，东湖已建成的居住用地中有相当比例是还建房（占规划居住用地的16.55%，占现状已建居住用地的28.17%，占现状新增居住用地75.9%），主要用于安置被拆迁的村民，无法对住宅市场形成有效供给。这些原因造成大部分园区的居住用地严重不足，无法满足企业职工的居住需求，不得不居住在鲁巷、武汉市中心、鄂州等地而承受长距离通勤。而由于住宅市场的供需严重失衡，东湖高新区的房价也是武汉市增长最快的区域之一，房价的过快上涨将使东湖高新区丧失相对于国内其他创新区域的生活成本优势。

③ 缺乏良好的公园绿地和景观环境，制约城市整体吸引力提升。

东湖高新区的生态本底良好，山水环境资源丰富，但整体利用效果不好。建设成熟的城市公园和郊野公园少，功能布局与优势景观资源缺乏结合，无法满足创新人才对生态环境的需求。2015年，东湖高新区范围内的绿地规模合计803公顷，与规划目标值差距较大；现状人均绿地面积为8.05平方米，人均公园绿地面积仅1.8平方米（规划人均公园绿地面积达到15.5平方米）。东湖高新区已建成区特别是鲁巷、流芳附近绿地破碎，无法形成连续贯通的绿地系统。城市绿地多为道路防护绿地和街旁绿地，公园少、可达性差，缺少结合绿地的康体休闲设施。

## 3.5.4 管理体制评估

### 1. 管理体制概况

武汉东湖高新区管理委员会根据《东湖国家自主创新示范区条例》（2015年省级法规）规定，"行使市人民政府相应的行政管理权限，承担相应的法律责任"。高新区下设八大园区各设相应的管理办公室，开展招商引资和规划建设工作。为提高行政审批效率，目前高新区建设项目的方案审查、项目审批等职能已经统一划归到高新区政务审批局。

武汉市东湖高新区规划局（加挂市规划分局的牌子）在规划管理上具有较高

的独立性。高新区总体规划（东湖国家自主创新示范区总体规划，类似分区规划）由市政府审批后开发区管委会实施，控制性详细规划由高新区管委会审批。

## 2．管理经验：成立政务服务局，精简审批流程，提升政府服务效能

东湖高新区成立了政务服务局，制定了一系列精简流程、提高效率的行政审批制度，使东湖高新区的政务服务水平跃上新台阶，惠及大批企业和群众，达到了改革预期目标。需要办理的事项大量减少，办事时间持续缩短，办事更加便捷透明。

集成机构"减窗口" 将东湖高新区各职能部门承担的全部行政许可事项统一划转至政务服务局，原部门不再直接办理行政审批事项，原部门的26枚印章变成1枚审批专用章。国税、地税、公安等4个市直垂管部门也将审批职能整合归并，成立审批科，整建制地进驻政务服务中心。将行政审批事项办理所需的申请、受理、审查、决定、送达等基本程序环节以及技术审查等特别程序环节，统一交由政务服务局组织实施，变原来的外部程序为现在的内部程序，实现"前台统一受理、后台分类审批、统一窗口出件"。

集成流程"减环节" 改变原来按部门内部流程划分事项的做法，按照"一个流程"解决"一件事"的标准，对单部门办结事项流程不断压缩、简化；对多部门综合办结事项流程进行整合、归并；对没有法定顺序要求的流程一律同步推进，杜绝不同环节互为前置等问题的出现。

集成信息"提效率" 推进"互联网+政务服务"，整合各方面资源，打造"一个数据库、一朵政务云、一张服务网"，以信息化提升服务效率。按照集约化、

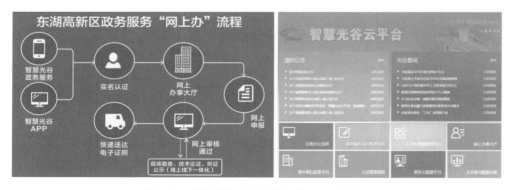

图3-27 东湖高新区政务服务局的网上服务项目

智能化的理念，建立智慧光谷云平台，以手机APP和PC客户端为载体，集成移动办公、在线审批、网上办事、事中事后信息化监管和大数据分析应用等综合功能，推行智慧政务应用和智慧生活云服务。

### 3．管理问题

① 社会管理职能有待完善。

因为东湖高新区并不是完整的一级行政单元，社会经济统计口径不清晰，如人口等社会经济数据缺少统计资料，主要经济指标为技工贸总收入，没有GDP等数据。同时，高新区在向一级政府发展过程中社会管理职能有待完善，这也在一定程度上导致东湖高新区的生活配套功能建设滞后。

② 历经多次扩区发展，但目前仍未通过原审批机构更新批复范围。

1991年3月经原国家科委批准确定东湖高新区的总面积为24平方公里，经过多次扩区调整，高新区实际的规划建设管理范围已经超过518平方公里，但目前仍未更新原批复范围。

## 3.5.5 对武汉东湖高新区的发展建议

### 1．提高人口和用地规模预测的科学性与弹性，并对规划进行定期评估和修正

对于像东湖高新区这样的国家政策高地和高端人才密集区，产业发展动力和人口集聚速度远超一般的城市地区，因此按照传统的趋势外推东湖高新区的人口和用地规模预测会有较大风险，容易引起规划跟不上建设的情况发生，在实际发展过程中往往会导致建设活动失控，同时也会产生生活配套和基础设施建设严重滞后的问题。东湖高新区2015年的现状人口规模超出武汉市总体规划中2020年目标的一倍还多，各项基础设施和公共服务设施严重供给不足。

因此，在未来对新城新区的规划中，应充分考虑不同的发展情境，深入剖析发展动力，更加科学地预测城市的人口和用地规模，并通过划定城镇开发边界等方式增强规划的弹性。同时，必须建立规划的定期评估机制，对于规划实施中产生的重要问题或偏差进行及时调整、修正，使规划能够更加有效地指引城市发展。

## 2．加快生活服务功能建设，提高产城融合水平

目前，东湖高新区整体居住配套严重不足，新中心建设发展滞后，公共服务及居住功能多集中于鲁巷地区，产业、居住、公共服务设施比例不平衡，未能形成服务功能，对鲁巷地区和老城区的依赖仍然较大，使得大量工作人员仍居住在鲁巷地区或者主城区，导致大量长时间通勤，职住关系不平衡，交通压力较大。

东湖高新区建设应坚持把"产城融合"作为城市规划和建设的主导理念，推行产业复合、规模适当、职住平衡、服务配套的空间组织方式，让市民能够在相对独立的城市空间单元中实现就近就业、就近购物和就近休闲。实行精细化管理，形成产城一体的组团化空间，实现布局融合、功能复合。方便获取公共服务，减少出行需求，避免因大规模出行带来的交通流，方便市民工作和生活。

## 3．进一步完善创新创业服务体系，优化创新创业环境

东湖高新区的核心目标之一是成为辐射区域的科技创新中心，因此提供辐射区域的创新创业服务及制造业服务是东湖高新区的核心功能之一。但是，东湖高新区当前的创新服务体系不够健全，在服务内容、规模和水平上都与顶级创新创业中心相距甚远。主要表现在服务层次偏低，孵化器模式单一，核心资源整合能力欠缺，多为创业企业提供空间、风险投资、商务服务、基础培训等，相关的创业者培训以及与大企业之间的交流，导师制等制度构建较为欠缺，常常沦为"廉价办公楼"。而作为创新前沿城市的"硅谷"，其创新和信息类产品与服务、商务设施及服务业岗位占比应达到1/3。

应尽快建立完善的创新创业服务体系，包括提供政策、风险投资、商务、中介、咨询等环节，为初创企业提供专业创业支持，为区域内企业提供相关创新服务。大力培育制造业服务企业，为企业提供包括工业设计、供应链整合、生产线优化等在内的技术服务。

# 3.6 广州开发区

## 3.6.1 开发区基本情况

1984年，经国务院批准，广州经济技术开发区成立。此后，广州经济技术开发区不断发展壮大，经过数次园区合并、区划改变和机构调整，逐步与广州高新技术产业开发区、广州出口加工区、广州保税区、中新广州知识城合署办公，形成"五区合一"管理体制，并称为广州开发区。在成立的三十多年间，广州开发区综合实力一直在全国

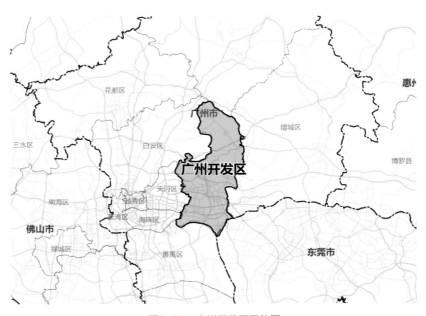

图3-28 广州开发区区位图

开发区中排名前列，获批国家自主创新示范区、国家区域"双创"示范基地，成为我国首批中欧、中以合作试点区，并逐步从产业区升级为行政区，一直是广州引领产业发展的重要力量，也是推动经济社会发展的重要引擎之一。

### 1．历史沿革

1984年，广州经济技术开发区西区成立，是第一批国家级经济技术开发区，以9.6平方公里（建设用地约6平方公里）荒地起步，吸引了广州最早一批的跨国公司——宝洁、安利等企业入驻。为更好地提升开发区的区域竞争优势，1998年广州经济技术开发区与1991年成立的广州高新技术产业开发区合署办公，由广州开发区管委会统一管理。2002年，广州开发区与广州保税区、广州出口加工区实行合署办公，形成"四区合一"的独特管理体制，灵活运用四个国家级功能区的政策优势统筹招商，逐步成为综合产业型城区。2003年广州市将原白云区萝岗街、黄埔区夏港街和笔岗社区、天河区玉树社区及黄陂、岭头两个国有农场划归开发区管辖，使开发区实际管辖面积达214平方公里。2005年，广州开发区统筹管理广州经济技术开发区和广州高新技术产业开发区，推动全区的自主创新产业发展，逐步开始从单一的产业功能区向综合城区转变。2005年4月国务院批复广州市部分行政区划调整，以广州开发区为主体新设立萝岗区，在2003年开发区代管范围基础上，增加了原白云区九佛镇和原增城市镇龙镇，开发区行政管辖面积增加至393平方公里，实行"统一领导、各有侧重、优势互补、协调发展"的两区统筹管理体制，开发区管委会在发展经济之外，开始逐步加强社会管理职能。由于行政区划调整和重大项目推动，推动了产业和居住空间的跳跃式发展，逐渐

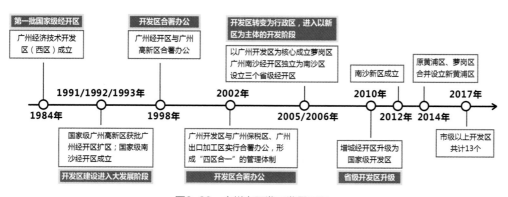

图3-29 广州市开发区发展历程

形成了一些新的居住组团，但公共服务设施配套仍较为滞后，人口集聚并未达到预期。2014年，国务院批准了广州市区划调整方案，撤销广州市黄埔区和萝岗区，设立新黄埔区，为提升开发区整体实力、弥补社会事务管理职能、弥补短板带动周边地区发展，萝岗区与原黄埔区合并，成立新黄埔区。2015年，新黄埔区正式挂牌成立，广州开发区的功能和发展空间进一步被整合。

当前，广州开发区基本转型为综合城区，早期的产业园区开始有序推进更新，新建地区以中新知识城为代表，进入创新园区的探索期和发展期，推动开发区进入多元混合、创新驱动的阶段。

### 2．经济发展

广州经济技术开发区在2017年商务部关于"国家级经济技术开发区综合发展水平考核评价"工作中，综合排名全国第三，产业基础、科技创新、对外贸易等各项指标均处于全国领先水平。广州高新技术开发区在2017年科技部关于国家高新区评价工作中，综合排名全国第十。2017年广州开发区GDP超过3200亿元，财税收入突破千亿，全区工业总产值约占全市40%，实际使用外资和合同利用外资占全市1/3，世界500强企业投资项目约占全市60%，上市高新技术企业数占广州市2/3，共聚集科技型企业约7000家，其中高新技术企业约占全市的1/4，高新技术产业产值占全市78%。

在产业发展方面，目前广州开发区已经建成电子信息、新材料等18个国家级产业基地和园区，平板显示、生物产业等4个广东省战略性新兴产业基地，电子商务、智能装备等6个市级战略性新兴产业基地，形成了电子、汽车、化工三大千亿级产业集群，新材料、食品饮料、金属制造、生物健康四大500亿级产业集群，培育了新一代信息技术、智能装备、平板显示、新材料、生物医药、电子商务六大创新型产业集群。

## 3.6.2 规划编制情况

### 1．规划经验

控制性详细规划与城市总体规划同步编制、保持一致。广州开发区现状建设用地基本未超出城市总体规划用地，控制性详细规划建设用地基本符合城市总体规划和土地利用规划。《广州市城市总体规划（2011—2020年）》于2016年由国务院正式批复，黄埔区、广州开发区位于总体规划的中心城区范围，其区层面的规划基本与市总体规划同步编制、保持一致。因此，广州开发区现状建设用地基本未超出城市总体规划用地，控制性详细规划建设用地布局与广州城市总体规划一致，并在控制性详细规划细化落实城市总体规划中的道路网络、生态空间、重大设施。

以专项规划引导低效用地清退。黄埔区、广州开发区推动《黄埔区旧厂房改造专项规划》等相关规划工作，通过存量空间的更新与改造，黄埔区、广州开发区有计划地把零散、低效的旧厂房地块进行改造整治，进一步细化落实总体规划用地布局、道路网络、生态空间和重大设施，为产业优化升级腾挪空间，推进精细化建设，为完善城市公共服务配套设施提供支持，不断推动开发区产城融合发展。

**2．规划问题：先产业后生活，对公共服务设施配套的重视不足**

广州开发区的前期规划仍采取生产功能主导的工业园区的规划和发展模式，以工业用地为主、以产业为导向的交通和市政设施配套超前，而人本导向的公共服务和生活性交通设施配套滞后，规划的生活功能空间不足。


# 3.6.3　建设实施评估

## 1．建设经验

整合优化功能，打造城市重要的新型综合城区。随着广州都市区进一步东扩，广州东部需要通过整合原萝岗中心区与原黄埔中心区，形成一个新的相对独立的强中心，促进人口和公共服务功能的集聚，增强综合服务功能和城市吸引力，跳出对老城区的依赖。在原两区城市功能的基础上，新黄埔作为综合城区逐步融入广州中心区，进一步强化了公共服务、商业服务业、居住等城市综合功能，完善生活与生产服务设施，吸引高端要素集聚，成为广州重要的新型综合城区。

加强产城一体，促进空间融合发展。两区合并之后，广州开发区开发建设逐步由产业导向回归人本主义导向的趋势，由注重功能分区、注重产业结构，转向关注融合发展、关注人的能动性、关注创新发展的转型，采取生产与生活并重的开发模式，产城融合发展加速推进，力求在空间上实现产业园区与城市功能区的互相嵌入，在功能上实现生产与生活的相互融合，在环境上实现生态与生产的相互依托。通过对存量地区的持续性、渐进式的更新，实现功能转型，结合原黄埔区黄埔港周边滨水休闲空间环境的优化，建设特色化、多样化的城市生活空间，补齐公共服务短板，提升公共服务质量。通过构建快捷交通联系，实现两区的密切互动，高标准建设了一批体育、教育、医疗卫生、公共文化等公共服务基础设施，高水平打造多个城市商业综合体和高端住宅小区，提升整体公共服务水平，进一步带动商业业态集聚，打造市级公共中心，承担辐射全区乃至更大区域的作用。

坚持以人为本，打造共建共享、引才留才的软硬环境。大力实施人才强区战略，大力推动异地务工人员管理服务创新，出台覆盖创新创业、科技领军、企业骨干、高级管理、风险投资等各类人才的政策体系，完善区级、街道级公共服务设施，优化城市生活氛围，增加针对高素质人才的人才公寓、国际社区等高端居住生活空间。

### 2．建设问题

各园区建设时间、发展阶段差异也很大，产城空间有待融合。广州开发区各政策型园区的建设时间、发展阶段差异也很大，面临不同程度的升级需求，整体产城功能有待融合。从发展历程来看，广州经济技术开发区西区于1984年成立，其内部广州保税区于1992年成立，工业用地使用期限即将或已经超过30年，面临空间整体转型升级；广州科学城于1991年成立，孵化、科技服务能力有待加强；东区、永和经济区于1993年成立，仅剩余部分新增空间；云埔工业区于1995年成立，空间也有待整合。这些产业园区前期建设以产业园区为主要模式，建设相对独立，产业、交通等功能的联系松散，公共服务设施标准低，居住用地分散且品质不高，北部地区还存在大量的村庄居民点。

功能空间呈现"大园区、弱中心"特征，空间品质有待提升。当前，广州开发区产业结构发展不均衡。原萝岗区和原黄埔区均是广州重要的产业发展地区，第二产业一直是原两区经济发展的重心，一定程度上制约了第三产业的发展。原萝岗区和原黄埔区合并之后，第三产业占比得到较大提升，2017年占比达到40%，但仍低于全市71%的平均水平。广州开发区在工业大规模发展的同时，存在有区无城、城市功能薄弱、人气相对不足的问题，城市服务功能不完善，公共服务培育滞后。现阶段，服务业的滞后发展影响了广州开发区向城市综合功能区的转型，第三产业的发展水平需要大力提升。

**公共服务设施建设较为滞后。** 广州开发区整体公共服务设施配置远远滞后于越秀、海珠、天河等区的发展水平，现状公共服务体系尚不完善，空间聚集程度较低，并且对中心城区依赖度较大。由于广州开发区建设历程较长，原位于城市远郊区的园区目前已基本处于城市近郊区，毗邻城市核心区，周边已经是城市建成区，尤其是在2005年后，进行了两次行政区划调整，从单一产业功能区向综合城区转变，尤其是在与原黄埔区合并之后，两区生产与生活功能进一步融合。但由于广州开发区一直是以产业为主的功能区，生活配套和居住人口相对不足，尤其是教育、商业、医疗等公共服务配置滞后，数量和质量均远远落后于城市核心区。同时，内部居住空间资源配置错位，品质高的住房大部分都是广州市中心区人口投资型或改善型的非刚需置业，而非日常本地就业人口的居住配置，房源紧缺但空置率居高不下。

## 3.6.4 管理体制评估

### 1. 管理体制概况

广州开发区经历了多次行政体制的调整，实现下辖各级、各类功能区的统筹管理，目前其管辖区范围远大于政策区范围。广州开发区现行体制属于国家级经开区与高新区"区政合一"型体制。

当前广州开发区内部多个国家和省级政策地区合署办公，以先进行开发区整合后成立行政区，并与原有行政区合并的方式形成"开发区为主体的行政区+行政区"模式，整合后"两块牌子一班人马"，存在经济区与行政区、行政区与行政区融合的多种需求。这种管理模式有利于统一管理经济与社会事务。目前，经济发展职能统一划归开发区管委会管理，社会民生事务归行政区管理。统一规划建设管理，推动区域经济社会协调，统一规划布局，解决公共配套供给和与周边地区发展脱节问题。

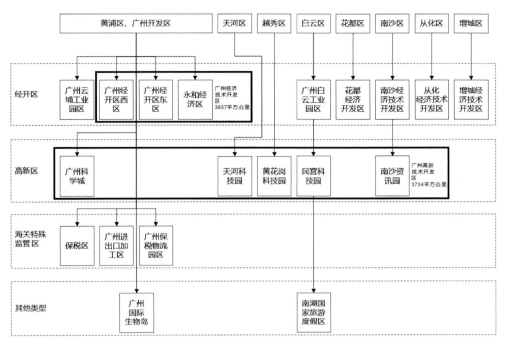

图3-30 广州市各类开发区政策区与行政管理主体的管理体系

### 2．管理经验：坚持开发区与行政区融合发展的"区政合一"型管理体制

广州开发区成立以来，其管理模式在不断持续地进行调整，从单一职能派出机构负责管理逐步向多个派出机构合署办公、协调管理转变，之后再逐步与行政区进行合并，转变为"区政合一"型管理体制。对于广州开发区而言，在刚成立的发展起步时期，单一职能派出机构能够有效推进经济建设，执行力较高。之后，由于各开发区进入高速发展阶段，平台过多、空间失序、盲目竞争等问题逐步凸显，对不同类型不同等级的开发区（经开区、高新区等）进行合署办公，并对邻近开发区的地区进行管理上的整合，可以有效遏制低效竞争，也有助于地方政府协调管理。即自1984年成立，广州开发区相继设立和整合发展了西区、东区、永和经济区、科学城（1998年成立）、出口加工区（2000年）、保税区（2002年）。在此之后，随着城市扩张发展和产业转型升级，原位于城市边缘的开发区获得向城市综合城区转型的机遇，而开发区存在的产城分离严重、社会服务能力不足和基础设施落后的情况制约了开发区进一步发展，管理模式则进一步向"区政合一"模式转变，对于广州开发区而言，即2005年经国务院批准成立以开发区为主体的行政区——萝岗区到2014年与另一个行政区合并，与广州经开区实行

分设不分家的管理机制，成立"开发区为主体的行政区+行政区"的新行政区模式，不断促进社会管理能力与经济发展能力同步提升。

## 3.6.5　对广州开发区的发展建议

需要对管理体制进行全面梳理和整合。2014年，原黄埔区、萝岗区合并成立新的广州市黄埔区，成为广州战略空间布局调整的关键地区，见证了由外贸大港到工业大区的发展历程，共同承担起再向科技强区转型发展的重大使命。两区合并之后，新黄埔区资源区位、经济产业、创新人才、体制机制、人文生态环境等优势更加突出。但机构庞大会导致分工不清，机构设置和人员编制存在交叉重复，可能影响效率和效果，一定要进行有效的体制评估之后，再推进相关体制机制改革等相关工作。但也必须看到，功能区、行政区的合并存在较长的磨合期，需要对管理体制进行全面梳理和整合，只有经济发展职能、社会民生事务、规划建设管理保持统一，才能保持区域经济社会协调，共同解决公共配套供给和与周边地区发展脱节等问题。

坚持创新驱动战略，建立创新空间体系，营造创新驱动环境。受制于发展基础和路径依赖，广州开发区的转型发展仍面临巨大挑战，如要解决好现有产业仍集中于加工制造环节、跨国公司的技术溢出不够、创新环境有待优化、创新资源有待整合、创新主体多而不强、新黄埔区的行政整合等现实问题，转型发展之路仍任重而道远。但广州开发区未来的路径是清晰的，即要坚持创新驱动战略，充分发挥好广州知识城的创新载体功能的同时，有效推进广州科学城和其他产业园区的二次开发，建立创新空间体系，营造创新驱动环境，打造创新型城区，继续推进全面的体制机制创新，营造新时代广州开发区创新发展的新环境、新动力。

# 3.7 重庆经开区

## 3.7.1 开发区基本情况

重庆经济技术开发区（以下简称"重庆经开区"）成立于1993年，是重庆市设立最早的国家级开发区，也是西部地区设立最早的国家级经开区。经开区总的管辖范围约68.3平方公里，由南区、北区、茶园组团3个相对独立的功能区组成。2015年，经开区实现地区生产总值366亿元，规模以上工业企业共158家，实现工业产值1104亿元（其中规模以上工业总产值1052.6亿元），税收收入完成41.8亿元，就业人口达到9.5万。

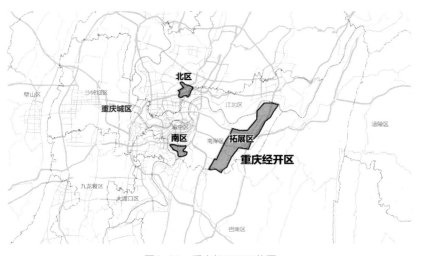

图3-31　重庆经开区区位图

### 1．发展历程

南区发展阶段（2001年前）。1990年，重庆市在南坪片区设立"丹桂台商投资区"，促进南部片区工业发展。1993年，国务院正式批复成立重庆经济技术开发区，开发区由原投资区扩大到9.6平方公里的批复范围。经开区西侧以长江为界，东侧边界为连接南岸区和巴南区的交通要道，经开区成为重庆向南拓展的重要空间平台。

"一区两片"发展阶段（2001～2010年）。2000年，重庆市成立北部新区。为加快北部新区发展，经开区南区4.6平方公里已基本建成的商贸住宅区划出经开区范围，并将北部新区范围内4.6平方公里的规划建设用地置换调整划归重庆经开区，形成经开区北区。经开区仍然维持9.6平方公里的管辖范围，布局形成"一区两片"的空间模式。

茶园组团发展阶段（2010年至今）。2010年7月，重庆市委、市政府从全市经济社会发展大局出发，对重庆经开区的管理体制作出战略调整，将重庆经开区委托南岸区管理，并将茶园组团部分区域（59平方公里）委托重庆经开区代管，其中同时符合两规的城镇建设用地面积35.19平方公里。至此，经开区管辖范围扩大到68.3平方公里，建设重心转移到茶园组团，开启经开区"第三次创业"时代。

### 2．产业发展

立足"高新技术产业基地、内陆港口开放基地"两大定位，经开区不断做大"高端装备制造、电子信息产业、现代服务业"三大产业，现有入驻企业200余家。"十二五"末，规模以上企业中电子信息企业39家，实现工业产值590亿元，占规模以上工业总产值的56.1%；装备制造企业68家，实现工业产值237.1亿元，占规模以上工业产值的22.5%。

## 3.7.2 规划编制情况

### 1．规划编制历程

在国务院批复的9.6平方公里范围内，城市建设已基本完成。2010年经开区管委会代管南岸区茶园组团59平方公里范围，为满足经开区新增范围的发展要求，重庆市规划局、重庆市经开区管委会联合编制《重庆经济技术开发区总体规

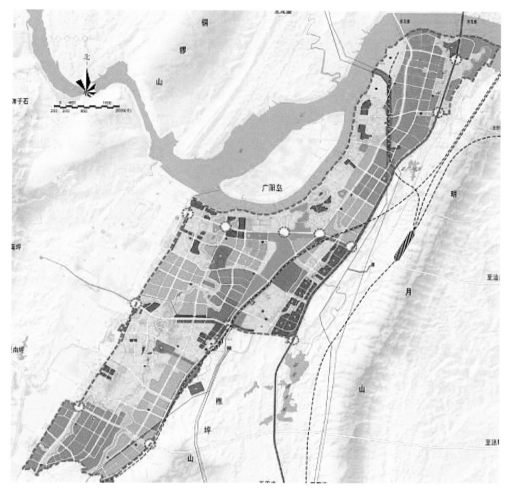

图3-32　重庆经开区用地规划图

划（2011—2020年）》，对新增59平方公里范围进行总体谋划。

2010年版经开区总体规划的规划范围为茶园组团，该范围内包括广阳镇、迎龙镇、峡口镇、长生桥镇这四镇的部分地区，以及东港港区、长江工业园、茶园工业园三个功能区。发展定位为"国家中心城市的现代产业高地，主城区东部的枢纽门户，生态宜居的滨江新城区"。规划至2020年，城市建设用地规模50.8平方公里。

2017年，经开区启动《经开区（含南坪老区）总体规划修订》，重点研究经开区南区和茶园组团两部分与重庆主城之间的关系，研究片区内高铁东站、广阳岛、广阳湾、东港等重要功能区域的产业分工与合作。总体规划修订工作包括概念规划、单元规划（街区层面控制性详细规划）和片区控制性详细规划3个层次。

## 2．规划经验

创新规划编制组织，确保规划能落实市级意图并协调区级规划。重庆市规划局与经开区管委会联合组织规划编制最新一版经开区总体规划，将重庆市级发展意图落实到经开区总体规划中。总体规划与分区规划、片区规划充分协调，使规划的实用性、落地性更强。经开区总体规划编制过程中，多次召开市级部门审查会，认真探讨重大决策问题，使经开区的发展定位与重庆发展策略充分契合。在南岸区内，区级部门、区规委会多次听取规划汇报，并与南岸区分区规划、茶园新城规划、南岸区战略规划多次对接，确保各片区统筹发展。

与重庆总体规划修订同步编制，规划内容纳入城市总体规划并通过审批。重庆经开区总体规划于2011年编制完成，通过南岸区政府和市规划局审查。为了落实经开区总体规划相关内容，确保规划在建设过程中发挥指导作用，经开区总体规划在编制过程中与正在进行的重庆总体规划修订工作充分协调和对接，最终将发展目标、发展策略、用地布局等主要内容纳入《重庆市城乡总体规划（2007—2020）》（2011年修订）。重庆总体规划修订于2011年经国务院批准实施，经开区控制性详细规划具有了法定依据。

突出总体规划的整合作用，有利于新区发展形成合力。经开区茶园组团范围内已经存在多个功能区，包括东港工业园、长江工业园和茶园工业园。同时，重庆东站片区、广阳岛的战略地位也不断凸显。经开区总体规划是整合以上不同功能片区的重要契机，综合考虑各片区协调发展和经开区的总体发展，"一心一带三片"总体空间结构有利于各片区合理分工，发展形成合力。

## 3．规划问题

① 突出了长江的交通经济价值，但对生态价值的考虑不足。总体规划沿长江规划"滨江商务休闲带"，以产业服务、商务休闲及度假娱乐为主体功能，缺少对广阳岛生态价值的分析和认识。

② 规划工业用地比重过高，不利于开发区的转型发展。总体规划布局工业用地16.5平方公里，占建设用地的32.5%，比重明显高于国家规定的用地标准。从2015年建成情况来看，工业用地比重超过40%，主要集中在长江工业园和茶园工业园，而新规划的工业用地因地形起伏大，造成建设成本高，不利于进行工业开发。

③ 缺乏对经开区南区和茶园组团的统一考虑。南区是经开区发展最早的片

区，与茶园组团一山之隔，现状已经全部建成，正处于转型升级的关键时期。而总体规划一方面未考虑南区的转型发展方向，另一方面也未考虑南区与茶园组团的协调发展。

## 3.7.3　建设实施评估

### 1．开发建设概况

经开区南区和北区已经全部建成。茶园组团处于建设初期，建设完成率约26%。南区为城市型片区，以居住用地为主，居住用地占建设用地比重41.4%，工业用地占建设用地比重22.4%，公共管理设施用地占建设用地比重4.3%，商业服务业设施用地占建设用地比重6.3%，绿地与广场用地占建设用地比重7.9%。北区为产业型地区，以工业用地为主，工业用地占建设用地比重22.3%，居住用地占建设用地比重19.5%，公共管理设施用地占建设用地比重1.8%，商业服务业设施用地占建设用地比重10.1%，绿地与广场用地占建设用地比重6.3%。

图3-33　经开区2015年建设用地情况

## 2．建设经验

**分阶段、分片区建设，与城市发展相契合。**经开区南区成立于重庆直辖之前，是重庆南部工业转型升级的战略区，以装备制造业发展为核心，推动重庆传统产业升级。2000年后，重庆加大内陆开放，经开区北区以寸滩港为核心，重点发展出口加工贸易产业，成为重庆开放程度最高的产业园区之一，寸滩港也成为内陆第一个保税港区。2010年经开区重点开发茶园组团，正值重庆深化内陆开放、建设国家中心城市的关键时期，经开区强化区域引领带动，成为重庆东部槽谷的重要增长极，突出创新发展，率先发展物联网产业，成为信息化发展的领头羊。综上所述，经开区各时期的发展策略与重庆的发展阶段密不可分，是重庆产业发展的重要引领，同时是重庆城市空间拓展的重要阵地。

**创新体制机制，充分发挥开发建设的主观能动性。**2010年以来，经开区由南岸区代管，南岸区充分利用经开区的政策优势，将经开区建设与区内茶园新城建设相融合，推动南岸区跨山向东发展。2011年，南岸区政府由南坪片区搬迁到茶园新城，加上经开区发展的强劲动力，茶园新城按照"统一规划、统一管理"的原则，正建设成为重庆现代化高新技术产业基地和最具活力的现代化生态城市。

**实施创新驱动发展战略，发挥政策优势，营造良好创新环境。**经开区经历三次创业阶段：南区阶段坚持以工业为主的发展思路；北区阶段强调对外开放策略；进入茶园发展阶段，经开区与高新区、两江新区成为重庆产业驱动的三大战略要地。与其他两个政策区相比，经开区的创新基础相对较差，但在新的发展阶段，仍然在创新发展方面取得突出成就，主要原因就是多项政策支撑创新驱动发展。2016年，重庆市、南岸区先后出台深化改革扩大加快实施创新驱动发展战略的意见，经开区提出12条创新驱动发展战略，以科技创新为核心，着力推动企业成为创新主体，激发人才创造活力，推进全方位开放式创新，加快科技成果转化，营造出良好的创新生态。

## 3．存在的问题

**经济总量不大，整体发展水平偏低。**经开区地区生产总值占全市、南岸区的比重分别不到2%和40%，与引领带动重庆片区发展的要求相比存在差距。龙头工业企业缺乏，各行业产业链完整性不足，抗风险能力相对较弱；作为体现重庆对外开放、物流贸易、科技创新的重要平台，口岸贸易、电子商务、服务外包、创新金融等新兴服务业发展仍处于起步阶段，第三产业占比明显偏低；自身财力和造血功能与转换发展动力、加快发展速度、提高发展质量、增强发展效益的要求存在差距。

重庆经开区12条创新发展战略　　　　　　　　　表3-6

| 序号 | 创新发展战略 |
|---|---|
| 1 | 加快推动物联网产业领域创新 |
| 2 | 加快推动现代服务业重点领域创新 |
| 3 | 加快完善促进企业创新的政策体系 |
| 4 | 支持金融机构创新服务模式 |
| 5 | 利用资本市场支持创新 |
| 6 | 促进协同创新 |
| 7 | 加快推进移动终端产业领域创新 |
| 8 | 加快推动大健康产业领域创新 |
| 9 | 加快引进和培育各类创新型企业 |
| 10 | 支持企业建设创新人才队伍 |
| 11 | 发挥创新平台功能 |
| 12 | 推动开放式创新 |

**人气偏低，产城融合程度不高。**产业发展与城市塑造的协同性不够，空间开发的有序性不足，区域功能、城市风貌、文化形态的定位尚不够鲜明，基础设施、公共服务设施配套与产业发展、宜居创业的要求存在较大差距。茶园组团南部片区城市各项功能基本完善，但北部东港片区起步较晚，以工业发展为主，规划居住片区建设滞后。茶园组团中心尚未形成，需要适时启动滨江区域服务中心的建设，带动经开区服务业升级。

## 3.7.4 管理体制评估

### 1. 管理体制概况

经开区管委会为政府派出机构。2013年，重庆市委办公厅、市政府决定对重庆经开区管理体制进行调整完善。经开区党务、行政管理、社会事务等由南岸区党委、政府统一管理，经开区管委会主要履行经济发展、开发建设、招商引资等职责，在项目投资、规划建设、土地管理、环境保护等方面享有行政审批权限。

经开区范围内的用地审批由南岸区规划分局负责，经开区建设管理局主要负责施工图初步设计审批及备案登记，组织编制经开区范围内的建设发展规划。

## 2. 管理经验

**按照精干、高效的原则设立内部机构。**经开区围绕推动片区经济发展这一主要职责，设立专项部门，分别负责发展策划、行政服务和市场管理，各部门分工明确又协调互补，提高总体工作效率。经济发展局负责制定全区发展战略、中长期发展规划和年度发展计划，研究协调经济运行中的重大问题。同时注重产业发展策略，对产业布局和经济结构进行适度调整和优化，引导和扶持工业经济、高新技术产业和商贸流通业的发展。建设管理局组织编制经开区总体规划，各类专项规划和控制性详细规划作为指导经开区各项建设的指导性文件。在建设层面，该局需要协调相关的招投标工作、项目审查工作，对建设安全负责。投资促进局牵头研究制定促进产业发展和招商引资的优惠政策，统筹协调综合性招商工作，通过制定招商引资年度计划，确保产业发展能顺利推进。

**加强信息平台建设，服务区内企业。**重庆经开区建立信息服务体系平台，收集汇总、整理编发相关信息。同时，经开区定期举办各项招商活动，积极策划与行业领军企业开展智能化合作，利用大数据、云计算、人工智能等现代科技手段，加快搭建"互联网"政务服务平台，推动辖区数据共建、共享、共用。

**切实增强服务意识，通过互联网不断提高行政效能和服务水平。**经开区持续开展"进企业、解难题、强服务、促发展"走访调研，探索"互联网企业服务"模式，完善企业服务平台，深入推动企业服务公共窗口、网络平台互联互通和资源共享。

**引入"管委会+公司"模式，积极融入市场。**管委会成立了土地储备中心、投资集团有限责任公司、资产经营管理有限公司，采用"管委会+公司"模式，明确政府与市场功能的分工，为园区转型升级跨越发展积蓄新动能。

## 3. 管理问题

经开区各片区之间的协调性不足。由于分阶段发展和管理体制的调整，现经开区管委会的工作重点集中在茶园组团，对南区、北区发展的统筹和协调有所欠缺。

**经开区管辖范围调整还未经原审批机构批复。** 经开区于1993年由国务院批准成立，批准面积为9.6平方公里。2001年，《对外贸易合作部国土资源部关于同意重庆经济技术开发区调整部分建设用地规划布局的复函》（外经贸资函字〔2001〕第266号）同意经开区范围调整，分为南区、北区两片建设。2013年，茶园组团划归经开区代管，新增管辖范围59平方公里，新增范围未得到原审批机构的批复。

## 3.7.5 对重庆经开区的发展建议

### 1．发展趋势

向综合性城市建设转型，提出建设"幸福经开区"。经开区建设将坚持产城融合发展理念，按照以产兴城、以城聚产、产城联动、融合发展的思路，努力建设产城融合示范区。

将创新发展作为产业发展主方向，加快"三大主导产业"集聚。经开区产业结构不断优化，正从过去机械加工为主的重工业，成功转型到以移动终端、物联网为主的电子信息产业，近年，经开区电子信息产业占68%，高端装备制造业占18%。

紧抓国家实施"一带一路""长江经济带"以及"中新（重庆）战略性互联互通示范项目"等重大机遇，加大对外开放力度，构筑全方位、多层次的开放格局，建设具有内陆临港特色的开放引领区。

### 2．发展建议

一是加强经开区与城市发展的统筹协调。作为国家级新区，经开区管委会应加强与市级部门的沟通、协调，打通经开区与市委、市政府的联系渠道，建立起与市级相关部门的联系机制。

二是高效推进综合城市建设。经开区是南岸区东向发展的重要战略地，在发展经济的同时，应加强城市建设与管理的职能。合理划分经开区管委会与南岸区政府的经济、社会方面的职能职责，加快城市中心、居住配套的建设，建成综合型城区。

三是注重经开区的示范引领作用。发挥经开区政策叠加的政策优势，加快转变发展方式，为新经济发展创造有利条件。优化经济结构向多元化发展，培育战略性新兴产业形成支柱产业，加强对物联网、大数据智能化等产业的支持力度。

# 3.8 南京经开区

## 3.8.1 开发区基本情况

　　南京经济技术开发区（以下简称"南京经开区"）于1992年成立，1993年经江苏省政府批准为省级开发区，2002年经国务院批准为国家级经济技术开发区，要求坚持以工业项目为主、吸收外资为主、出口

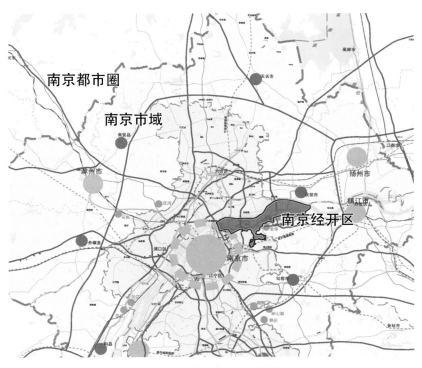

图3-34　南京经开区区位图

为主和致力于发展高新技术的方针，积极改善投资环境，逐步完善综合服务功能。2003年，国务院批准在开发区内设立国家级南京出口加工区。

### 1. 历史沿革

南京经开区至今经历三个阶段的发展历程。1992～2002年是要素集聚的1.0时代，这一时期围绕13.4平方公里政策区面积，以对外开放为导向，引进夏普、金桐石化、LG新港显示、AO史密斯等一批外资企业，还设立石化、加工、医药类企业，包括华新铜加工、宝日钢丝织品、双环电器、圣和制药、正大天晴制药、永丰余纸业等。

2003～2010年逐步形成2.0产业集群阶段，南京经开区面积为26平方公里，包括建立LG产业园、出口加工区、医药产业园、显示器产业园、液晶谷、机电产业园等，经济总量规模迅速扩大，形成以产业集群为核心的主导产业，建设各类专业园区。

2010年以来，南京经开区进入转型发展的3.0阶段，服务业比重上升、制造业比重下降。2012年，根据南京市综合改革部署，经开区新托管3个街道，发展空间由最先政策区13.4平方公里拓展到217平方公里，包括西部、中部、东部三大片区。除国家级开发区外，还拥有南京综合保税区、新港高新园两个国家级平台以及中国南京液晶谷、华侨城欢乐谷等特色功能载体。

### 2. 经济发展

2015年，管辖区内常住人口14万，从业人口11.6万，GDP总量850亿元，税收收入238.8亿元，工业总产值3711亿元，高新技术产业产值1861亿元，综合发展水平位列全国第10，世界500强企业63家，规划建设用地建成率为48%。地均产出领域，2015年开发区地均GDP为16.1亿元/平方公里，地均税收为4.5亿元/平方公里，地均工业用地产出为125.2亿元/平方公里。与上海、广州同类开发区相比，其地均GDP较低，工业用地地均产出一般。其制造业比重由2010年的90.3%下降为2015年的88%，创新能力不断提升，但与转型起步相对较早的广州经开区、北京亦庄经开区比较，仍相差5～8年的发展时间距离。

## 3.8.2 规划编制情况

### 1．规划历程和规划体系概况

南京经济技术开发区自成立起，主要按照《南京市城市总体规划（1991—2010年）》有序实施。现行版《南京市城市总体规划（2011—2020年）》编制完成后，经开区着手进行了一系列法定和非法定规划，时间集中在2013～2016年，基本在城市总体规划的框架内执行，但自身的系列规划未成体系。

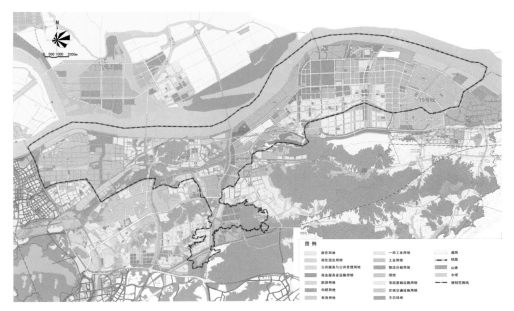

图3-35　南京经开区规划拼合图

### 2．规划问题

**以分散的板块规划为主，缺乏整体规划。**南京经开区缺少对全域用地的整体思考，现有规划都是针对各内部功能板块的具体功能定位与用地布局，是战术层次规划，而不是对经开区整体目标定位与宏观空间格局的战略思考，更不用说与范围外仙林大学城、句容宝华和下蜀镇等周边地区的统筹规划。整体层面法定规划的缺失使得经开区在发展过程中缺少内外协同，在局部地区如新生圩港定位、龙潭新城产业选择与空间结构等核心问题上没有达成共识。

経開区各板块规划一览表 表3-7

| 规划名称 | 编制时间（年） |
|---|---|
| 南京市仙林副城新港——炼油厂片区控制性详细规划 | 2015 |
| 金陵石化及周边地区工业布局调整规划 | 2015 |
| 新港片区转型提升策略研究 | 2016 |
| 新港片区生物医药产业园用地盘整研究 | 2016 |
| 南京龙潭海港枢纽经济区空间规划 | 2015 |
| 龙潭新城总体规划（2015—2030年） | 2015 |
| 栖霞山风景区总体规划 | 2013 |
| 南京市栖霞山片区控制性详细规划 | 2015 |
| 南京市紫金（新港）科技创业特别社区控制性详细规划 | 2015 |
| 南京栖霞区西岗街道桦墅特色小镇规划 | 2016 |
| 龙潭·水一方项目提升概念策划方案 | 2016 |

控制性详细规划未实现总体规划覆盖，且存在超出总体规划现象。通过经开区已批复控制性详细规划与《南京市城市总体规划（2011—2020年）》在2020年的建设用地对比得出，控制性详细规划未覆盖城市总体规划的面积达50%以上。批复控制性详细规划超出城市总体规划建设用地比例为2.1%，存在小幅突破城市总体规划的情况，究其原因，控制性详细规划超出城市总体规划的两块用地使用条件较好，同时在总体规划远景用地规划中为建设用地。此外，通过经开区现状建设用地与《南京市城市总体规划（2011—2020年）》在2020年的建设用地对比，现状建设用地也存在超出城市总体规划现象，超出建设用地比例为7%。

## 3.8.3 建设实施评估

城市建设方面，经过24年的发展，南京经开区在基础设施建设方面已实现道路、供水、供电、供热、通信、燃气、防汛、排污、公交、路灯、监控系统、绿化12项基础设施全覆盖，工业用水重复利用率及工业固废综合利用率均在90%以上，为产业集约发展提供了完善的承载平台。但道路系统和服务配套仍不完善，主要表现在道路系统未形成，跨江通道缺失，服务配套层次低、类型少。

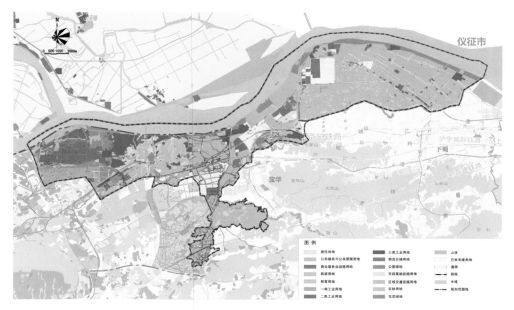

图3-36 南京经开区用地现状图

### 1．建设经验

**以港促产，促进先进制造集聚。**南京经开区具有港口优势与充足的用地条件。南京经开区拥有18公里12.5米深水岸线资源，占南京深水岸线的65%，南京境内12.5米水深岸线有四个港区，其中新生圩港区、龙潭港区、马渡港区均位于经开区境内。龙潭与马渡港区陆域纵深达到1000米，后方产业用地21平方公里，为港口提供了充足的陆域纵深与产业空间支撑。2010年以前，南京经开区以化工、造纸、金属制品等传统产业为主，这些产业由于港口运输条件获得了很大的发展，奠定了坚实的工业基础。随着产业的良性更新，以光电显示为代表的新兴产业成为当前主导产业，南京经开区已具有名列前茅的工业实力，与全国215个国家级经济开发区相比，2014年南京经开区进出口总额排名第8位，财政收入排名第20位，GDP排名第23位，税收排名第18位，工业增加值排名第14位。

**产学联动，推动科技成果应用转化。**南京经开区与仙林大学城位置相邻，联动发展初现端倪。南京经开区与仙林大学城已经形成完整科研转化链条，仙林大学城利用自身高校资源与科研优势形成技术平台公司；经开区利用自身产业优势与资本优势提供产业发展市场与基金，形成产业化项目公司，通过经开区内高新园平台将科研与产业化发展链接，推动科研技术创新应用与产业化发展。南京经开区已经引入南大光电工程研究院、南邮信息产业技术研究院等产学研转化平台，新港高新园与仙林大学城的联动除了产学研合作平台，在人才招聘方面也互相提供支持。当前，南京经开区建设形成了龙港、汇智、兴智、红枫四大科技园，承载科技创新发展，并形成企业孵化、加速成长、研发创新到总部基地、产业基地完整的企业创新成长链条，形成了完善的科研转化、创新服务、企业培育扶持系统，已吸引500家企业落户，其中90%的企业为小微企业。

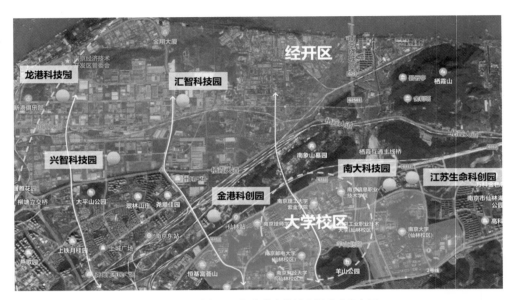

图3-37　南京经开区与仙林大学城产学联动示意图

## 2．建设问题

产城关系模糊，制约转型发展。南京经开区空间呈狭长形，可分为西部新港板块、中部栖霞山-桦墅板块、东部龙潭板块。三个板块均存在产城关系模糊的问题，严重制约了各板块功能的转型提升。新港板块延续传统工业区的路径明显，尚无公共服务设施，商业设施配套仅两处，主要为小型超市、餐饮等，服务层次偏低；在住宅配套上，新港板块建设了两处公寓，约能容纳2万人，同时大企业内部也建设了职工宿舍。由此可见，当前，新港板块内形成的是针对蓝领工人提供配套服务的产城融合模式，是一种层次低服务的产城融合状态。未来随着产业结构的调整，科研与管理人员比重提升，服务层次偏低的困境会更加凸显，成为新港板块转型发展的一大短板。栖霞山-桦墅板块拥有栖霞山、江南水泥厂旧址等重要人文资源，但目前栖霞山周边的主要是工厂和镇区级别配套，高品质住宿、购物、休闲娱乐和旅游设施缺乏；龙潭板块目前还仅仅是一个港区，产城关系还有待进一步谋划。

空间布局较散,对外交通瓶颈突出。经开区内区域廊道较多,现状板块分散,区域交通廊道对内、外空间板块造分隔严重。目前境内的区域交通廊道包括南北向的宁洛高速公路、长深高速公路、快速路,东西向的G312国道、沪宁铁路、沪宁城际、京沪高速铁路等多条廊道,且片区内还有尧化门货场(建设中)以及南京东编组站。现状空间板块零散,从内部空间板块来看,分隔零散,联系不便,仅新港片区就被分隔为新港北部(新生圩)、新港中部、新港南部、新港东部(金陵石化)四个板块,栖霞山地区包括栖霞山板块与欢乐谷板块,液晶谷产业功能板块分布相对孤立。从内外板块联系来看,新港片区与仙林大学城之间

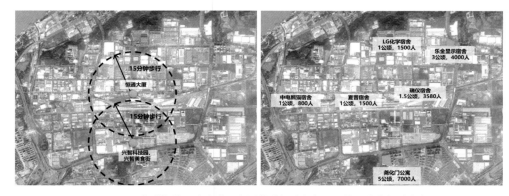

图3-38 新港板块现有商业服务设施分析(左)和居住配套分析(右)

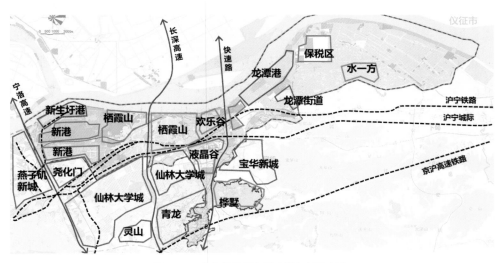

图3-39 南京经开区交通廊道与板块现状

被南京东编组站与铁路交通廊道分隔，南北交通联系不便，严重影响了两大板块之间的互动关联，南京经开区、仙林大学城与宝华、下蜀等地区也受制于快速路、铁路交通廊道等分隔，一体化发展受阻。

## 3.8.4 管理体制评估

### 1．管理体制概况

南京经开区的管理体制为行政托管，通过南京市政府授权的方式，将栖霞区若干乡镇或街道纳入开发区范围。最近一次扩区为2012年，根据南京市综合改革部署，托管栖霞区3个街道，发展空间拓展由原政策区的13.4平方公里到当前的217平方公里。

### 2．管理经验

**行政托管，扩大市级审批管理权限的地域范围。**经开区党工委、管委会为市委、市政府派出机构，合署办公，内设办公室、经济发展局、投资促进局、财政局、科技人才局、规划建设局、国土资源管理与环境保护局、社会事业局、人力资源和社会保障局、党群工作部和综合执法大队，全面负责受托管的乡镇或街道社区的经济管理、城市管理、社会管理（部分）、资源管理、干部人事管理和党建工作等职责。主要职责包括：①研究制定和组织实施经开区经济社会发展规划、年度计划、各类产业布局调整和发展规划；②审批区内各类投资项目；③负责经开区招商引资、人才引进、涉外事务等；④负责经开区企业技术改造项目备案；⑤研究制定各类融资扶持服务政策，负责财政预决算等财务管理工作；⑥研究提出区内公共基础设施的建设规划，按权限发"一书两证"，负责区内城市管理及综合执法工作；⑦负责区内工业及科技研发用地"招拍挂"前期工作等；⑧负责区内环境保护和安全生产监督管理工作；⑨协调和监督市有关部门在开发区派出机构的工作；⑩其他事项。

**经开区、栖霞区、仙林大学城三区联动，尝试协作发展。**在栖霞区范围内，栖霞区人民政府、南京经开区管委会、仙林大学城管委会3个管理主体属于平级单位。3个管理主体管理的地域相互交叉，长期以来管理职能上存在重叠，管理关

图3-40　栖霞区内三大管理主体管理范围示意图

系混乱，企业在很多文件申报、政策申请方面面临多头申报的问题。近年，三区寻求分工联动，有的放矢。南京经开区以重点发展集聚先进制造业为主导，构建现代产业体系；栖霞区聚力推动高品质城市化，重点发展现代服务业，实现高水平的产城融合发展；仙林大学城积极发挥科教优势，着力科研成果就地转化和推进新型研发机构建设。

## 3.8.5　对南京经开区的发展建议

### 1．实施"三个转型"

南京经开区已经步入"工业区3.0"时代，未来将由生产向创新转型，由城市经济向区域经济转型，由工业园区向综合城区转型。

由生产向创新转型：一是要从单地块更新转变为单元式更新，通过更新单元规划实现小区块的土地整理和回收、企业搬迁和引入；二是要搭建多元化的创新空间平台，如创新社区、创新小园；三是要配置为创新人群服务的高品质设施，满足高层次的生活和精神追求。

由城市经济向区域经济转型：经开区应保护宁镇山脉的重要绿心——栖霞

山，挖掘佛教文化底蕴，结合华侨城欢乐谷项目发展旅游服务，打造面向宁镇扬（南京、镇江、扬州）都市区的文旅融合领航区。

由工业园区向综合城区转型：总体建设应符合"港产结合，港城分离"的原则。新港板块应完善城市综合生活配套，新生圩港应由港口运输向港航服务转型。龙潭板块依托龙潭港发展临港产业，在后方配置高品质城市服务设施建设生态新城。栖霞板块则可建设文化旅游特色小镇。

### 2．制定开发区总体规划，创新开发机制

一方面，明确未来开发区转型的方向；另一方面，整合现有零散的板块规划，从整体层面明确功能布局、设施落位、各类用地的安排。

改变单地块开发的模式，引入市场化整单元开发主体，进行分区整体开发规划、基础设施建设、土地储备、资产收购、招商运营及园区服务，经开区管委会委派相关人员负责政策支持和协调等。

### 3．进一步加强经开区、栖霞区、仙林大学城三区协同

三个管理主体可探索共促创新、共建景区等方面的协同发展机制。在共促创新方面，经开区可以联合仙林大学城与栖霞区政府构建产学研创新网络，共同建设仙林副城创新体系。在共建景区方面，当前栖霞山风景区由栖霞区管理，未来经开区可以与风景区管委会协作，共同组建旅游开发运营公司，或共同委托专业机构（如华侨城）统筹栖霞山旅游度假区的开发建设和运营管理。可以借鉴北京亦庄经开区与大兴区合作，借助经开区优势统筹全域产业运营的经验；可借鉴台州经开区与台州市绿心生态区整合，形成台州绿心旅游度假区的协同发展。

# 3.9 西安高新区

## 3.9.1 开发区基本情况

西安高新技术产业开发区（以下简称"西安高新区"）是1991年
3月国务院首批批准成立的国家级高新区，2006年被科技部确定为建
成世界一流科技园区的六个试点园区之一，2015年国务院批复同意

图3-41 西安高新区区位图

西安高新区建设国家自主创新示范区。西安高新区位于西安市中心城区西南部，目前实际规划管理范围面积126.39平方公里。具体包括主体区（80.3平方公里）、综合保税区（4.92平方公里）、长安通讯产业园（7.25平方公里）、梁家滩国际社区（18.72平方公里）、草堂科技产业园（15.2平方公里）等。该范围为西安市规划局划定，并在2015年8月由西安市市政府常务会议批准，也是西安高新区目前实施行政审批和规划许可管理范围。

## 1. 发展历程

西安高新区从1991年批准设立以来，经过数次扩区发展，管理面积从最初批复的22.35平方公里扩大到现在的126.39平方公里。具体发展历程如表3-8所示。

扩区历程统计表　　　　　　　　　　　　表3-8

| 时间 | 文件 | 管理面积 | 备注 |
|---|---|---|---|
| 1991年3月 | 国务院批复 | 22.35平方公里 | 集中新建区3.2平方公里 |
| 2003年4月 | 《西安市高新技术产业开发区"二次创业"总体方案》（市政发〔2003〕11号） | 98.4平方公里 | 市委市政府批准高新区"二次创业"。另外远期预留控制55平方公里 |
| 2006年4月 | 市政府第8次常务会议原则通过高新区管委会报送的《关于解决高新区发展空间问题的请示》 | 2015年63.5平方公里 2020年98平方公里 | — |
| 2009年4月 | 《关于支持高新区建设世界一流科技园区的实施意见》（市政发〔2009〕35号） | 按照第四次城市总体规划，高新区80平方公里；软件与服务外包产业基地4平方公里，长安通讯产业园7平方公里，草堂科技产业基地20平方公里 | — |
| 2011年11月 | 市政府常务会议讨论原则同意《西安高新区管委会关于扩区发展有关问题的请示》 | 扩区控制范围用地约200平方公里 | 但规划未批 |
| 2012年5月 | 西安市人民政府关于《西安高新区三星城控制性详细规划》接《西安高新综合保税区控制性详细规划》的批复（市政发〔2012〕50号） | 三星城规划总面积9.52平方公里，其中综合保税区规划面积3.64平方公里，配套服务区5.88平方公里 | — |

| 时间 | 文件 | 管理面积 | 备注 |
|------|------|----------|------|
| 2015年8月 | 国务院同意西安高新技术产业开发区建设国家自主创新示范区（国函〔2015〕135号）；市政府审议通过的《西安国家自主创新示范区发展规划纲要（2016—2025）年》 | 自创区核心区为155平方公里 | 自创区在空间上基本包含高新区 |
| 2015年8月 | 市政府常务会同意市规划局关于西安市产业片区规划范围 | 高新区规划面积126.39平方公里 | 目前作为高新区规划审批管理和相关部门管理的依据 |

图3-42 西安国家自主创新示范区管理范围（左）和高新区现状规划建设管理范围（右）

## 2. 经济发展

西安高新区是陕西、西安经济增长的强劲引擎，主要经济指标保持30%以上的增长。经济总量在陕西省排名第三（第一、第二分别是西安、榆林），超过咸阳、宝鸡。到2015年，高新区实现营业收入12746亿元，同比增长15.13%，经济总量位居全国146个国家高新区的第三位；实现规模以上工业增加值296.16亿元，占全市25.2%；实现外贸进出口总额约220亿美元，占全市77.3%、全省71.8%以上；实际利用外资16.71亿美元，占全市41%、全省36%。在2016年科技部发布的全国高新区综合排名中，西安高新区位列146个国家级高新区的第四位。目前已经累计注册企业5万余家，形成了电子信息、先进制造、生物医药、现代服务业四大主导产业和半导体、智能终端、汽车、能源装备、生物医药、软件与信息服务、创新型服务业等产业集群。西安高新区发挥对周边辐射作用，主要通过高新区对共建区县的带动，十二五期间，西安高新区每年给雁塔、长安、户县贡献的税款总额超过10亿元。

## 3.9.2　规划编制情况

### 1．规划体系

#### （1）西安市城市总体规划

在西安市第四轮城市总体规划中，主城区的城市建设用地总规模为490平方公里，其中高新区占80平方公里。包括高新区一、二期，电子工业园、中央商务

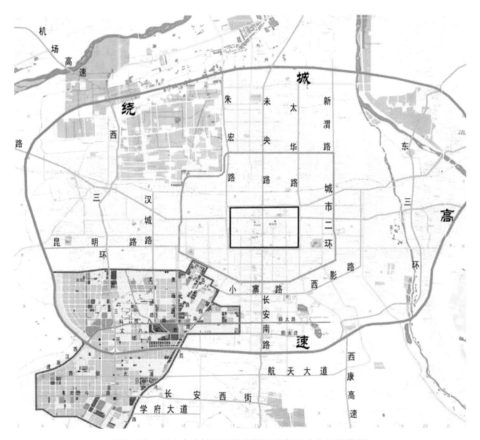

图3-43　西安市主城区用地规划和高新区主体区的范围

区、先进制造园、新型工业园、出口加工B区等。

**（2）高新区相关详细规划**

高新区在近年来编制了10项控制性详细规划，其中8项已经由市政府或管委会批准。南客站片区和综合保税区以西片区控制性详细规划的范围在实际规划管理的126平方公里以外。目前草堂基地和长安通讯产业园的控制性详细规划尚未编制。

西安高新区控制性详细规划编制与审批情况 表3-9

| 批准年份 | 规划范围 | 批准主体 | 是否在总体规划确定的中心城区范围内 | 规划控制范围（平方公里） | 备注 |
|---|---|---|---|---|---|
| 2012 | 综合保税区 | 西安市市政府 | 否 | 4.32 | — |
| — | 梁家滩国际社区 | — | 否 | 18.72 | 已通过市规委会审查 |
| 2012 | 软件新城 | 西安市市政府 | 是 | 13.24 | — |
| — | 鱼化片区 | — | 是 | 10.21 | 2015年6月已通过管委会主任办公会审议 |
| — | 高新区一二期（综合改造） | — | 是 | 8.34 | 2011年6月已通过管委会主任办公会审议 |
| — | 西太路中央商务区 | — | 是 | 3.76 | 2012年6月通过管委会主任办公会审议 |
| — | 新材料园 | — | 是 | 5 | 正在报批 |
| — | 南客站片区 | — | 否 | 11.2 | 正在报批 |
| — | 综合保税区以西片区 | — | 否 | 7.05 | 2013年9月通过管委会专题会审查 |

**（3）高新区相关专项规划**

管委会还组织编制了《高新区公共服务设施规划》《西安市高新区综合交通规划》《高新区公共交通场站规划》《公共停车场规划》《西安高新区海绵城市专项规划》《西安高新区综合管廊规划》等专项规划。

### （4）城市设计

2015年，根据西安市政府的统一要求，高新区开始启动编制城市设计工作，对沣河以北实现全覆盖。2016年6月，高新区城市设计通过市规划局审查。城市设计范围142平方公里，其中规划居住用地19.24%，公共管理与公共服务设施用地8.51%，商业服务业设施用地9.9%，道路与交通设施用地23.46%，工业用地19.35%，公用设施用地1.41%，物流仓储用地1.13%，绿地与广场用地12.7%。

### 2．主要问题

**跳出总体规划范围发展，存在控制性详细规划架空总体规划的情况。** 由于原有批复面积较小，西安高新区采取跳出总体规划范围发展的模式。以国务院批复的西安市总体规划为准，确定高新区规划面积为80平方公里，其他一些园区均为高新区与地方政府进行合作建立起来的。虽然《西安市开发区条例》规定了管委会的市级管理权限，但由于缺少总体规划作为上位规划，相关飞地的控制性详细规划（如梁家滩国际社区等）由管委会来批复存在依据不足的问题。个别控制性详细规划（如综合保税区控制性详细规划）由市政府审批，存在控制性详细规划架空城市总体规划的情况。

## 3.9.3 建设实施评估

### 1．开发建设概况

目前西安高新区在市政府确认的126.39平方公里（规划审批管理和相关部门管理范围）范围内已建成区约65平方公里，已完成配套区域约75平方公里，其中主城区约60.3平方公里，综保区和兴隆社区约3.2平方公里，梁家滩国际社区约1平方公里，长安通讯产业园约4平方公里，草堂基地约7平方公里。

以2016年为例，共完成用地定点审批28项、总图审批47项、单体审批60项、规划设计条件30项。核发建设项目选址意见书5项、建设用地规划许可证25项、建设工程规划许可证77项。核发《建设工程规划竣工验收合格证》49项。全年完成道路交通设施及市政主管线审批共计143项，完成市政水、电、气、暖等支线接口审批共计314项。全年共完成建设工程报建96项，办理建设工程招投标监管145份；

全年共办理《建筑工程施工许可证》92份；办理施工图审查申报及施工图审查备案72项；拆除违章建筑45处，合计80万平方米；办理建设项目竣工验收备案84项。

### 2．主要问题

城市功能不断完善，社会管理需求问题逐步凸显。西安高新区早期发展的区域，已经由以前单一的商业功能片区逐步转变为综合的城市生活、生产空间。通过用地结构调整，早发展的区域也开始"退二进三"，涉及规划变更、土地用途调整、城市更新的项目也快速增加。管委会的社会管理职能缺乏，如文化、教育、医疗等方面保障不足。

扩张范围需要科学论证。目前西安高新区采用的发展模式主要是依托招商引资，新增工业用地保持经济高速增长（年增长率约30%）。目前126平方公里建设用地范围内建设了65平方公里，应规划一片、建设一片、配套一片，科学合理论证扩区需求，减少盲目扩张的可能性。扩区需求可能会涉及西安市生态隔离体系的南部控制线。

## 3.9.4 管理体制评估

### 1．管理体制概况

按照《西安市开发区条例》规定："西安市人民政府设立西安高新技术产业开发区管理委员会和西安经济技术开发区管理委员会。管理委员会是市人民政府的派出机构，对开发区行使市级经济事务和部分社会事务管理职权。"

管委会内设规划建设局，加挂西安市规划局高新分局的牌子，负责西安高新区126.39平方公里范围内的规划建设管理工作。其主要职能包括规划编制、建设项目选址、建设用地规划许可、建设工程规划许可、规划验收、建设施工许可、建设工程招标管理、建筑工程质量安全管理、燃气管理、人防管理、违法建设查处等。

西安市规划局授权高新区规划建设局（高新分局）大部分规划管理职能，除了乡村规划许可尚未下放。

其中，在规划编制方面，西安高新区的主体区（80.3平方公里）包含在西安市城市总体规划中心城区范围内，随城市总体规划报批；重要地段的控制性详细规划由市政府审批，局部地段的控制性详细规划由管委会审批。

全区规划建设项目审批实行三级审批制，首先由局内初审，其次召开由分管主任主持的建审会审定，重点项目报主任办公会审定。

### 2．主要问题

不断扩区发展，管理协调难度大。1991年4月经原国家科委批准确定的总面积为22.35平方公里，而目前西安高新区实际的规划建设管理范围已经超过120平方公里，目前仍未更新原批复范围。随着高新区不断发展，由于国家批复范围过小，市政府不断扩大高新区的管理范围，形成"一区多园"的发展模式。由于管理范围不是一个完整的行政区，管理协调问题突出。如土地利用规划报批涉及不同区县的，需要从不同区县的网上报批。由于早期批复范围有限，整个高新区缺少统筹的规划和空间结构布局，道路交通、基础设施发展也存在衔接性、系统性不足的情况，基础设施欠账。

称号众多，管理范围交错且不清晰。西安高新区称号众多，除最近批复的国家自主创新示范区以外，还有高新区技术产业标准化示范区、国家知识产权示范区、国家集成电路产业基地等国家以及省部级称号36个。在实际管理中，空间范围重叠交叉不清晰，其中目前最为突出的矛盾在于高新区126平方公里与国家自创区155平方公里用地不协调。自创区正在编制相关规划，但在现有规划管理体制中找不到对应的批复部门。自创区的相关建设用地需求正在纳入西安市新一轮总体规划修改工作中。

## 3.9.5 对西安高新区的发展建议

### 1．完善管理体制机制，进一步提高产城融合水平

西安高新区距离中心城区近，发展时间相对较长，属于新城新区中产城融合较好的高新区。下一步建议进一步厘清管理体制，统筹高新区、自创区的空间范围，协调完善不同片区之间的道路交通网络和基础设施布局。研究出台推动"退二进三"的相关政策，依托园区内城市更新项目丰富高新区在商业、教育等服务方面的功能，提升居民生活品质。

## 2. 科学论证扩区需求, 加强规划管理, 合理有序发展

针对现有用地面积不足的问题, 应科学合理论证扩区需求, 开展资源环境承载力评价和开发适宜性评价, 将发展需求纳入新一轮城市规划编制中。对于已经纳入已有总体规划但还未建设的片区, 应加强控制性详细规划的编制, 规划一片、建设一片、配套一片, 保障高新区合理有序发展。

# 4

## 展望篇

我国新城新区的发展
展望与政策建议

# 4.1 国家发展背景与要求

经过改革开放以来持续数十年的快速发展，近年来我国经济社会已经呈现出明显的转型或新阶段特征。党的十九大报告明确作出了"中国特色社会主义进入了新时代"的重大判断。在这一新的历史方位下，我国社会主要矛盾已经转化为人民日益增长的美好生活需要和不平衡不充分的发展之间的矛盾。针对不平衡不充分发展的问题，中央作出了"五位一体"总体布局，提出了"创新、协调、绿色、开放、共享"五大发展理念，引领社会、经济、生态、改革、开放等各方面的转型升级或深化完善。从新城新区的视角看，以下五个方面的阶段性特征和新时代发展要求，将对我国新城新区的规划、建设和管理产生重大影响。

**经济从高速增长时期进入高质量发展时期，要素驱动、投资驱动向创新驱动的转型要求迫切。**在经历了30多年平均10%左右的高速增长后，我国已经迈入中高收入国家行列（2017年人均国民收入超过8000美元，世界银行将国民收入4126～12735美元确定为中高收入国家）。近年来，经济增速下行趋势明显，2012年以来增速从7.7%降至2017年的6.9%，经济增长进入速度的换挡期、结构的转型升级期。从产业结构看，传统制造业引领转变为制造业、服务业双轮驱动，新兴产业成为增长热点；从产业动力看，传统依靠土地、劳动力、资本要素投入的增长模式转变为创新驱动，人才和技术成为核心要素。因此，新城新区的产业支撑也将发生结构变化，同时新城新区也是引领产业转型升级的重要空间。

**城镇化处于快速发展阶段的中后期，质量提升成为城镇化发展重点。**1978年以来，我国城镇化率由30%以下快速提升为2017年的58.5%，近年来城镇化率年增幅已由高峰期的1.5个百分点以上逐步回落到1.17个百分点。学界预计，2025年、2030年我国城镇化率将分别达到65%、70%，城镇化率年增幅将进一步趋缓。与此同时，以农民工市民化为主体的内涵式城镇化持续快速推进，2017年我国户籍人口城镇化率为42.35%，比上年末提高1.15个百分点，与常住人口城镇化率增幅基本持平。未来在保持一定城镇化速度的同时，提升城镇化质量（包括农民工市民化等），促进城镇化在东中西区域的协调发展、在大中小城市和小城镇间的协调发展，成为城镇化发展的重要目标。新城新区作为城镇化的重要载体，也是提升城镇化质量、促进城镇化协调发展的重要引擎。

推进生态文明建设，促进绿色发展成为发展和建设的必然要求。当前我国资源约束趋紧、环境污染严重、生态系统退化，形势较为严峻。党的十八大从新的历史起点出发，作出"大力推进生态文明建设"的国家战略决策。建设生态文明，是关系人民福祉、关乎民族未来的长远大计，当前是观念转变、生产生活方式调整、制度建设的奠基时期。国家机构改革新组建了自然资源部和生态环境部，目标就是强化国土空间用途管制和生态保护修复，实行最严格的生态环境保护制度，着力解决突出环境问题。新城新区节约集约利用水、土资源，转变产业结构、降低资源消耗和污染排放，是建设生态文明的必然要求。

以人民为中心，促进协调发展和共享发展成为发展的根本目标。过去几十年，在取得巨大发展成就的同时，我国的区域和城乡不平衡问题依然突出，各类社会矛盾层出不穷。在城市发展领域，主要体现为包容性不足，农民工市民化、老龄化等民生问题亟待解决。为此，经济发展和城市建设要回归"以人民为中心"的思想，实现更平衡、更充分的包容性发展，实现发展成果由全体人民共享。新城新区是农村人口（既包括本地农村人口，也包括外来农村人口）向城镇转移的重要空间，是包容性发展的重要载体，为此城乡融合、社会发展也将是新城新区发展建设的重要任务，也是新城新区转型升级的重要支撑。

深化体制机制改革，推进国家治理体系和治理能力现代化是发展的重要保障。中国改革已进入深水区，涉及政治、经济、文化、社会、生态文明等多个领域。土地、户籍、社会保障、财税金融体制等改革将对城市的发展和建设产生深远影响。城市规划建设领域也存在一系列问题亟待改革深入，包括城市建设思路重形象轻民生、重发展轻保护、重增量轻存量、重近期实效轻长期战略的问题。新城新区往往具有国家和地方政府赋予的在体制机制改革方面的先行先试权力，新城新区应成为各领域改革突破的先锋，成为推进国家治理现代化的重要抓手。

# 4.2 我国新城新区发展趋势的判断

## 4.2.1 国家对新城新区的总体要求

近年来，中央对城市工作和新城新区发展建设提出了一系列明确要求。中央城市工作会议将城市发展持续性、宜居性确定为城市工作的根本落脚点。国家新型城镇化规划提出要"严格新城新区设立条件，防止城市边界无序蔓延""加强现有开发区城市功能改造，推动单一生产功能向城市综合功能转型"。国家发展改革委《关于促进国家级新区健康发展的指导意见》明确国家级新区的四大战略目标，提出高质量发展的要求。国务院办公厅《关于促进开发区改革和创新发展的若干意见》则明确转型升级是新时期开发区发展建设的核心任务。

## 4.2.2 对新城新区未来地位和作用的判断

新城新区是支撑我国改革开放和经济社会发展的一项成效显著的重大举措，未来仍将是我国工业化和城镇化发展的重要载体，并在落实国家战略、推进国家改革创新中发挥重要作用。我国工业化、城镇化的任务还未完成，经济创新驱动、体制机制优化等方面的探索空间仍很大，城市空间继续扩张和结构性调整任务并存。因此，新城新区依然是我国工业化、城镇化发展的重要载体。而随着国家战略布局的进一步深化、国家改革创新的进一步探索，部分新城新区的国家使命任务将继续凸显。一方面，国家提出了"一带一路"倡议，以京津冀、长江经济带、海南自由贸易试验区为代表的区域战略持续深化，未来国家可能布局新的以承担重大战略任务为主要内容的国家级战略区域，这些战略区域将具体落实到城市层面，特别是一些新城新区层面。另一方面，在自由贸易试验区、自主创新示范区等重任赋予既有的国家级新区、国家级高新区以外，新发展理念的落实、重大体制机制改革、经济发展和城市建设模式创新等任务也将分解到特定的区域、城市和新城新区，因此部分新城新区有可能面临更为多元的国家级改革创新任务。

## 4.2.3  对新城新区未来数量和规模的判断

我国新城新区将从类型、数量、规模扩张期进入政策整合、数量归并、规模调整优化期。随着经济增长和城镇化发展速度的调整，资源环境约束的持续增强，新城新区的粗放式扩张必然面临重大转变。未来，新城新区的类型、内涵和设立的权限、标准等将进一步规范化，新的新城新区设立受到将严格限制。既有的新城新区在类型上将进行整合，明确每一类新城新区的政策目标和设立标准；在数量上，部分新城新区将融入主城区而不再是相对独立的片区，临近的多个新城新区也将可能进一步归并；在规模上，大多数由地方政府主导规划的、规划规模过大的新城新区可能需要缩减范围和规模，新的新城新区扩区将确定明确的标准、权限。由此，新城新区整体上将进入集约式、内涵式发展为主的时期，既有新城新区将面临在类型、数量、范围、规划规模等方面的调整优化。

未来国家设立新城新区的形式可能产生变化。未来国家可能不再新设大量的实体新城新区，而是给原有的新城新区赋予新的政策目标。例如，自由贸易区及自主创新示范区是近年来国家为促进开放发展和创新发展而设立的一种新型政策区，与以往设立实体型新城新区的方式不同，自由贸易区及自主创新示范区一般是依托既有功能区或开发区划定，是政策的叠加区，这体现了国家未来设立政策区的一种新趋势。

## 4.2.4　对新城新区未来发展建设模式的判断

新城新区将从传统发展路径走向多元产业支撑、资源集约利用、创新驱动的新发展路径。此前的发展阶段，新城新区过多地依赖工业发展、房地产开发等动力路径。在新的发展阶段，经济增长将由制造业、服务业双轮驱动，特别是高技术产业、新兴服务业成为新城新区经济增长的主体。因此新城新区的主导产业类型将发生多元化变化，部分新城新区走向更为综合化功能的方向，部分新城新区走向具有区域意义的强专业化功能的方向。新的发展阶段，自然资源和生态环境的强约束进一步凸显，新城新区的设立或扩区、土地利用、污染型产业的退出和新产业的引入都将执行更为严格的标准，相关管理的严格程度将倒逼新城新区的转型升级。无论是产业动力的调整，还是资源环境的约束，无不指向创新驱动应作为新城新区的核心动力，指向新城新区发展方式的转型升级。

新城新区将向综合型城区升级，以人为本、绿色生态、宜居环境成为建设的核心理念。落实以人为本的发展理念，新城新区发展路径将从"以产聚人、以产兴城"向"以城聚人、产随人走"转型，新城新区招商引资和产业发展的模式、公共服务供给和城市建设的模式都将发生深刻变化。过去，重大交通枢纽和骨架路网、大型产业项目是引领新城新区发展建设的主体；未来，完善的公共服务体系，特别是优质教育医疗等公共服务、生态景观、社区环境、空间品质、城市风貌等，成为新城新区建设的优先关注事项，无论是规划编制、规划建设还是规划管理，都应该向这些领域投入更多的技术保障和人力、财力资源。

## 4.2.5　对新城新区管理体制优化完善的判断

新城新区的行政管理将顺应国家治理现代化要求，进一步规范化、高效能化，规划管理将顺应空间规划体系改革要求，走向"多规合一"、协同治理。国家治理体系和治理能力现代化是国家发展的重要目标，新城新区涉及行政区划调整、行政服务创新、土地利用和资源环境管理创新、规划管理体系创新、科技和人才管理创新、公共服务和社会保障创新等多方面的改革创新，因此在国家治理体系和治理能力现代化方面具有重要的作用。随着"多规合一"和空间规划改革的推进，新城新区如何纳入统一的空间规划编制、实施和管理体系是个重大课题。而随着新城新区发展方式和建设理念的转变，新城新区的规划目标也将从支持经济发展为主向多元目标转变，规划实施将更侧重于引导各级、各类公共服务供给部门（教育、医疗、环境等）的项目建设，规划管理的精细化、服务化要求将更为提高，这也对城市规划的精细化、动态性等提出更高要求。

# 4.3 关于加强国家层面对新城新区规范管理的若干建议

当前我国对新城新区的管理体制还不健全，迫切需要国家层面加强对新城新区的规范管理，明确全国新城新区治理的顶层设计。根据本项研究取得的主要结论，本书从五个方面提出了加强新城新区规范管理的具体建议。

## 4.3.1 规范设立标准和程序，明确选址的基本原则

规范新城新区的设立标准，使我国新城新区的新增数量和规模更趋合理。未来新城新区还将发挥重要作用，但其设立应更加精准审慎，应以服务国家战略的落实、提高创新示范和引领带动效应为标准，有针对性地选择重点区域设立新城新区，而不能允许地方政府再打着新城新区建设的旗号大搞土地扩张，也不能搞平均主义，在不适宜的区域设立新城新区。建议多部委联合研究制定新城新区的设立标准和范围划定、调整程序，尽快解决由于相关标准和管理程序不明确而出现的新城新区数量、规模失控等问题。

重大国家级新城新区的设立，应由多部委联合研究审定设立方案。国务院有关部门应深化对新城新区选址科学性的分析评估和审查，做到严格把关，而不能赋予地方政府过大的自由度。

尊重城市发展规律，明确新城新区选址的基本原则。新设立的国家级新区，原则上应当靠近所依托的老城区或原有较为成熟的开发区，充分利用已有的规模经济、城市基础设施、人员队伍和行政管理经验，降低开发成本。要尊重城市发展

规律，规模不大的中小城市，其新城新区选址距离老城区不宜太远。要考虑新城新区空间形态的合理性、行政辖区的完整性、对周边区域的辐射带动能力。要详细分析论证新城新区所在区域的资源环境承载能力，尽可能避免对生态本底的大规模改造，谨慎考虑跨区域调水、大量挖填方等代价过大的工程措施。涉及历史文化保护的，要深入论证新城新区建设对历史文化遗存和历史环境带来的影响，以及采取的相应措施。

## 4.3.2 明确规划编制要求，加强规划审查和督察力度

**明确新城新区规划编制的内容、时间和审批程序要求，将其纳入国土空间总体规划一盘棋。** 明确要求新城新区应编制总体规划和控制性详细规划，并将新城新区的各项规划都纳入到国土空间总体规划一盘棋进行统一管理。明确要求国家级新区总体规划与所在城市的国土空间总体规划同步编制和审批，以避免两个规划不同步带来的规划冲突问题。建议增加各部委对国家级新区总体规划的联合审查程序，确保国家级新区能够更好地承担起作为国家战略空间抓手的职责，而不仅仅是地方经济发展的助推器。

**重点加强对新城新区规划内容合理性的审查，严控在规划中不切实际地做大规模，加强新城新区规划与其他部门相关规划的协同。** 审查是否及时编制新城新区的总体规划和控制性详细规划。审查新城新区规划的各项内容是否符合国家在发展建设方面的总体要求和对该类新城新区的具体要求。审查新城新区规划是否符合所在城市的总体规划，明确要求新城新区的总体规划和控制性详细规划必须符合所在城市的国土空间总体规划，在规划成果中需增加与所在城市的国土空间总体规划协调情况的说明。审查新城新区规划建设用地规模，明确要求各类新城新区规划需全面深入论证对建设用地的真实合理需求，严控不切实际地追求规模扩张，也要避免以静态的眼光过度低估新城新区的发展速度和用地需求。加强新城新区规划与发改、生态环境等其他部门相关规划的协同，减少规划冲突，引导各部门形成合力，共同推进新城新区的高质量发展。

**加强对新城新区的规划督察力度，避免新城新区成为违反规划的重灾区。** 在实际调查中发现，新城新区由于发展动力充足、建设意愿强烈、规划往往跟不上建

设的需求，而常常成为违反规划的"重灾区"。在更加注重发展质量而不是发展速度的国家新理念下，应着重加强对新城新区的规划督查力度，使其在规划的科学指导下成为我国高质量发展的样板，而不是在无视规划、随意发展状态下的低水平复制。要重点督察新城新区的规划管理制度是否符合法律法规要求。要督察新城新区的规划实施情况，包括建设活动是否符合规划以及公共服务设施、商业服务设施、公园绿地的建设标准和建设时序。对在规划、建设、管理方面违反规划和相关法律法规的新城新区进行问责。

## 4.3.3 建设全国层面的数据监测平台，实施定期评估

建立全国层面的新城新区数据监测平台，确保国家层面能够全面及时掌握新城新区的最新发展动态。长期以来我国一直未能对各级、各类新城新区的各项信息进行全面、定期汇总，未能有效监管新城新区的发展，由此导致我国新城新区发展中的诸多失控现象。建议尽快由国家相关部委牵头，建立全国新城新区规划建设情况动态监测平台，全面汇总监测各级、各类新城新区的数量、人口、经济、规划、现状建设、公共服务、生态环境等方面的数据和具体情况，使得国家层面能够全面及时掌握新城新区的最新发展动态，从而制定相应的管治措施。

建立新城新区的综合评估体系和定期评估机制，评估重点为是否有效落实国家的战略要求。以往我国的新城新区类型复杂，特别是各类开发区的功能定位和国家要求有明显差异，很难建立一个统一的评估标准去评估它们的发展成效。自2017年我国发布《国务院办公厅关于促进开发区改革和创新发展的若干意见》以来，国家对各类开发区的整体要求趋于统一，这为建立统一的新城新区评估体系提供了可能。建议对国家级新区和开发区分别建立差异化的综合评估体系，根据国家要求和共性问题，重点在规划协同、建设合规、创新发展、用地效率、产城融合、辐射区域、生态环境等方面实施定期化的评估，评估重点为是否有效落实了国家的战略要求。

## 4.3.4 建立更有效的动态调整机制，激励新城新区高效高质量发展

以往我国新城新区缺乏退出和降级机制，不利于激发新城新区的积极性，无法通过优胜劣汰保持新城新区在各方面的先进示范作用。结果造成很多高等级新城新区不思进取，发展模式仍然非常落后，这类新城新区应及时通过摘牌、降级、规模缩减等措施，把宝贵的政策资源和发展平台转给更有活力、发展模式更加先进的新城新区。

建议我国尽快建立更有效、激励性更强的新城新区动态调整机制。由国务院或成立专项机构牵头，对全国新城新区进行动态监测、定期评估和动态调整。重点依据定期评估结果，动态调整新城新区的范围增减、级别升降（包括摘牌退出）、用地规模大小、土地指标投放，使我国的政策资源和发展平台向更高效、更先进的新城新区集聚。

## 4.3.5 建立"去部门化"的管理新机制，加强各部门协同治理

以往我国各类新城新区是由各部门或各级地方政府分别进行管理，这种管理模式的主要问题在于更加侧重于部门和地方政府诉求，而往往没有把全面落实国家战略意图放在最首要的位置。同时，由于视角和管理能力的限制，也较难以用全局、综合、长远的视角科学指导新城新区的可持续、高质量发展。

建议打破各部门和各级地方政府分别主管某一类新城新区的管理体制，改为由不同职能的国家部门分别统管全国各级各类新城新区的特定领域。例如，自然资源部统管全国新城新区的规划、用地效率，国家发改委统管全国新城新区的经济发展和区域辐射，科技部统管全国新城新区的创新发展，住房和城乡建设部统管全国新城新区的生活配套功能建设，生态环境部统管全国新城新区的环境治理等。这种管理体制的优点在于各国家部门都能够在自己擅长的业务领域，按照统一的管理要求、统一的评估标准去指导监督新城新区的发展，能够有效增强我国对新城新区各方面发展的治理水平。

# 4.4 关于引导新城新区更好落实国家战略要求的若干建议

为引导新城新区在发展建设中更好地落实国家战略要求，针对新城新区的具体运营机构，从目标定位、产业发展、城市建设、生态环境、运营模式、管理体制等角度，提出在新的发展环境下和国家新的要求下促进新城新区高质量发展的具体建议。

## 4.4.1 立足发挥国家战略载体和先行示范作用，精准谋划目标定位

随着中国特色社会主义进入新时代，我国经济由高速增长阶段转向高质量发展阶段，因而国家层面将更趋重视经济发展速度与质量、社会和谐发展、生态文明水平的综合提升。

作为国家战略重要抓手和空间载体的新城新区，在新的国家要求和发展环境下也应肩负起新的历史使命，不再简单地以经济发展的载体、拉动经济增长的引擎来进行定位，而更应该着眼于落实国家战略，从高质量发展、改革创新示范、辐射带动区域发展等方面来考虑未来的发展目标和定位。在这方面，雄安新区无疑是我国新城新区的一个学习样本，特别是在目标定位方面。雄安新区作为北京非首都功能疏解集中承载地，要建设成为高水平社会主义现代化城市、京津冀世界级城市群的重要一极、现代化经济体系的新引擎、推动高质量发展的全国样板，建设成为绿色生态宜居新城区、创新驱动发展引领区、协调发展示范区、开放发展先行区。

## 4.4.2 产业发展必须更加注重创新驱动和区域辐射带动能力的提升

**高标准谋划产业发展，建设成为创新发展示范区。**落实国家最新发展要求，按照建设成为创新发展示范区的高标准来谋划产业发展，大力提升创新产业、战略新兴产业、产业链高端环节在产业结构中的比重。提高产业准入门槛，严控继续引进低端产业，清理低效落后产业，避免成为低端产业的空间承载区。同时也要避免过度房地产化的倾向，将建成区的居住用地比例保持在合理的范围内。

**提供充足的创新空间，遵循客观规律引导创新功能布局。**严格执行规划，控制工业用地侵占创新研发、创业孵化、现代服务业发展用地，为创新相关功能预留充足的发展空间。尊重科技创新和科技成果产业化规律，引导教育机构、研发机构、创业孵化基地、生产性服务功能与工业用地布局适度融合，形成创新要素齐全、功能闭环、较小尺度的创新单元，通过产、学、研要素的高度整合，提升创新成果的产出效率和产业化效率。

**营造服务完善、开放、包容的创新生态环境。**建立健全科技创新和产业化发展的服务体系。支持建设各具特色、较低成本的创新发展平台，对闲置或低效利用的建设用地上建造创业楼宇的，可根据情况适度放宽用地转让、转性审批。营造鼓励创新、宽容失败、开放合作的创新文化和社会氛围，加强高校科研机构与企业、市场的交流，构建产学研合作、企业技术联盟，鼓励技术并购、买卖、转让及外包、内部技术成果外部开发模式等，促进创新体系更加开放，进一步融入全球创新网络，加快创新速度、提高创新成功率，使创新成果尽快融入市场、适应市场需求。

**提高区域辐射带动能力。**加快建立高等级新城新区与周边区域的合作机制，借鉴国内中关村科技园、东湖高新区等开发区的成熟经验，推广异地共建产业园的模式，通过生态补偿机制、税收分成等方式实现多方共赢。加快行政考核机制改革，将新城新区对周边区域的辐射带动效果作为评估新城新区发展成效的重要指标。

## 4.4.3 在规划和建设中都更强调提升用地效率和产城融合水平

**促进土地集约利用，提高用地效率。**加强闲置用地清理，动态跟进土地建设

252　　中国新城新区 40 年：历程、评估与展望

进展情况，及时处理闲置土地，建立闲置土地信息跟踪系统。通过部门合作构建闲置土地处置联盟，将企业的土地闲置情况与融资、优惠政策等其他发展方面相挂钩。改变工业供地方式，可采取租让结合、先租后让等方式，缩短工业用地出让年限。建立用地投放与用地绩效的挂钩机制，只有达到较高土地利用效率和效益的区域才能获得更多的新增建设用地指标。

推进产业和生活功能的协同发展，构建有吸引力的生活环境。从规划、实施建设、监督三个方面着手，促进各项用地和功能的协调发展，构建完善的生活配套服务体系，营造良好的生活环境。在规划中要注重公共服务设施、居住用地、商业服务设施、公园绿地的合理配套，强化城市服务供给能力。在实施建设中要制定年度土地使用计划，保障各类用地的均衡供应，避免出现用地结构失衡的情况。加强对规划实施情况的监督，避免只注重建设工业和房地产项目，而迟迟不开展公共服务设施、公园绿地建设的情况。

合理预留居住用地，完善住房保障体系建设，鼓励在工作地附近居住。科学预测新城新区范围内的居住用地需求，预留充足的居住用地规模，并加强保障性住房建设，增加就业集中区周边的租赁性住房供应，促进职住平衡。

## 4.4.4　明确生态底线要求，加强生态环境的保护和治理

在新城新区规划中要明确生态底线要求，以及对生态环境的保护方案和措施。新城新区的建设用地规模和空间布局要与区域的生态环境承载力相适应，要把基本农田保护和生态用地保障放在优先地位，严格落实"三区三线"空间管制要求。严禁在生态环境脆弱地区引进高污染、高耗能产业。加大环境治理力度，完善污染处理设施建设，提高新城新区的环境友好度。

## 4.4.5　坚持分期开发建设模式，积极引入市场力量

坚持分期开发的建设模式，设立启动区，根据发展效果动态调整开发建设计划。在整体规划的基础上，必须明确开发建设时序，切忌贪大求快，实现规划一

片、建设一片、配套一片。合理控制基础设施的过度超前建设,特别是要严控不顾地方财力,过度举债大搞基础设施建设的行为,避免地方政府陷入严重的债务困境。引导产业相对集聚布局,保障空间结构的完整合理性,严控跳跃式无序分散布局产业项目,将"项目挑地"转变为"地挑项目"。对于新设立的新城新区,要学习借鉴雄安新区经验,设立启动区,根据启动区的建设实施效果制定后续的开发建设计划。

积极吸引市场力量介入到新城新区的投资建设和运营管理中。引入新城新区运营管理公司,加强市场化运营管理。推行"小政府,大社会"的管理模式,充分调动企业积极性,发挥市场效能。建立健全管委会机构,加强政府层面对公司运营的引导和政策扶持,研究落实有关土地、建设等方面的优惠政策,实现资本主体多元化、资本来源多渠道及投资方式多样化。

## 4.4.6 加强管理体制创新,通过管理效率提升释放新城新区的活力

借鉴先进经验并吸取失败教训,加强行政管理体制机制创新。充分总结新城新区在行政管理体制机制方面的创新经验和失败教训,加速推广行政管理体制改革,有效解决制约新城新区发展的各种体制障碍,充分释放新城新区的发展活力和对国家要求的响应水平。

鼓励规划技术和规划管理创新。鼓励各类新城新区在提高用地弹性、存量空间更新、多规融合、优化规划审批流程等方面开展技术和管理创新,通过规划技术和管理方面的创新提高新城新区的发展效率与质量。

[1] 晁恒，林雄斌，李贵才．尺度重构视角下国家级新区"多规合一"的特征与实现途径［J］．城市发展研究，2015（3）：11-18．

[2] 安礼伟，张二震．论开发区转型升级与区域发展开放高地的培育——基于江苏的实践［J］．南京社会科学，2013（3）：11-17，32．

[3] 白雪洁，姜凯，庞瑞芝．我国主要国家级开发区的运行效率及提升路径选择——基于外资与土地利用视角［J］．中国工业经济，2008（8）：26-35．

[4] 蔡海鹏．中部地区省级开发区转型发展策略研究——以临汾经济开发区为例［J］．城市发展研究，2013，20（2）：125-128，137．

[5] 蔡善柱，陆林．中国经济技术开发区效率测度及时空分异研究［J］．地理科学，2014，34（7）：794-802．

[6] 曹前满．论城镇化进程中我国开发区的成长困惑：归属与归宿［J］．城市发展研究，2017，24（2）：40-46．

[7] 曹姝君，罗小龙，王春程．开发区空间演进的制度解释［J］．城市问题，2018（5）：79-84．

[8] 常晨，陆铭．新城之殇——密度、距离与债务［J］．经济学（季刊），2017，16（4）：1621-1642．

[9] 陈红霞．开发区产城融合发展的演进逻辑与政策应对——基于京津冀区域的案例分析［J］．中国行政管理，2017（11）：95-99．

[10] 陈宏胜，王兴平，夏菁．供给侧改革背景下传统开发区社会化转型的理念、内涵与路径［J］．城市规划学刊，2016（5）：66-72．

[11] 陈鸿，刘辉，张俐，等．开发区产业集聚及产—城融合研究——以乐清市为例［J］．城市发展研究，2014，21（1）：1-6．

[12] 陈家祥．国家高新区功能演化与发展对策研究——以南京高新区为例［J］．人文地理，2009，24（2）：78-83．

[13] 陈逸，黄贤金，陈志刚，等．城市化进程中的开发区土地集约利用研究——以苏州高新区为例［J］．中国土地科学，2008（6）：11-16．

［14］程慧，刘玉亭，何深静. 开发区导向的中国特色"边缘城市"的发展［J］. 城市规划学刊，2012（6）：50–57.

［15］丛林. 国家级经济技术开发区发展战略研究［J］. 开发研究，2005（2）：27–28.

［16］邓慧慧，赵家羚，虞义华. 地方政府建设开发区：左顾右盼的选择?［J］. 财经研究，2018，44（3）：139–153.

［17］董小静. 国家级经济开发区转型发展的战略思考［J］. 特区经济，2010（6）：198–199.

［18］方创琳，王少剑，王洋. 中国低碳生态新城新区：现状、问题及对策［J］. 地理研究，2016（9）：1601–1614.

［19］冯健，项怡之. 开发区居住空间特征及其形成机制——对北京经济技术开发区的调查［J］. 地理科学进展，2017，36（1）：99–111.

［20］冯奎. 中国新城新区发展报告［M］. 北京：中国发展出版社，2015.

［21］冯奎. 中国新城新区现状与创新发展重点［J］. 区域经济评论，2016（6）：15–25.

［22］冯奎. 中国新城新区转型发展趋势研究［J］. 经济纵横，2015（4）.

［23］冯章献，王士君，张颖. 中心城市极化背景下开发区功能转型与结构优化［J］. 城市发展研究，2010，17（1）：161–164.

［24］高超，金凤君. 沿海地区经济技术开发区空间格局演化及产业特征［J］. 地理学报，2015，70（2）：202–213.

［25］葛丹东，黄杉，华晨. "后开发区时代"新城型开发区空间结构及形态发展模式优化——杭州经济技术开发区空间发展策略剖析［J］. 浙江大学学报（理学版），2009，36（1）：97–102.

［26］耿海清. 我国开发区建设存在的问题及对策［J］. 地域研究与开发，2013，32（1）：1–4，11.

［27］顾朝林. 基于地方分权的城市治理模式研究——以新城新区为例［J］. 城市发展研究. 2017（2）：70–78.

［28］郭曦，郝蕾. 产业集群竞争力影响因素的层次分析——基于国家级经济开发区的统计回归［J］. 南开经济研究，2005（4）：34–40，46.

［29］郭小碚，张伯旭. 对开发区管理体制的思考和建议——国家级经济技术开发区调研报告［J］. 宏观经济研究，2007（10）：9–14.

［30］郭子成. 综合保税区的功能解析及空间组织模式［J］. 规划师，2012（S1）：75–79.

［31］韩亚欣，吴非，李华民. 中国经济技术开发区转型升级之约束与突破——基于调研结果与现有理论之分析［J］. 经济社会体制比较，2015（5）：150–163.

［32］何丹，蔡建明，周璟. 天津开发区与城市空间结构演进分析［J］. 地理科学进展，2008（6）：97–103.

［33］何芳，张磊. 开发区土地集约利用评价指标理想值的确定——以上海市19个开发区为例［J］. 城市问题，2013（4）：16–21.

［34］胡彬. 开发区管理体制的过渡性与变革问题研究——以管委会模式为例［J］. 外国经济与管理，2014，36（4）：72–80.

［35］胡浩然，聂燕锋. 产业集聚、产业结构优化与企业生产率——基于国家级开发区的经验研究［J］. 当代经济科学，2018，40（4）：39–47，125.

［36］胡丽燕. 开发区托管行政区：因果透视与改革思路——基于法律地位与性质分析的视角［J］. 经济地理，2016，36（11）：62–68.

［37］黄建洪. 中国开发区治理与地方政府体制改革研究［M］. 广州：广东人民出版社，2014.

［38］黄凌翔，赵娣，金丽国. 开发区土地集约利用潜力实现研究——基于天津经济技术开发区673个地块的调研［J］. 中国土地科学，2014，28（10）：33-39.

［39］黄杉，张越，华晨，等. 开发区公共服务供需问题研究——从年龄梯度变迁到需求层次演进的考量［J］. 城市规划，2012，36（2）：16-23，36.

［40］贾广葆. 新城新区开发建设问题及思考［J］. 城乡建设，2017（10）：62-65.

［41］姜庆国. 新时代西部地区新城新区建设：定位、问题及发展战略［J］. 深圳大学学报（人文社会科学版），2018（2）：100-106.

［42］解佳龙，胡树华，王利军. 高新区发展阶段划分及演化路径研究［J］. 经济体制改革，2016（3）：107-113.

［43］孔翔，顾子恒. 国家级经济技术开发区发展绩效区位因素研究［J］. 科技进步与对策，2017，34（8）：45-51.

［44］孔翔，顾子恒. 中国开发区"产城分离"的机理研究［J］. 城市发展研究，2017，24（3）：31-37，60.

［45］孔翔，杨帆. "产城融合"发展与开发区的转型升级——基于对江苏昆山的实地调研［J］. 经济问题探索，2013（5）：124-128.

［46］李贲，吴利华. 开发区设立与企业成长：异质性与机制研究［J］. 中国工业经济，2018（4）：79-97.

［47］李朝旭，蔡善柱，陆林. 国内外城市开发区研究进展及启示［J］. 安徽师范大学学报（自然科学版），2012，35（5）：477-485.

［48］李国武. 中国省级开发区的区位分布、增长历程及产业定位研究［J］. 城市发展研究，2009，16（5）：1-6.

［49］李力行，申广军. 经济开发区、地区比较优势与产业结构调整［J］. 经济学（季刊），2015，14（3）：885-910.

［50］李晓，张晓云，殷健. 经济转型导向下的开发区空间转型路径研究——以沈阳经济技术开发区为例［J］. 城市发展研究，2014，21（9）：10-13.

［51］李郇，洪国志，黄亮雄. 中国土地财政增长之谜——分税制改革、土地财政增长的策略性［J］. 经济学（季刊），2013（4）：1141-1160.

［52］李云新，文娇慧. 开发区与行政区融合发展的制度逻辑与实践过程——以武汉经济技术开发区（汉南区）为例［J］. 北京行政学院学报，2018（1）：21-27.

［53］廖平凡，杨小雄，徐小任. 基于理想值法的开发区土地集约利用评价研究［J］. 安徽农业科学，2009，37（30）：14820-14822，14828.

［54］刘兵，李嫄，许刚. 开发区人才聚集与区域经济发展协同机制研究［J］. 中国软科学，2010（12）：89-96.

［55］刘畅. 从深圳特区、浦东新区到滨海新区：中国经济增长极的变化发展［J］. 今日中国论坛，2009（1）：73-76.

［56］刘继华. 国家战略背景下大尺度新区规划策略研究——以四川省成都天府新区总体规划为例［M］// 中国城市规划学会. 多元与包容：2012中国城市规划年会论文集. 昆明：云南科技出版社，2012.

［57］刘乐，杨学成. 开发区失地农民补偿安置及生存状况研究——以泰安市高新技术产业开发区为例［J］. 中国土地科学，2009，23（4）：23-27.

［58］刘鲁鱼，余晖，胡振宇. 我国开发区的发展趋势及政策建议［J］. 开放导报，2004（1）：87-90.

［59］刘满凤，李圣宏. 国家级高新技术开发区的创新效率比较研究［J］. 江西财经大学学报，

2012（3）：5–17.

［60］刘满凤，李圣宏. 基于三阶段DEA模型的我国高新技术开发区创新效率研究［J］. 管理评论，
2016，28（1）：42–52，155.

［61］刘士林，刘新静，盛蓉. 中国新城新区发展研究［J］. 江南大学学报（人文社会科学版），
2013，12（4）：74–81.

［62］刘伟，蔡志洲. 我国工业化进程中产业结构升级与新常态下的经济增长［J］. 北京大学学报
（哲学社会科学版），2015（3）：5–19.

［63］刘云亚，韩文超，闫永涛，等. 资本、权力与空间的生产——珠三角战略地区发展路径及展
望［J］. 城市规划学刊，2016（5）：46–53.

［64］龙开胜，秦洁，陈利根. 开发区闲置土地成因及其治理路径——以北方A市高新技术产业开发
区为例［J］. 中国人口·资源与环境，2014，24（1）：126–131.

［65］娄成武，王玉波. 中国土地财政中的地方政府行为与负效应研究［J］. 中国软科学，2013（6）：
1–11.

［66］卢新海. 开发区土地资源的利用与管理［J］. 中国土地科学，2004（2）：40–44.

［67］罗小龙，郑焕友，殷洁. 开发区的"第三次创业"：从工业园走向新城——以苏州工业园转型
为例［J］. 长江流域资源与环境，2011（7）：819–824.

［68］罗长林. 合作、竞争与推诿——中央、省级和地方间财政事权配置研究［J］. 经济研究，
2018（11）：32–48.

［69］罗兆慈. 国家级开发区管理体制的发展沿革与创新路径［J］. 科技进步与对策，2008（1）：3–6.

［70］马丽莎，钟勇. 高新技术开发区综合效率与城市经济发展互动效应研究［J］. 经济体制改革，
2015（3）：68–75.

［71］买静，张京祥，陈浩. 开发区向综合新城区转型的空间路径研究——以无锡新区为例［J］.
规划师，2011，27（9）：20–25.

［72］欧光军，刘思云，蒋环云，等. 产业集群视角下高新区协同创新能力评价与实证研究［J］.
科技进步与对策，2013，30（7）：123–129.

［73］潘润秋，夏商周，陈晨. 基于聚类分析的开发区土地集约利用评价指标理想值确定研究——
以湖北省开发区为例［J］. 地理与地理信息科学，2015，31（4）：55–59.

［74］潘锡辉，雷涯邻. 开发区土地资源集约利用评价的指标体系研究［J］. 中国国土资源经济，
2004（10）：36–37，40，49.

［75］彭浩，曾刚. 上海市开发区土地集约利用评价［J］. 经济地理，2009，29（7）：1177–1181.

［76］彭建，魏海，李贵才，等. 基于城市群的国家级新区区位选择［J］. 地理研究，2015（1）：
3–14.

［77］彭小雷，刘剑锋. 大战略、大平台、大作为——论西部国家级新区发展对新型城镇化的作用
［J］. 城市规划，2014（S2）：20–26.

［78］钱振明. 城镇化发展过程中的开发区管理体制改革：问题与对策［J］. 中国行政管理，2016
（6）：11–15.

［79］邱蓉，姚剑虹. 论开发区政府行为的变迁——改革开放30年回顾与展望［J］. 经济问题探索，
2009（4）：127–132.

［80］饶传坤，陈巍. 向新城转型背景下的城市开发区空间发展研究——以杭州经济技术开发区为
例［J］. 城市规划，2015，39（4）：43–52.

［81］阮平南，边元松．经济开发区可持续发展影响因素分析——基于不同产业集群形成机理的比较［J］．财经问题研究，2007（9）：37-40.

［82］沈宏婷，陆玉麒．开发区转型的演变过程及发展方向研究［J］．城市发展研究，2011，18（12）：69-73.

［83］沈宏婷．开发区向新城转型的策略研究——以扬州经济开发区为例［J］．城市问题，2007（12）：68-73.

［84］石磊，王震．中国生态工业园区的发展（2000—2010年）［J］．中国地质大学学报（社会科学版），2010，10（4）：60-66.

［85］石忆邵，黄银池．开发区土地集约利用研究——以上海开发区为例［J］．现代城市研究，2011，26（5）：13-19.

［86］孙建欣，林永新．空间经济学视角下城郊型开发区产城融合路径［J］．城市规划，2015，39（12）：54-63.

［87］孙久文，原倩．我国区域政策的"泛化"、困境摆脱及其新方位找寻［J］．改革，2014（4）：80-87.

［88］唐承丽，吴艳，周国华．城市群、产业集群与开发区互动发展研究——以长株潭城市群为例［J］．地理研究，2018，37（2）：292-306.

［89］唐华东．中国开发区30年发展成就及未来发展思路［J］．国际贸易，2008（9）：32-37.

［90］唐晓宏．城市更新视角下的开发区产城融合度评价及建议［J］．经济问题探索，2014（8）：144-149.

［91］唐晓宏．基于灰色关联的开发区产城融合度评价研究［J］．上海经济研究，2014（6）：85-92，102.

［92］滕向丽．改革开放以来我国的宏观调控与经济运行［J］．辽宁行政学院学报，2016（8）：45-50.

［93］托马斯·法罗尔，许俊萍．开发区和工业化：历史、近期发展和未来挑战［J］．国际城市规划，2018，33（2）：8-15.

［94］汪劲柏，赵民．我国大规模新城区开发及其影响研究［J］．城市规划学刊，2012（5）：21-29.

［95］汪涛，李祎，汪樟发．国家高新区政策的历史演进及协调状况研究［J］．科研管理，2011，32（6）：108-115.

［96］王昂扬，汤爽爽，徐静．我国国家级城市新区设立的战略背景研究［J］．现代城市研究，2015（2）：23-26.

［97］王兵，聂欣．产业集聚与环境治理：助力还是阻力——来自开发区设立准自然实验的证据［J］．中国工业经济，2016（12）：75-89.

［98］王贺封，石忆邵，尹昌应．基于DEA模型和Malmquist生产率指数的上海市开发区用地效率及其变化［J］．地理研究，2014，33（9）：1636-1646.

［99］王宏伟，袁中金，侯爱敏．城市化的开发区模式研究［J］．地域研究与开发，2004（2）：9-12.

［100］王慧．开发区运作机制对城市管治体系的影响效应［J］．城市规划，2006（5）：19-26.

［101］王梅，曲福田．昆山开发区企业土地集约利用评价指标构建与应用研究［J］．中国土地科学，2004（6）：22-27.

［102］王明舒，朱明．利用云模型评价开发区的土地集约利用状况［J］．农业工程学报，2012，28（10）：247-252.

［103］王霞，王岩红，苏林，等．国家高新区产城融合度指标体系的构建及评价——基于因子分析及熵值法［J］．科学学与科学技术管理，2014，35（7）：79-88.

［104］王兴平，崔功豪，高舒欣. 全球化与中国开发区发展的互动特征及内在机制研究［J］. 国际城市规划，2018，33（2）：16–22，32.

［105］王兴平，顾惠. 我国开发区规划30年——面向全球化、市场化的城乡规划探索［J］. 规划师，2015，31（2）：84–89.

［106］王兴平，谢亚，陈宏胜，等. 新时期中国开发区流动人口集聚与再流动研究［J］. 城市规划学刊，2018（2）：29–36.

［107］王兴平，许景. 中国城市开发区群的发展与演化——以南京为例［J］. 城市规划，2008（3）：25–32.

［108］王兴平，袁新国，朱凯. 开发区再开发路径研究——以南京高新区为例［J］. 现代城市研究，2011，26（5）：7–12.

［109］王兴平. 中国开发区空间配置与使用的错位现象研究——以南京国家级开发区为例［J］. 城市发展研究，2008（2）：85–91.

［110］王雄昌. 我国开发区转型的机制与动力探析［J］. 现代经济探讨，2010（10）：15–19.

［111］王雄昌. 我国远郊工业开发区的空间结构转型研究［J］. 规划师，2011，27（3）：93–98.

［112］王亚. 我国开发区管理体制与运行模式创新的实践与思考［J］. 中国行政管理，2015（4）：145–147.

［113］王永进，张国峰. 开发区生产率优势的来源：集聚效应还是选择效应？［J］. 经济研究，2016，51（7）：58–71.

［114］王战和，许玲. 高新技术产业开发区与城市社会空间结构演变［J］. 人文地理，2006（2）：65–66，64.

［115］吴昊天，杨郑鑫. 从国家级新区战略看国家战略空间演进［J］. 城市发展研究，2015（3）：1–10.

［116］吴一平，李鲁. 中国开发区政策绩效评估：基于企业创新能力的视角［J］. 金融研究，2017（6）：126–141.

［117］吴郁玲，曲福田，周勇. 城市土地市场发育与土地集约利用分析及对策——以江苏省开发区为例［J］. 资源科学，2009，31（2）：303–309.

［118］吴中兵，邓运，李松华，等. 当前我国开发区的特征与发展趋势［J］. 管理世界，2018，34（8）：184–185.

［119］武飞. 我国宏观经济周期与调控政策的回顾与反思［J］. 中国流通经济，2012（11）：62–65.

［120］武增海，李涛. 高新技术开发区综合绩效空间分布研究——基于自然断点法的分析［J］. 统计与信息论坛，2013，28（3）：82–88.

［121］向宽虎，陆铭. 发展速度与质量的冲突——为什么开发区政策的区域分散倾向是不可持续的？［J］. 财经研究，2015，41（4）：4–17.

［122］谢广靖，石郁萌. 国家级新区发展的再认识［J］. 城市规划，2016，40（5）：9–20.

［123］闫国庆，孙琪，陈超，等. 国家高新技术产业开发区创新水平测度指标体系研究［J］. 中国软科学，2008（4）：141–148.

［124］阳镇，许英杰. 产城融合视角下国家级经济技术开发区转型研究——基于增城国家级经济技术开发区的调查［J］. 湖北社会科学，2017（4）：79–87.

［125］杨东峰，刘正莹. 中国30年来新区发展历程回顾与机制探析［J］. 国际城市规划，2017（2）：26–33.

［126］杨东峰，殷成志，史永亮. 从沿海开发区到外向型工业新城——1990年代以来我国沿海大城市开发区到新城转型发展现象探讨［J］. 城市发展研究，2006（6）：80–86.

[127] 杨浩，张京祥. 城市开发区空间转型背景下的更新规划探索 [J]. 规划师，2013，29（1）：29-33.

[128] 杨攀，王兴平，贺志华. "企业—产业—园区"一体化的开发区空间发展模式研究——以余杭经济技术开发区为例 [J]. 现代城市研究，2016（6）：47-53.

[129] 姚东旻，王麒植，李静. 事权属性与专项转移支付——来自省级差异的博弈均衡 [J]. 经济科学，2018（5）：30-42.

[130] 叶振宇. 我国新城新区规范发展的基本思路与政策建议 [J]. 城市，2014（11）：25-29.

[131] 余珮，程阳. 我国国家级高新技术园区创新效率的测度与区域比较研究——基于创新价值链视角 [J]. 当代财经，2016（12）：3-15.

[132] 袁丰，陈江龙，吴威，等. 江苏省沿江开发区空间分工、制造业集聚与转移 [J]. 长江流域资源与环境，2009，18（5）：403-408.

[133] 袁锦富，孙中亚，梁印龙. 新时期苏南典型开发区转型发展关键问题与对策 [J]. 规划师，2017，33（10）：142-147.

[134] 袁新国，王兴平，滕珊珊，等. 长三角开发区再开发模式探讨 [J]. 城市规划学刊，2011（6）：77-84.

[135] 袁新国，王兴平，滕珊珊. 再开发背景下开发区空间形态的转型 [J]. 城市问题，2013（5）：96-100.

[136] 袁新国，王兴平. 边缘城市对我国开发区再开发的借鉴——以宁波经济技术开发区为例 [J]. 城市规划学刊，2010（6）：95-101.

[137] 翟文侠，黄贤金，张强，等. 城市开发区土地集约利用潜力研究——以江苏省典型开发区为例 [J]. 资源科学，2006（2）：54-60.

[138] 张京祥，殷洁，罗小龙. 地方政府企业化主导下的城市空间发展与演化研究 [J]. 人文地理，2006（4）：1-6.

[139] 张京祥，耿磊，殷洁，等. 基于区域空间生产视角的区域合作治理——以江阴经济开发区靖江园区为例 [J]. 人文地理，2011，26（1）：5-9.

[140] 张俊. 改革创新行政体制机制 再造开发区发展新优势 [J]. 中国行政管理，2016（1）：150-152.

[141] 张琳，王柏源，赵小风，等. 中国工业开发区用地政策演变及改革趋势 [J]. 现代城市研究，2018（4）：7-11，16.

[142] 张明喜. 我国高新技术产业开发区R&D投入的贡献研究——基于Panel Data的经验分析 [J]. 研究与发展管理，2010，22（1）：114-120.

[143] 张晓平. 我国经济技术开发区的发展特征及动力机制 [J]. 地理研究，2002（5）：656-666.

[144] 张艳，赵民. 论开发区的政策效用与调整——国家经济技术与高新产业开发未来发展探讨 [J]. 城市规划，2007（7）：18-24.

[145] 张艳. 超越规模之争——论开发区的空间发展与转型 [J]. 城市规划，2009，33（11）：51-57.

[146] 张艳. 开发区空间拓展与城市空间重构——苏锡常的实证分析与讨论 [J]. 城市规划学刊，2007（1）：49-54.

[147] 张玥，乔琦，姚扬，等. 国家级经济技术开发区绿色发展绩效评估 [J]. 中国人口·资源与环境，2015，25（6）：12-16.

[148] 张越，叶高斌，姚士谋. 开发区新城建设与城市空间扩展互动研究——以上海、杭州、南京为例 [J]. 经济地理，2015，35（2）：84-91.

[149] 张占录，李永梁. 开发区土地扩张与经济增长关系研究——以国家级经济技术开发区为例

[J]. 中国土地科学，2007（6）：4-9.

[150] 张志斌，师安隆. 开发区与城市空间结构演化——以兰州市为例 [J]. 城市问题，2008（11）：52-57.

[151] 张志胜. 国内开发区管理体制：困顿及创新 [J]. 经济问题探索，2009（4）：123-126.

[152] 赵晓冬，吕爱国，李兴国. 国家级开发区类型及其与区域发展的关系 [J]. 商业经济研究，2016（10）：134-136.

[153] 郑国，邱士可. 转型期开发区发展与城市空间重构——以北京市为例 [J]. 地域研究与开发，2005（6）：39-42.

[154] 郑国，王慧. 中国城市开发区研究进展与展望 [J]. 城市规划，2005（8）：51-58.

[155] 郑国，张延吉. 基于要素演替的国家级开发区转型研究 [J]. 经济地理，2014，34（12）：114-118.

[156] 郑国，周一星. 北京经济技术开发区对北京郊区化的影响研究 [J]. 城市规划学刊，2005（6）：23-26，47.

[157] 郑国. 基于政策视角的中国开发区生命周期研究 [J]. 经济问题探索，2008（9）：9-12.

[158] 郑国. 开发区职住分离问题及解决措施——以北京经济技术开发区为例 [J]. 城市问题，2007（3）：12-15.

[159] 郑国. 中国开发区发展与城市空间重构：意义与历程 [J]. 现代城市研究，2011，26（5）：20-24.

[160] 郑江淮，高彦彦，胡小文. 企业"扎堆"、技术升级与经济绩效——开发区集聚效应的实证分析 [J]. 经济研究，2008（5）：33-46.

[161] 中国行政管理学会课题组，贾凌民. 政府公共政策绩效评估研究 [J]. 中国行政管理，2013（3）：20-23.

[162] 周家新，郭卫民，刘为民. 我国开发区管理体制改革探讨 [J]. 中国行政管理，2010（5）：10-13.

[163] 周姣，赵敏. 我国高新技术产业开发区创新效率及其影响因素的实证研究 [J]. 科技管理研究，2014，34（10）：1-6.

[164] 周钧，周伟苠. 开发区土地集约利用潜力评价研究——以苏州国家高新技术产业开发区为例 [J]. 现代经济探讨，2008（9）：35-38.

[165] 周茂，陆毅，杜艳，等. 开发区设立与地区制造业升级 [J]. 中国工业经济，2018（3）：62-79.

[166] 周伟林，周雨潇，柯淑强. 基于开发区形成、发展、转型内在逻辑的综述 [J]. 城市发展研究，2017，24（1）：9-17.

[167] 朱立龙，尤建新，张建同，等. 国家级经济技术开发区综合评价模型实证研究 [J]. 公共管理学报，2010，7（2）：115-121，128.

[168] 朱立龙，张建同，孙遇春. 我国国家级经济技术开发区综合指标评价研究 [J]. 科学管理研究，2008（4）：50-54.

[169] 朱媛媛，余斌，曾菊新，等. 国家限制开发区"生产—生活—生态"空间的优化——以湖北省五峰县为例 [J]. 经济地理，2015，35（4）：26-32.

[170] 邹伟勇，黄炀，马向明，等. 国家级开发区产城融合的动态规划路径 [J]. 规划师，2014，30（6）：32-39.

[171] 左学金. 国内外开发区模式比较及经验：典型案例研究 [J]. 社会科学，2008（9）：4-12，187.

# 附图目录

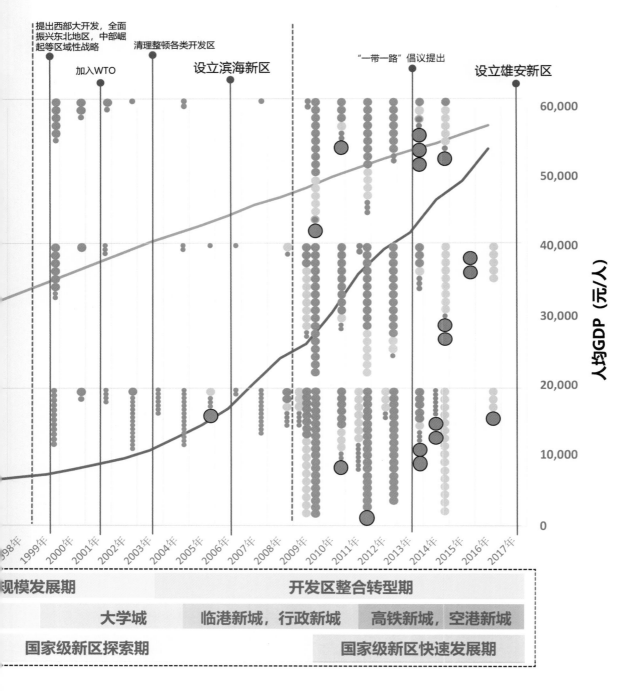

# 第二阶段：规范引导期    第三阶段：提升示范期

提出西部大开发，全面
振兴东北地区，中部崛
起等区域性战略

清理整顿各类开发区

加入WTO

设立滨海新区

"一带一路"倡议提出

设立雄安新区

人均GDP（元/人）

60,000

50,000

40,000

30,000

20,000

10,000

0

1998年 1999年 2000年 2001年 2002年 2003年 2004年 2005年 2006年 2007年 2008年 2009年 2010年 2011年 2012年 2013年 2014年 2015年 2016年 2017年

规模发展期

开发区整合转型期

大学城    临港新城，行政新城    高铁新城，空港新城

国家级新区探索期

国家级新区快速发展期

家级新区    国家级经开区    国家级高新区    海关特殊监管区

区和国家级开发区发展历程

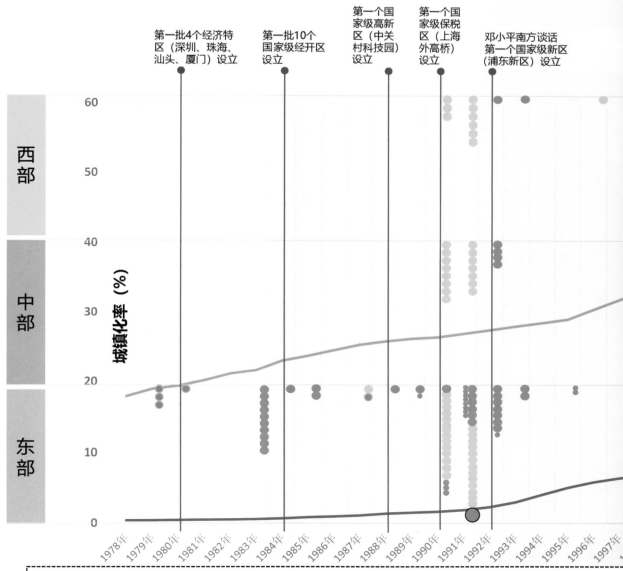

# 第一阶段：先行探索期

第一批4个经济特区（深圳、珠海、汕头、厦门）设立

第一批10个国家级经开区设立

第一个国家级高新区（中关村科技园）设立

第一个国家级保税区（上海外高桥）设立

邓小平南方谈话
第一个国家级新区（浦东新区）设立

西部 | 中部 | 东部

城镇化率（%）

开发区： 开发区起步发展期 开发区大

功能性新城： 依托开发区的产业新城

国家级新区：

图例 ▭ 城镇化率 ▭ 人均GDP ⬤ 经济特区 ⬤ 国

附图1 中国国家级新

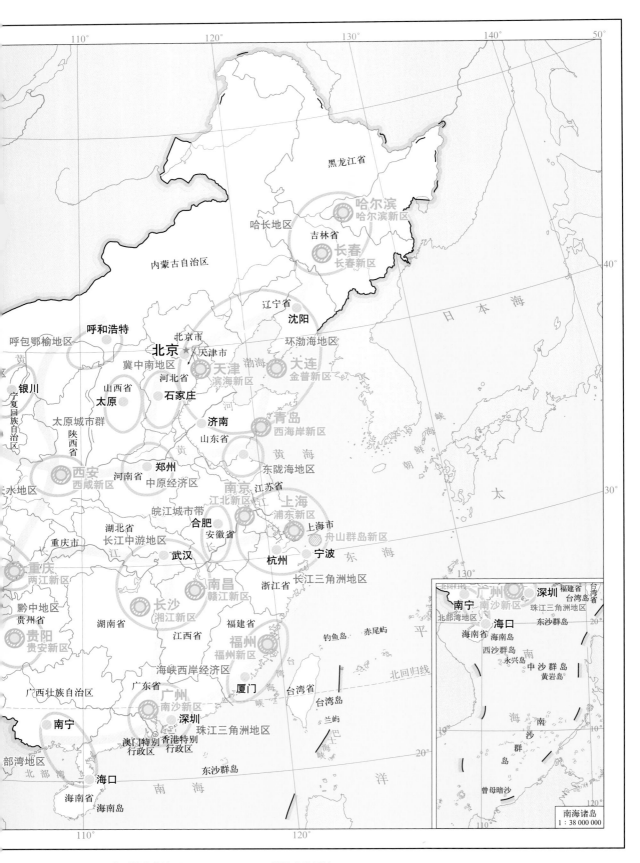

110°　　　120°　　　130°　　　140°　　　50°

黑龙江省

哈尔滨
哈尔滨新区

哈长地区　　吉林省

长春
长春新区

内蒙古自治区

40°

辽宁省　沈阳

呼和浩特

北京市　　环渤海地区

呼包鄂榆地区

北京 ★ 天津市

冀中南地区

河北省

天津
滨海新区

大连
金普新区

日 本 海

银川

宁夏回族自治区

山西省

太原

石家庄

太原城市群

陕西省

济南

山东省

青岛
西海岸新区

黄 海

朝

鲜

海

太

水地区

西安
西咸新区

郑州

河南省

中原经济区

东陇海地区

江苏省

30°

峡

皖江城市带

南京
江北新区

上海
浦东新区

合肥

安徽省

湖北省

长江中游地区

重庆市

重庆
两江新区

武汉

长江

杭州

宁波

舟山群岛新区

东 海

浙江省

长江三角洲地区

黔中地区

贵州省

长沙
湘江新区

南昌
赣江新区

贵阳
贵安新区

湖南省

江西省

福建省

福州
福州新区

钓鱼岛　赤尾屿

北回归线

平

130°

北回归线

广州
南沙新区

深圳

福建省
台湾岛
台湾省

南宁

珠江三角洲地区

海峡西岸经济区

广东省

广西壮族自治区

广州
南沙新区

厦门

台湾省

台湾岛

兰屿

海口

海南省
海南岛

东沙群岛

西沙群岛
永兴岛

中沙群岛
黄岩岛

南宁

深圳

珠江三角洲地区

澳门特别
行政区

香港特别
行政区

东沙群岛

20°

部湾地区

海口

海南省

南 海

海南岛

南 沙 群 岛

曾母暗沙

洋

110°　　　120°

□ 主要城市化地区　　　　　□ 城镇化发展轴

区设立与主要城市群分布关系

南海诸岛
1 : 38 000 000

图例　◎ 设立国家级新区的城市　　　　◎ 其他主要城市

附图2　中国国家级新

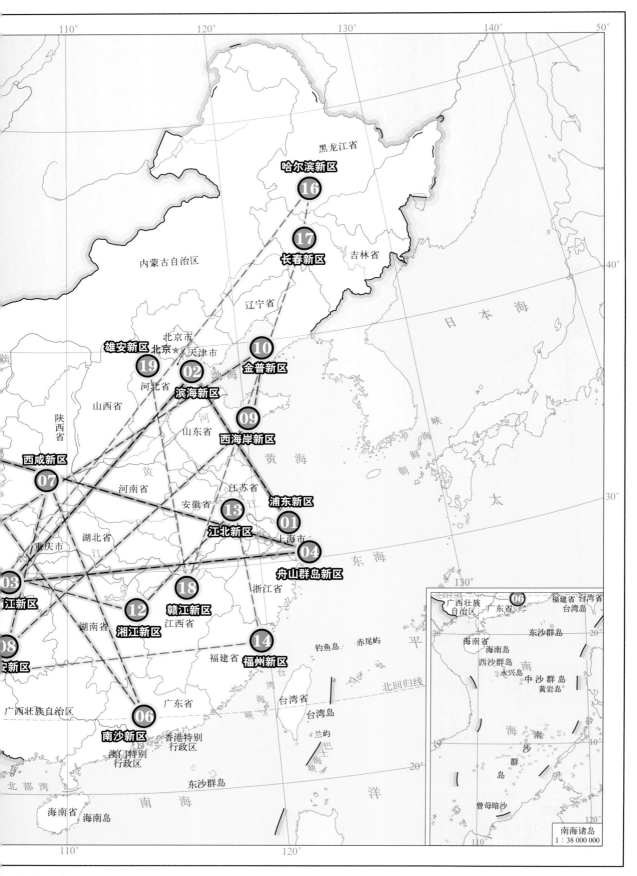

110° 120° 130° 140° 50°

黑龙江省

哈尔滨新区
**16**

长春新区
**17**

吉林省

内蒙古自治区

辽宁省

日 本 海

北京市
北京 ★ 天津市

雄安新区
**19**
**02**
滨海新区

金普新区
**10**

河北省

山西省

陕西省

山东省

河
南
省

黄海

朝
鲜

太

西海岸新区
**09**

西咸新区
**07**

河南省

江苏省

安徽省

浦东新区
**01**

130°
北回归线
广西壮族自治区
广东省
**06**
福建省 台湾省
台湾省

海南省
东沙群岛

西沙群岛
永兴岛
中沙群岛
黄岩岛

南

沙

群

岛

曾母暗沙

南海诸岛
1:38 000 000

江北新区
**13**

上海市

舟山群岛新区
**04**

东 海

重庆市

江
省

湖北省

**03**
江新区

赣江新区
**18**

浙江省

湘江新区
**12**

湖南省

江西省

钓鱼岛 赤尾屿

平

**08**
新区

福州新区
**14**

福建省

北回归线

台
湾

台湾省

海
峡

台湾岛
兰屿

南沙新区
**06**

广东省

香港特别
行政区

巴
士
海

澳门特别
行政区

广西壮族自治区

北部湾

东沙群岛

南 海

洋

海南省 海南岛

110° 120° 110°

20°

10°

120°

设立时间和空间分布

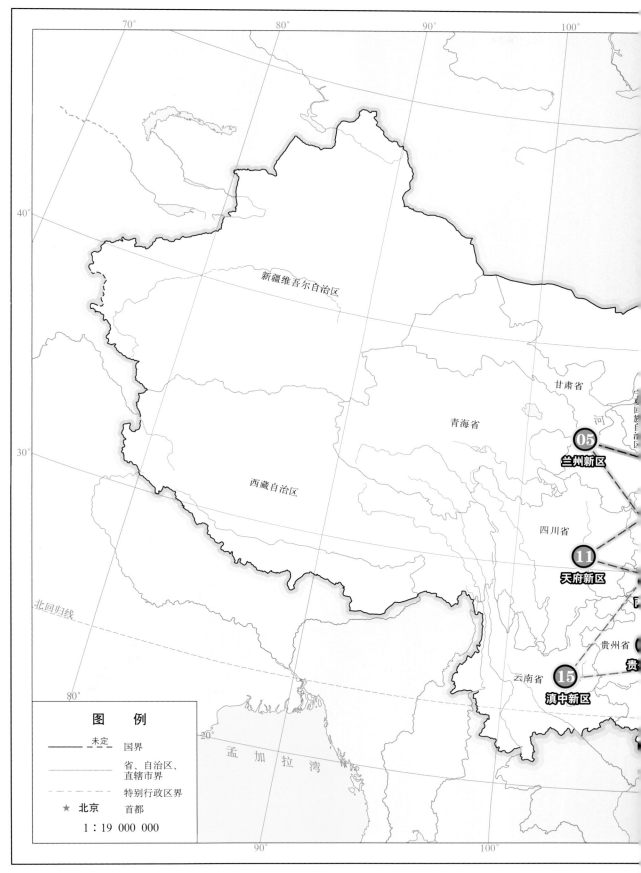

图 例

未定 —— 国界
—— 省、自治区、直辖市界
—— 特别行政区界
★ 北京 首都

1 : 19 000 000

南海诸岛
1 : 38 000 000

附图6 本次评估的18个国家级新区和65个重点国家级、省级开发区分布情况

哈尔滨新区 哈尔滨市
哈尔滨高新技术产业开发区
哈尔滨利民经济技术开发区

长春新区 长春市
长春高新技术产业开发区
长春经济技术开发区
长春汽车经济技术开发区
长春朝阳经济开发区

大连市
大连高新技术产业园区
大连经济技术开发区
大连金州经济开发区
大连普湾三点整开发区

西海岸新区 青岛市
海关高新技术开发区

金普新区
天津市
滨海新区 天津市
滨海高新技术开发区
天津经济技术开发区

北京市
河北省

西咸新区 西安市
西安高新技术开发区
西安经济技术开发区
西安阎良工业园区
泸河经济技术开发区

兰州新区 兰州市
兰州高新技术开发区
兰州经济技术开发区
九州经济工业园区
西固工业园区

成都市
成都高新技术开发区
成都经济技术开发区
成都双流经济技术工业园区
成都新都工业园区

天府新区 成都市

两江新区 重庆市
重庆高新技术开发区
重庆经济技术开发区

贵安新区 贵阳市
贵阳高新技术开发区
贵阳经济技术开发区

滇中新区 昆明市
昆明高新技术开发区
昆明经济技术开发区

张江高新技术开发区
闵行经济技术开发区
枣庄工业园区
青浦工业园区

南京市
江北新区
南京高新技术开发区
南京经济技术开发区
白下高新技术开发区
浦口经济技术开发区

上海市
浦东新区
南汇高新技术开发区
南汇经济技术开发区
江苏新能源工业园区
南昌南工业园区

舟山群岛新区 舟山市
舟山经济技术开发区
定海县经济技术开发区
岱山县经济开发区

福州新区 福州市
福州高新技术开发区
福州经济技术开发区
连江经济技术开发区
福清工业园区

赣江新区
南昌市
南昌高新技术开发区
南昌经济技术开发区
江西新建工业园区

湘江新区 长沙市
长沙高新技术开发区
长沙经济技术开发区

武汉市
武汉高新技术开发区
武汉经济技术开发区

广州市
南沙新区
广州高新技术开发区
广州经济技术开发区
花都经济技术开发区
白云工业园区

深圳市
前海蛇口自贸区
深圳高新技术开发区
深圳经济技术出口加工区

黑龙江省 吉林省 辽宁省 内蒙古自治区 北京市 天津市 河北省 山西省 山东省 河南省 陕西省 宁夏回族自治区 甘肃省 青海省 新疆维吾尔自治区 西藏自治区 四川省 重庆市 湖北省 湖南省 江西省 安徽省 江苏省 浙江省 福建省 贵州省 云南省 广西壮族自治区 广东省 海南省 海南岛

台湾省

香港特别行政区
澳门特别行政区

南沙新区
广州市 深圳市 香港特别行政区 澳门特别行政区
广东省 福建省 台湾省
海南省 西沙群岛 中沙群岛 东沙群岛 黄岩岛 南沙群岛 曾母暗沙 马尼拉

日本海 黄海 东海 南海 太平洋 北部湾 孟加拉湾

钓鱼岛 赤尾屿 兰屿

北回归线

图例

国界
省、自治区、直辖市界
特别行政区界

★ 北京　首都
⊙ 天津　省级行政中心

1:19 000 000

黑龙江省　哈尔滨
吉林省　长春
辽宁省　沈阳
内蒙古自治区　呼和浩特
河北省　石家庄
北京市　北京
天津
山东省　济南
山西省　太原
陕西省　西安
宁夏回族自治区　银川
甘肃省　兰州
青海省　西宁
新疆维吾尔自治区　乌鲁木齐
西藏自治区　拉萨
四川省　成都
重庆市　重庆
贵州省　贵阳
云南省　昆明
广西壮族自治区　南宁
广东省　广州　深圳
香港特别行政区　香港
澳门特别行政区　澳门
湖南省　长沙
江西省　南昌
福建省　福州
浙江省　杭州
江苏省　南京
安徽省　合肥
湖北省　武汉
河南省　郑州
海南省　海口
台湾省　台北　台湾岛

日本海　黄海　东海　渤海　南海　太平洋
台湾海峡　北部湾　孟加拉湾

钓鱼岛　赤尾屿　东沙群岛

北回归线

南海诸岛
1:38 000 000
广东省　广州　深圳　香港　澳门
海南省　海口　南宁
西沙群岛　中沙群岛　黄岩岛
东沙群岛
南沙群岛
曾母暗沙

注：港澳台资料暂缺

附图5　中国国家级、省级开发区空间分布图

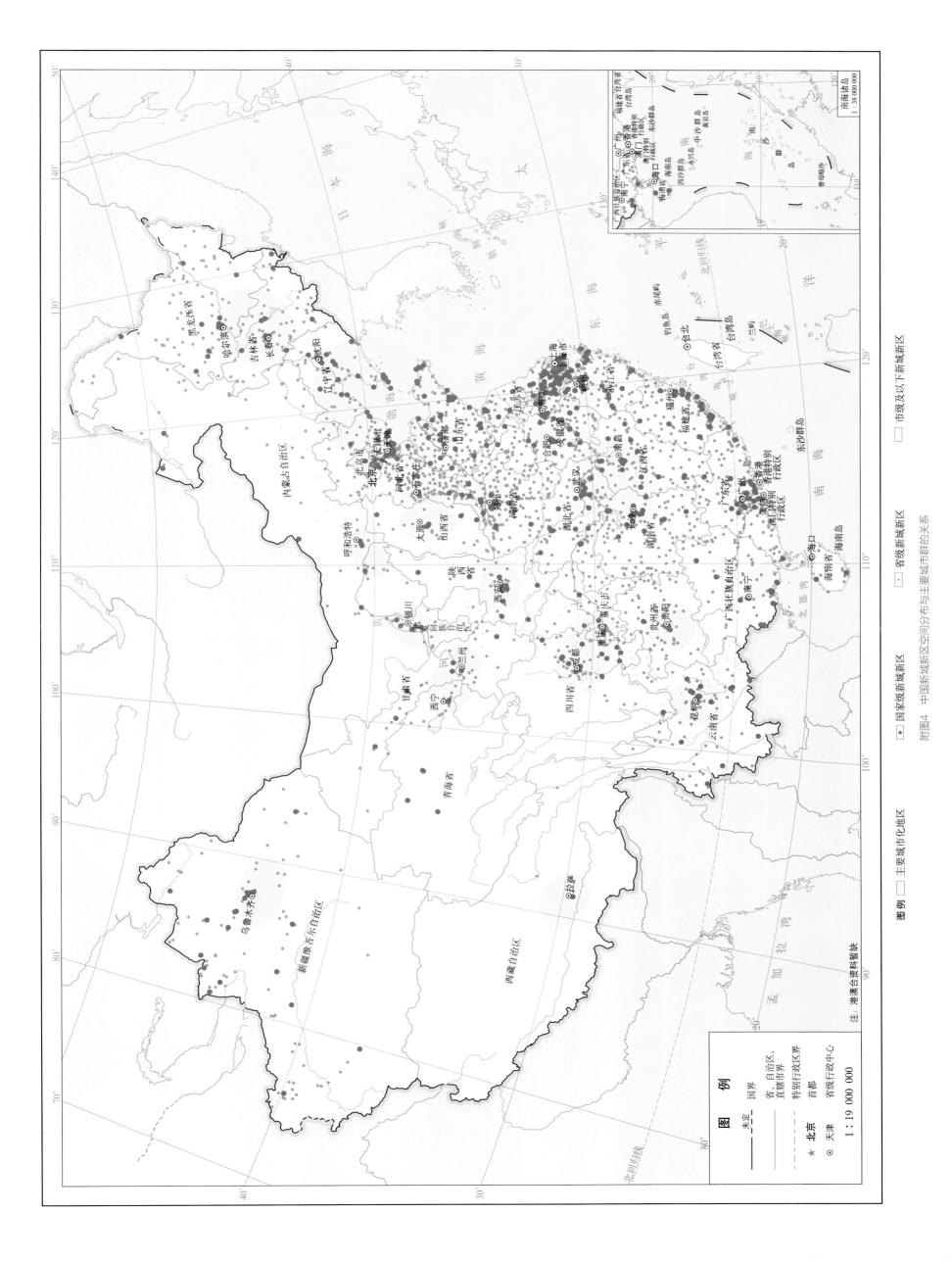

图　例

```
━━━  国界
━━━  省、自治区、
      直辖市界
━━━  特别行政区界
┄┄┄  省级行政区界
★   北京  首都
◎   天津  省级行政中心
```

1 : 19 000 000

注　港澳台资料暂缺

□ 省级新城新区空间分布与主要城市群的关系

附图4　中国新城新区空间分布与主要城市群的关系

南海诸岛　1 : 38 000 000